Mimics 软件临床应用

——计算机辅助外科入门技术

Clinical Mimics software tutorial

编　著　苏秀云　刘蜀彬

主　审　赵卫东

北　京

图书在版编目(CIP)数据

Mimics软件临床应用——计算机辅助外科入门技术/苏秀云,刘蜀彬编著. —北京:人民军医出版社,2011.9
ISBN 978-7-5091-5013-9

Ⅰ.①M… Ⅱ.①苏… ②刘… Ⅲ.①医学摄影—图象数字化处理—应用软件,Mimics Ⅳ.①R445-39

中国版本图书馆CIP数据核字(2011)第133082号

策划编辑:黄建松 吴 磊 **文字编辑:**邢雅玲 **责任审读:**刘 平
出 版 人:石 虹
出版发行:人民军医出版社 **经销:**新华书店
通信地址:北京市100036信箱188分箱 **邮编:**100036
质量反馈电话:(010)51927290;(010)51927283
邮购电话:(010)51927252
策划编辑电话:(010)51927300—8057
网址:www.pmmp.com.cn

印刷:潮河印业有限公司 **装订:**京兰装订有限公司
开本:850mm×1168mm 1/32
印张:9.75 **字数:**241千字
版、印次:2011年9月第1版第1次印刷
印数:0001～2800
定价:25.00元

内容提要

SUMMARY

Mimics 软件是广泛应用于数字医学的一个计算机软件。作者在熟练操作和临床应用开发的基础上，简要介绍了 Mimics 软件相关知识及具有强大的体数据浏览功能的基础模块，重点介绍了 Mimics 软件的图像分割、三维重建、MedCAD 模块、Simulation 模块、FEA 模块、RPslice 模块等临床应用开发和应用经验。本书既是一本研究型学术著作，也是一本 Mimics 软件操作指南，可供各级临床医师，尤其是数字医学研究人员参考阅读。

序

FOREWORD

计算机信息技术的快速发展已对医学领域产生了重大的影响，并已渗透于骨科学的教学、科研和临床应用的各个方面。同样，医学影像技术的发展使骨科医师在术前、术中和术后可以即时获得人体解剖结构的三维信息；计算机辅助设计、制造和分析技术在骨科的应用，使骨科医师可以在计算机中模拟、预测、评估手术涉及的每个步骤；网络技术与导航手术设备的应用，使骨科医师远程进行精确的手术操作成为现实。

基于数字医学、人体虚拟技术及数字化技术(包括 CAOS 和机器人手术)已在骨科实际应用的现实，有鉴于钟世镇院士“数字解剖学”概念的提出与专著的出版，我们对这一涉及面广、内容繁多、新兴交叉的前沿重大技术进行了理论凝析、宏观定位与学科归属，提出了“数字骨科学”这一骨科学新分支的概念与观点，以期将数字化技术与骨科学有机结合在一起进行系统的研究与开发，最终形成其自身完整的学科理论与临床体系，以促进骨科学的进一步发展。数字骨科学研究在国内一些医院业已相继展开。《中华创伤骨科杂志》《解剖学杂志》及《中国临床解剖学杂志》等学术期刊相继刊出了数字骨科临床和解剖方面的专题；国内多次骨科学术会议均组织了数字骨科专题分会场；《数字骨科学》《数字化骨折分类》等专著也相继出版。

数字骨科研究属交叉学科研究，需要骨科医师具有坚实的计算机技术、技能及一些必要的工科知识，以便开展合作研究及更有效地转化研究。同时，开展数字骨科学的研究与应用，相关软件的应用是必备的、属于最基础的条件。苏秀云作为一名骨科学博士，同时具有良好的计算机知识基础与技能，这为从事数字骨科学的研究奠定了坚实的基础与必备的、良好的条件。他较早在国内开展数字骨科的研究，在数字骨科学研究与应用方面进行了一些有益的探索工作，并结合自己学习和使用 Mimics 软件的经验编著的这本教程，在每一章节的开始，都根据有医学背景的读者的知识结构特点补充了一些必要的工科基础知识；同时，每一章节的结尾又结合骨科临床实际问题专门编写了操作实例，使有医学背景的读者更加易读易懂。

数字医学虽问世不长，但发展迅速，已成为当今医学的主旋律。由于有关相关软件临床实际应用的专著、教程尚为数不多，因此相信这本 Mimics 软件教程可为从事数字医学，特别是数字骨科学研究与应用的同道提供一本实用的参考书。

第四军医大学西京医院　裴国献　教授

前 言

PREFACE

Mimics 软件诞生于 1992 年，开发初期的目的是将断层扫描图片用于快速原型制造。在随后的开发过程中，不断拓展新的应用领域，包括基于医学影像的医学三维建模、计算机辅助设计、有限元和流体力学分析、快速原型制造、虚拟手术规划、人体解剖学测量分析、组织工程支架空隙分析等计算机辅助医学的各个领域。本书以 Mimics13.0 为基础，详细介绍了 Mimics 软件及其在计算机辅助外科方面的应用。

“个性化、精确化、微创化与远程化”是 21 世纪医学发展的四大方向。计算机辅助外科是一门新型交叉学科，对于没有工科背景的医学研究生或临床医师来说，可能涉及的学科领域以及需要了解掌握的东西还很多，但也不必“畏途巉岩不可攀”。与掌握理论知识相比，掌握软件的使用要简单得多，同时随着计算机软件技术的发展，软件界面越来越友好，自动化程度越来越高，功能越来越强大，只要你在繁忙的专业学习和临床工作中抽出一点时间来，相信你会得到意外收获，领略异样精彩。

本书以 Mimics 软件的操作流程为主线，共分 8 章讲述。其中，第 1 章概述了计算机辅助外科的研究背景及 Mimics 软件的设计思路和软件界面。第 2 章到第 4 章为 Mimics 软件的基础模块，依次介绍了体数据浏览、图像分割、三维重建，这 3 章也是后面各章的基础。以后 4 章为相对独立的内容，分别介绍了计算机辅助设计、解剖学测量分析和虚拟手术规划、有限元分析、快速原型等方面内容。在编写过程中，笔者力求深入浅出、简明通畅，并尽量发挥自己医学背景优势，对软件所涉及的理工科知识点仅按实际需要阐述以帮助初学者尽快了解 Mimics 软件，从实践中体会到乐趣。

就计算机辅助外科而言，无论在国际还是国内，都尚是一个新生事物，所涉及的概念及研究范畴仍处在不断变化与发展中。因此，笔者管窥之见，挂一漏万，错误与不足，恳请读者不吝赐教。同时，Mimics 软件也不可能解决所有在临床和研究中遇到的问题，期望读者能将问题不吝反馈，我们将与软件开发人员一道，共同促进软件技术的进步。

军事医学科学院附属医院　苏秀云　博士

目 录

CONTENTS

第1章 chapter 1 计算机辅助外科之钥匙——Mimics软件

一、数字医学——信息技术与医学科学的融合

随着计算机信息技术的迅猛发展,人类社会已经进入了信息时代。"数字"作为一个形容词,出现的频率越来越高,诸如"数字城市""数字图书馆""数字生活""数字地球"等,信息技术逐步渗透到了社会生活的方方面面,不断改变着人们的思维、工作和生活方式。当然,医学也不例外,"数字医学"作为一个新的概念被提了出来。

应该注意的是,"数字医学"虽然是近年来出现的一个新概念,然而计算机信息技术并不是到今天才开始与医学结合的,而是伴随了计算机发展史上的每一个阶段,只是到了现在,得益于计算机性能的提高和价格的下降,软件功能的增强和易用性的提高,以及网络的普及等,才使得"旧时王谢堂前燕,飞入寻常百姓家"。

较早提出"数字医学"这一概念的,是美国哈佛大学医学院的华纳.V.斯赖克教授。他被誉为这一领域的奠基者和先驱,写过《Cybermedicine:how computing empowers doctors and patients for better health care》一书,书中处处洋溢着他对计算机信息技术应用于医学的热情。虽然容易想到,"数字医学"应该是计算机信息技术与生命科学结合产生的交叉学科,然而要作为一个学科名词,准确的定义数字医学却不是一件容易的事情。

笔者有幸参加了 2007 年 12 月在重庆召开的“全国首届数字医学学术研讨会”，来自全国 80 余所院校、科研院所及企业的 208 名专家学者参加了此次会议。从与会学者专业门类之多，就可以看出数字化技术已然交叉渗透到了整个医学科技领域，会议报告内容包括医学影像学的最新进展，数字人与数字解剖学的相关研究，计算机辅助设计、制造、分析技术在临床的应用研究，数字化医院的建设与管理，区域医疗协同与信息资源共享数据库的构建，远程医疗会诊与远程医学教育等各个分支学科的数字技术应用。下列如：

在影像学发展方面，计算机信息技术与医学的结合促进了影像学的发展，而影像学的每一次突破，均极大地推动了临床诊疗水平的飞跃。从人们熟悉的 B 超、CR、DR、CT、MRI、PET 以及数字减影血管造影术(DSA)，到现在功能磁共振(fMRI)及分子影像学成像，现代医学影像技术的发展层出不穷。随着计算机技术、信息网络技术等不断地更新，使得直接服务于人类的医学影像技术同样以它惊人的速度发展到现在的水平，数字化是医学影像技术仪器设备发展的必然趋势。

在人体解剖学领域中，出现了一门新的分支学科——数字人和数字解剖学(digital human and digital anatomy)。数字人研究是利用现代计算机信息技术与医学等学科相互结合的前沿性交叉学科，对科技发展有着深远意义。中国在继美国、韩国之后，广州第一军医大学和重庆第三军医大学获得了多套中国数字人数据集。中国数字人(Chinese digital human，CDH)数据集的分辨率为层厚 0.2mm 及水平像素 0.1mm，其包含海量的医学信息量，远远超过任何最先进的影像设备所获取的数据。在初步的人体数据集资料的基础上，国内已经有多个高校与科技单位组建了专门的研究机构，开展了这方面的研究。

在医院管理方面，数字医院概念已形成并被广泛应用。数字医院，是指利用网络及数字技术，有机整合医院业务信息和管理信息，实现医院所有信息最大限度地采集、传输、存储、利用、共享，并且实现医院内部资源最有效地利用和业务流程最大限度地优化的、高度完善的医院信息体系，是由数字化医疗设备、计算机网络平台和医院软件体系所组成的、三位一体的综合信息系统。主要包括3个方面：一是临床信息系统（clinical information system，CIS）；二是影像存档与传输系统（picture archiving and communication system，PACS）；三是检验（实验室）信息系统（laboratory information system，LIS）。

在临床应用方面，计算机辅助外科已建立。计算机辅助外科（computer assisted surgery，CAS）涉及医学成像、影像分析、机器人、传感器、运动分析、虚拟现实，遥控操作以及外科学等学科，是一种多学科交叉的前沿技术。计算机辅助外科（CAS）技术能利用多模图像数据建立二维或者三维的仿真环境，完成手术评估、手术规划、手术方针的制定和手术过程的监控，使外科手术更精确、安全和微创，从而提高手术的质量，减轻患者的痛苦，降低医疗成本。

计算机信息技术与医学的交叉整合渗透到了整个医学科技领域，国内许多从事生物医学工程学、基础医学、临床医学和计算机科学的专家学者，在北京、广州、重庆、深圳、上海、厦门等地相继开展中国数字人、外科手术辅助决策系统、临床诊断辅助决策系统、临床药学系统等研究和应用，兴起数字医学潮流。全国已召开了多次相关学术会议，对有关课题进行了深入的探讨。复旦大学数字医学研究中心、中山学院数字医学研究所、东北大学中荷生命科学与信息工程学院、上海交通大学数字医学研究院等机构，如雨后春笋般迅速成立。与此同时，国家新闻出版署特别批准了卫生部申办、主管的《中国数字医学》杂志，2006年年底创刊后正式出版，并举办了两届“中国数字医学论坛”；《中华创伤骨科杂志》《解剖学杂志》均出了相关方面的专刊，一些相关专著，如《数字人与数字解剖学》《数字化骨折分类》《数字医学导论》和《数字骨科学》也相继出版。

因此可以看出数字医学的专业研究和学科发展，已经得到越来越多研究机构的重视，同时对我们也提出了新的挑战，如果漠视和不学习数字医学的新知识、新方法，就无法跟上社会方方面面数字化的前进步伐。

二、计算机辅助外科的灵魂——医学影像三维建模

（一）计算机辅助外科的发展

计算机辅助外科（computer assisted surgery，CAS），在以往的文献中也称为影像引导外科（image guided surgery，IGS）、手术导航（surgery navigation）以及机器人辅助外科（robotics aided surgery），是随着计算机技术和影像学的发展而产生的。目前提到计算机辅助外科，在许多人的脑海里与计算机导航手术近乎等同。然而，计算机辅助外科应该包含渗透到外科领域中、促进外科科研、教学和临床发展的所有计算机技术，而且，实际上随着计算机辅助设计、制造、分析（CAD、CAM、CAF）传统工业手段，以及逆向工程、虚拟现实技术、快速成型技术等等向医学的渗透，计算机辅助外科已有了更多的内涵和外延。计算机辅助外科用来模拟、指导医学手术所涉及的各种过程，在时间段上包括了术前、术中、术后，在实现的目的上有计算机辅助手术设计、虚拟手术训练、计算机术中导航、手术预测及评估等。

正如计算机技术从出现就与医学结合一样，计算机技术在外科科研、教学和临床中的应用也伴随了计算机技术发展的每一个时期，每一个方面。例如：

外科临床诊断及手术设计。从最初的手摸体会到 X 线平片的出现，到 CT、MRI 断层平扫，再到三维重建，影像学的每一次变革都极大地推动了临床诊断与治疗的进步。我们知道，图像是生物医学知识的重要组成部分，图像为理解生物结构和功能提供便利，是医学教育、研究和保健的重要组成部分。对一个外科医师，

在诊治的全过程要对病灶局部解剖毗邻的空间关系尽可能多地了解，以达到精确地诊断、手术和术后评价。传统的二维影像，需要术者在大脑中重构三维关系。当我们外科医师在术前、术中、术后获得人体生理和(或)病理的三维信息时，必然会促进外科的发展！目前的影像学技术，不但可以提供给临床医生静态的三维信息，而且可以提供三维功能成像。

快速成形技术(rapid prototyping，RP)：是直接从计算机模型用材料逐层或逐点堆积出三维物体，作为计算机辅助制造(computer assisted manufacturing，CAM)技术中的一种，近10年来已经成功应用于医学领域的诸多方面。医学影像技术与快速成型技术结合，使医学影像不但从二维平面影像发展到三维立体，而且发展到目前的器官实物模型。可以将解剖毗邻复杂的病变部位变成实物模型，放在医生的手上，可以反复进行手术模拟与修正。进一步与计算机辅助设计(computer assisted design，CAD)的结合，不但可以制造出人体解剖结构模型，而且可以制造出与人体解剖结构表面完全匹配的手术导板来。

三维有限元模型：生物力学(biomechanics)是解释生命及其活动的力学，是力学与医学、生物学等学科相互结合、相互渗透、融合而形成的一门新兴交叉学科。如果没有生物力学，则很多生物学的、医学的现象就不可能解释，而在共同解决同一生物学或医学问题过程中，生物力学的理论和技术要求也极大地促进了生物医学工程学其他分支的发展。生物医学工程上广泛使用的有限元法也是生物力学重要的研究手段之一。由于人体结构的复杂且难以直接测量，所以最初的有限元模型都是二维模型，医学影像科学的进步使得现在研究者可以借助医学图像来建立三维有限元模型。

数字解剖学方面：解剖学是外科的基础，计算机辅助外科手术计划在临床的推广应用需要新的基础学科支持，数字解剖学应运而生。新的计算机技术可以利用连续断层图像进行三维重建，可以精确地显示生物组织复杂的三维结构，并可进行任意旋转、剖切等观察和操作；可以对重建的三维结构进行测量，获得长度、面积、体积和角度等大量精确的解剖参数。基于数字人数据集的高精度三维人体解剖模型，可以更好地观察人体解剖结构及其毗邻关系。国内基于中国数字人数据集的三维可视化研究，进一步丰富了对人体三维解剖的认识。

虚拟现实：自 20 世纪 60 年代后逐渐引起人们重视的一项以计算机技术为核心的新技术。虚拟现实是一门集成了人与信息的科学。其核心是由一些三维的交互式计算机生成的环境组成。尸体标本进行解剖是传统人体解剖学教学必不可少的条件，标本缺乏严重影响教学质量的提高。虚拟现实技术的产生能使学生在虚拟的人体标本上进行解剖观察和学习，可缓解尸体标本缺乏的状态，降低教学成本，提高教学质量。虚拟现实技术不但对医学和辅助医学专业的解剖教学至关重要，而且虚拟手术可以帮助外科医学进行计算机辅助诊断，手术仿真模拟等操作，从而实现手术的精确和微创。

介绍了以上内容后，大家可以发现，目前计算机辅助外科发展的特点是发轫于医学影像学的进步，促进了计算机辅助外科从二维到三维，从平面到立体，从静态到动态，从形态到功能的转变。计算机辅助外科的核心问题是三维建模，三维建模是沟通医学影像与计算机辅助外科之间的桥梁，医学影像提供了人体的三维信息，计算机辅助外科首先需要在计算机中生成反映组织器官真实三维结构的模型以便进一步地进行辅助手术设计，手术评估。因而，医学三维建模在计算机辅助外科中具有重要的地位。

(二)计算机辅助外科的机遇与挑战

虽然计算机辅助外科可以使外科手术更加精确和容易，但是也存在许多制约计算机辅助外科发展的因素。

首先，计算机辅助外科的基础和临床应用研究领域，属于信息科学和医学的交叉学科，虽然科学家很早就描绘了计算机辅助外科美好的未来，但迟迟实现不了在临床的广泛应用，主要原因就在于传统模式培养下的医生缺乏必要的工科背景知识，而相关工科专业人员，又很难掌握医学知识。在实际的合作研究过程中，如果医学人员不努力学一些基础的工科知识；工程人员不努力学一些基础的医学知识，则很难做出有价值的研究工作来。

其次，计算机辅助外科的许多研究工作，需要一系列昂贵的设备，比如计算机手术导航系统、虚拟现实系统、快速成型设备等，在国内只有少数实力雄厚的研究机构有条件开展相关的研究。

因而，虽然计算机辅助外科越来越得到相关学者的重视，取得很多成果，但是目前国内相关研究在深度上还不够，许多有价值的研究苗头，追踪不到后续的研究，大多属于研究生期间的一些探索性研究；涉及范围还不广，能够产生明显社会效益和经济效益的研究还不多，研究成果多停留在了课题组；研究队伍还不大，在临床中发现问题的医生缺乏解决问题的相关计算机知识，而具有解决问题能力的工科人员又很难找到真正有研究价值的临床问题。

“尺有所短，寸有所长。”计算机辅助外科是医学与计算机科学的交叉学科，对于如何进行计算机辅助外科的研究，最普遍的观点是通过医学研究人员与工科研究人员的合作，“取长补短，各尽所能。”只有这样，才能少走弯路，多出成果。

许多临床医师认为，计算机辅助外科对临床医生来说是一种工具，有专门开发工具的专业人员，把工具做好了，临床医师拿来能用好就行了，临床医生搞计算机辅助外科的研究，有越俎代庖、不务正业之嫌。然而，就进行交叉学科的研究来讲，精通所有涉及的学科不太可能，而只靠简单的合作，对自己不熟悉的学科没有足够的了解，在实际的合作中就不能准确地向合作者描述自己的问题，不能进行良好的合作。因此，临床医师进行计算机辅助外科的研究和临床应用，必须掌握相关专业必要的知识和技能。

虽然,应该掌握哪些具体内容会因所研究的具体问题而异,但是学习医学三维建模是外科医师进行计算机辅助外科研究和临床应用时无法回避的任务,也是合作者无法包办的工作。这是由以下两个核心问题所决定的。

其一,医学三维建模的最为关键一步在于图像分割,而不在于三维重建技术。

我们知道,在工业设计领域,不论是传统的 CAD 设计方法还是基于激光扫描点云数据和连续断层的轮廓线数据的逆向工程方法,三维重建都不是一个新的话题,各种算法和软件业已非常成熟。而制约三维重建在医学领域应用的关键是图像分割,在临床上应用最多的基于 CT 的三维重建,除了少数 Housfield 值与周围对比明显的组织,如骨骼、肺、造影后的血管外,其他组织器官均无法自动分割。即使是这些组织,由于受扫描层厚和容积效应的影响,计算机自动分割的轮廓也常常不能令医学研究者满意。医学研究者的解剖学先验知识,使其能判断图像分割的准确性,也能评价三维重建的效果。而工科背景的研究人员是无法对计算机自动分割的结果进行修正的,所以医学三维建模起码应该有医学研究人员的参与,而计算机性能的提高和软件的发展,使得医学研究者掌握图像分割方法不再是一个难点,最好是亲自来做。

其二,个性化治疗是现代外科的发展方向之一,同时临床病例的复杂多变,使得无论多么高明的模式化设计,都无法满足临床上复杂多变的不同需求。

对于一个外科医师,在诊治的全过程要对病灶局部解剖毗邻的空间关系尽可能多地了解,以达到精确的诊断、手术和术后评价。传统上,限于技术条件的不足,只能通过二维的图谱,X 线片提供的信息在术者的大脑中重构患者病灶局部解剖结构的三维关系。随着 CT、MRI 等可以获得体数据集的影像设备的普及,临床上已经积累了大量的断层数据,这些数据除了提供影像学诊断外，还包含着大量的三维解剖学信息和临床病理信息，如果充分挖掘利用这些消息，使外科医师在术前、术中、术后获得人体生理和（或）病理的三维信息，从而对患者进行个性化的治疗，必然会促进外科的发展。

容易理解的是，临床遇到的问题复杂多变，只有作为主治的外科医生才了解什么是真正需要的信息，什么是真正需要解决的问题。而这些问题，可能有代表性，可以形成一个合作课题而通过与工科相关专业人员的合作来完成感兴趣区域的三维建模，从而进一步地研究分析；而更多的是一些个性化的问题，如果外科医师不能自己掌握医学三维建模方法，则问题得以积累，反之，则问题得以解决！

三、医学影像的梦工厂——Mimics软件

（一）常用软件及Mimics的特点

如果要进行三维重建软件的开发，可供使用的有VTK、ITK、MITK 3个开发包。可以免费获得的医学影像三维重建软件有3DMed和3DSlicer软件。比较有名的商业软件有Amira、Simpleware、3Ddoctor以及Mimics软件等。这些软件各有千秋，其中Mimics软件被誉为医学影像的梦工厂，得到全球用户的好评。我认为，这些成就是与Mimics软件3个显著的特点分不开的。

首先，Mimics软件定位准确，致力于架设一座沟通医学与工程的桥梁。由于人体解剖结构的复杂性，医学三维模型重建一直是难点，也是制约了虚拟手术、三维有限元分析、快速成型等计算机辅助外科在医学应用的关键因素。Mimics软件提供了多种接口，可以让用户开展各种后续工作。

Mimics软件，在有限元分析方面不及ABAQUS、ANSYS及Fluent等；在快速成型方面不及Magics等；在三维渲染方面无法与3Dmax、Maya等软件相比；在计算机辅助设计方面，无法与UG、Pro/E等软件相比；在逆向工程方面，无法与Imageware、

Geomagic 等软件相比。Mimics 软件致力于的是实现这些软件没有的或实现起来非常困难的基于断层数据的三维重建,致力于的是设计链接后继应用的专门接口,重建的三维模型可以非常方便地导入这些专业软件以进行进一步的分析处理。

其次,Mimics 软件界面友好,图像分割工具丰富便利。Mimics 软件的操作界面是大家都熟悉的 Windows XP 风格,界面美观、布局合理、学习周期短、便于使用。目前没有一种算法可以对图像进行自动分割,Mimics 软件的图像分割工具箱,整合了常用的分割算法,图像分割结果以蒙板储存,使操作者利用自己先验的医学背景知识对分割结果方便地进行修改,同时提供了多层编辑模式,充分利用了图像间的关联信息大大减少了人工操作量。可以这样说,丰富便利的图像分割工具箱是 Mimics 区别于其他类似软件的最重要的特点。

最后,Mimics 软件一直保持着研发人员与最终用户的互动。笔者最早接触的 Mimics 软件是 7.0 版本,而后试用了 8.0、9.0、10.0、11.0、12.0 以及现在的 13.0 版本。在使用中发现的一些问题反馈给软件公司,往往在下一个版本就得到解决或改进。目前商业软件版本的更新,更多的不是在算法的本质改变上,而是在软件的易用性方面为用户提供了详尽的工具,而每一种工具需要时都在手边。Mimics 很好地做到了这一点。

(二)Mimics 软件在医学中应用简介

这里笔者以一个外科医生用户的角度,简单介绍一下 Mimics 软件在医学方面的应用,更多的内容可以访问 Mimics 软件的中文网页。

首先是 Mimics 的三维重建和可视化模块,可以让外科医生对薄层 CT 体数据集在三个正交平面(横断面,矢状面和冠状面)浏览,可以对感兴趣区反复观察;进一步对感兴趣区进行三维重建,重建的模型可以进行任意组合显示、可从任意角度观察、可调整任意透明度和伪彩标注,从而清楚地显示了局部解剖的空间立体位置关系；进一步可以对感兴趣区进行几何参数（长度、面积和体积等）的测量。通过这些观察，Mimics 软件可以帮助外科医生形成病变部位完整、清晰和准确的三维印象。Mimics 软件可以成为外科医生个人电脑上的影像工作站——医学影像梦工厂！

当然，如果基于的体数据集是其他断层数据，比如中国数字人数据集，就可以对人体局部解剖进行更加细致的观察，更加精确的三维重建，为计算机辅助外科提供三维数字解剖学知识；如果是组织切片，则可以构建显微结构的三维模型，为组织胚胎学研究提供一个全新的视界。

Mimics 另一个基本功能是快速成型模块，简单地讲就是如果从电脑上看到的三维模型仍满足不了需要的话，可以通过这个接口，直接将模型导入快速成型设备中把模型生产出来。当然，也可以依据重建的解剖模型的几何参数，进一步在计算机辅助设计软件中设计与模型表面匹配的导向板，可以依据模型的镜像数据，设计出对侧缺损区的修复置入体等。这个模块也是 Mimics 软件在医学中应用最多的一个模块，Mimics 软件脱胎于快速成型软件公司，因而这个模块也是在同类软件中最好的模块，可以输入多种快速成型的文件格式，与快速成型设备可以无缝衔接。

Mimics 软件的快速成型模块，在假体的制作，如面部缺损、骨科假肢、口腔科义齿、骨缺损假体等方面；复杂病例的辅助手术设计，如复杂脑血管畸形，复杂骨折诊断等方面；以及心脏流体动力学，骨组织工程载体的制作方面，国内外已有较多应用。最新的多孔结构分析模块，可以个性化定制组织工程载体。

Mimics 软件的有限元分析模块是国内应用最多的一个模块，通过吸取用户反馈意见，对软件不断地更新，有限元模块已经成为进行医学三维有限元分析强大的助手。我们回顾 Mimics 软件以前的文献，会发现大量国内的医学有限元文章只是完成三维有限元模型的建立，这是缘于人体结构的不规则，传统的 CAD 建模方法费时费力，就是专业的工科人员进行医学三维有限元分析方面的研究,也要把大量的时间花在三维有限元模型的建立上,并且,由于工科人员缺乏医学背景知识,使得医学图像的手工分割更加困难。而现在 Mimics 软件可以简便快捷地建立三维有限元模型,为 ABAQUS、ANSYS 及 Fluent 等有限元分析软件专门设计的接口,数据的转换更加方便流畅。有限元方法是工程中用来解决具体问题的力学工具,而目前医学有限元分析受限于建模的困难,多针对一般性问题,缺乏对病例个案的有限元分析。现在,利用 Mimics 软件医学背景的研究者或者临床医生,也可在几个小时之内完成医学三维有限元建模,使得临床病例的个性化有限元分析成为可能。

Mimics 的手术仿真模块,为外科医生在临床中创造性地应用计算机辅助外科提供了无限的想象空间。利用手术仿真模块,可以在计算机中虚拟截骨矫形,预先就可获得准备的截骨线和标志位置。所有的外科器械均可做成三维模型导入 Mimics 软件中进行虚拟置入,预先就可获得置入体准备的型号。利用人体学测量和分析模块,可以精确地比较手术前和手术后解剖结构的几何改变。可以进行个性化人工假体的定制,进行复杂的关节表面置换手术。可以模拟截骨矫形后软组织改变的效果,为整形手术的医患交流提供了便捷。Mimics 的手术仿真,与计算机辅助外科一样是一个正在不断充实发展的领域,更多的应用期待着你的发现……

Mimics 软件的计算机辅助设计(CAD)模块,可以将三角面片的三维模型拟合成 B 样条曲线或曲面,以导入 CAD 软件进一步测量。

(三)Mimics 软件设计流程或思路

mimics 软件处理的数据是包含三维信息的连续断层图像,最终结果是满足多种应用需要的三维数字模型。

在医学和工业上,许多情况下人们无法通过常规的方法了解一些结构的内部三维信息。作为一种可选择的观察方法,可以对三维结构进行断层切片，通过对断层切片的观察来推断结构的内部信息。比如大家熟悉的人体断层解剖切片、连续病理组织切片、CT 和 MRI 等影像设备获得的断层数据集以及共聚焦显微镜获得的细胞超微断面信息等。其中，连续断层包含了物体内部结构完整的三维信息。

在学习软件的操作之前，也有必要对软件的设计思路和流程有一个整体的印象。笔者在这里试图以最简单的方式描述一下 Mimics 软件的设计流程。

现在假定有一个长方体内部包埋着未知结构的物体（图 1-1），如果没有其他方法可以获得未知物体的结构信息时，我们可以沿长方体的 Z 轴方向，对其进行等间隔（d）的水平横切，获得一系列水平断层切片（图 1-2）。

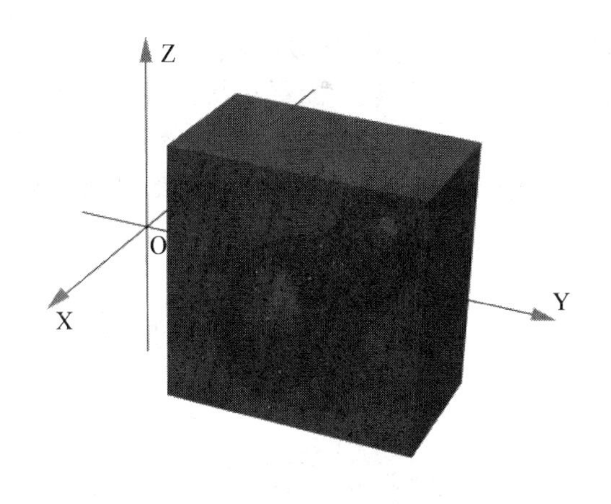

图 1-1　包埋有未知物体的长方体

我们随机取出某一断层（比如第 5 层，图 1-3），观察其内部物体的相应断面。假定将断层放在一个三维坐标系中，观察未知物体轮廓上点 P 的三维坐标（图 1-4）。点 P 在 X 轴和 Y 轴的坐标值（x，y），可以由其在水平断面上的位置确定；点 P 在 Z 轴的坐标

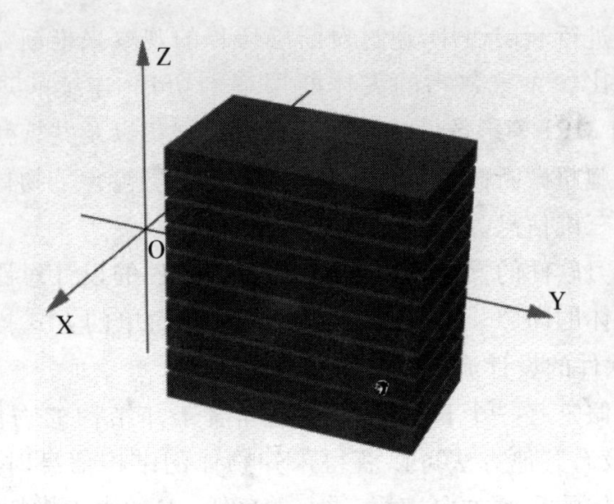

图 1-2 沿 Z 轴方向水平等距横切长方体

值(z),可以由切割的间距(d)和切片的顺序(n)的乘积确定(z=d * n),因而如图 1-4 所示,连续断层切片上的点 P 包含了未知物体准确的三维坐标信息,由点及面,由面及体,很容易得出以下结论:从连续断层切面上可以观察到未知物体的三维结构信息。

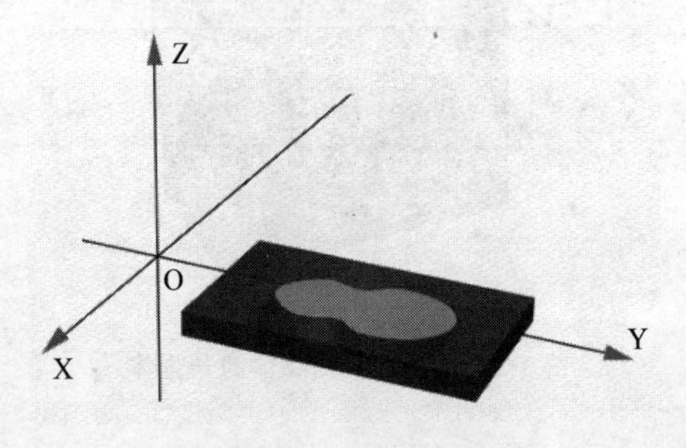

图 1-3 第 5 面断层

Mimics 等三维重建软件,可以基于连续断层切片包含的未知物体的三维信息,在计算机中重建出物体的数字三维模型来。我

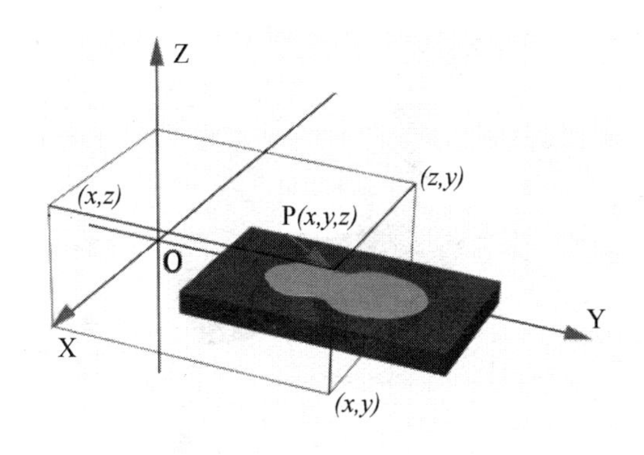

图 1-4 内部物体上点 P 的三维坐标

们还是以上述连续断层切片为例来说明一下 Mimics 软件的操作流程。

第一步,需要将连续断层切片断面通过拍摄转为连续断层数字图像(图 1-5)。需要注意的是,拍摄、保存这些图像的时候,由于成像设备参数的不同,以及成像设备与拍摄切片相对位置、角度的不同,常使得各层图像之间存在位置偏差。为此,需要在标本包埋和拍摄时,加入定位标志,以便于对原始图像进行配准(registration),以保证每幅断层图像真实保留原始切片的准确二维信息,即图像的像素(pixel)与真实尺度的比例,图像上的点坐标(x',y')对应真实切片上相应点的坐标(x,y)。

当然,目前先进的 CT 及 MRI 设备获取的图像,由于扫描速度极快,可以不去考虑断层图像之间对齐的问题。

第二步,一幅断层图像上可能包含有许多结构,根据研究目的的不同,我们需要把其中感兴趣区单独提取出来进行下一步的处理,这个过程叫做图像分割(segmentation)。

可能有许多朋友平时有过这样的实际经验,当我们描摹图样时,常把一张透明膜盖在图片上,涂出要保留的部分。同样,Mimics 软件的图像分割,也相当于把一张透明膜覆盖在相应图像

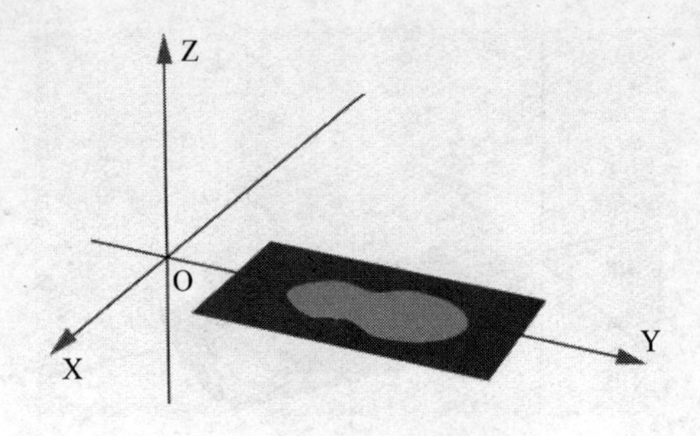

图 1-5　切片转为数字图像

上,利用各种自带的分割工具和方法,将需要保留的感兴趣的区域涂出来,结果就以蒙板(mask)形式存在(相当于一张描摹了图样的透明膜,如图 1-6 所示)。

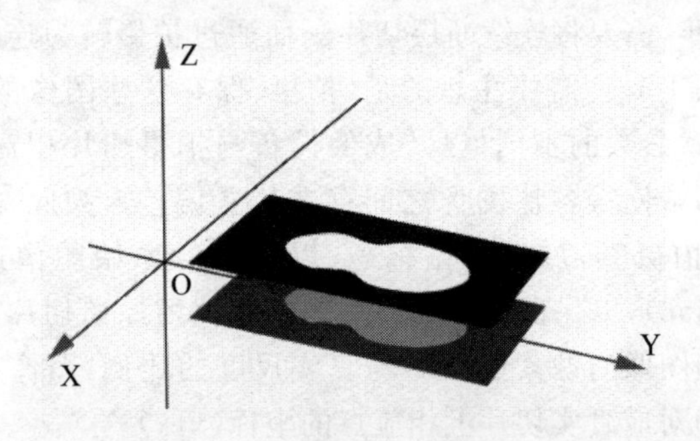

图 1-6　提取感兴趣区的蒙板

这里需要注意两点,一是蒙板只反映需要保留的感兴趣区域和不需要保留的区域,所以是二值的(只有 0 和 1,或者说只有黑白两种颜色),软件中所见的不同颜色的蒙板,只是为了区分不同蒙板标记的颜色,不是蒙板本身的颜色;二是蒙板为独立于原始图像存在的中间产物,可以对蒙板本身进行各种修改和形态学运算，直到满意为止，同时后继的三维重建等操作也是基于蒙板进行。

第三步，对基于连续断层图像分割出感兴趣区的三维蒙板提取轮廓线，进行三维重建（图 1-7，图 1-8）。轮廓线之间的距离为断层切片之间的距离。容易理解的是，轮廓线间距离可以影响重建结果在 Z 轴的分辨率。因而在临床上，例如用于骨盆一般诊断的 CT 扫描层距为 1cm，而用于骨盆三维重建的 CT 扫描需要＜1mm。

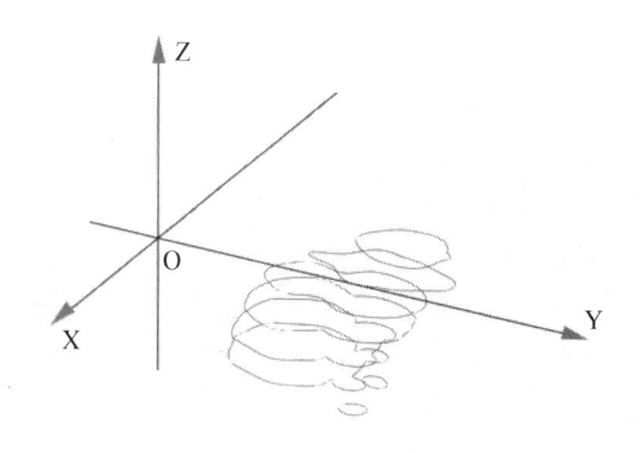

图 1-7　提取连续蒙板的轮廓线

在医学和工业上，三维图形根据不同的用途有多种储存格式。Mimics 软件首先生成离散化的三角面片三维模型。如同雕刻家可以对物体进行雕刻或骨科医生对骨骼截骨、复位等操作一样，在 Mimics 软件中也可利用各种相应工具（simulation）对重建的三维模型进行各种修改和操作。

Mimics 软件更为重要的一点是，专门为后继的各种应用设计相应的接口，比如有限元分析（FEA）、计算机辅助设计（CAD）、快速成型（RP）、虚拟现实（VR）等，这在后面相应的章节会详细介绍。

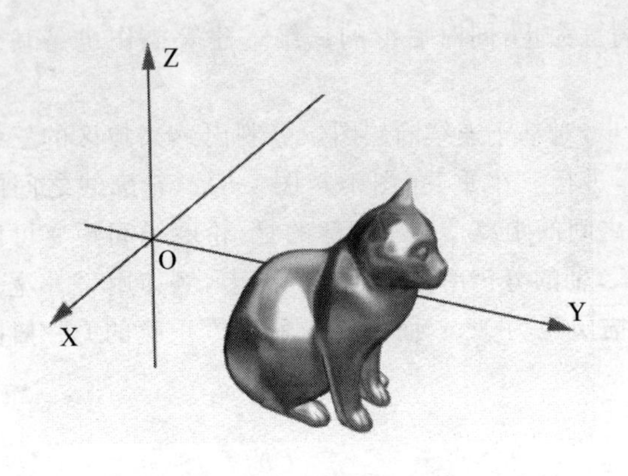

图 1-8　三维重建结果

(四)Mimics 软件界面

正如现在流行的软件一样，Mimics 软件的窗口与菜单安排类似经典的 Windows 风格布局，所以会感觉非常容易上手(图 1-9)。本节旨在对 Mimics 软件界面做整体的介绍，详细的内容可查看以后相关章节。

(1)标题栏(title bar)

标题栏显示项目的一些信息(图 1-10)，包括项目名称——Mimi(默认为患者的姓名，为保护患者隐私可以选择隐藏)，断层图像的来源——CT Compressed，图像压缩方式——Lossy-JPEG(有损 JPEG 压缩格式)，以及软件版本——Mimics 10.1。

(2)菜单栏(menu bar)

通过菜单栏的菜单，可以访问几乎所有的 Mimics 功能(图 1-11)。

Mimics 菜单为标准的 Windows 菜单栏，带有典型的"文件(File)""编辑(Edit)""视图(View)"和"帮助(Help)"菜单。

特殊菜单包括：

"工具(Tools)"包含二维图像和三维图形测量工具。

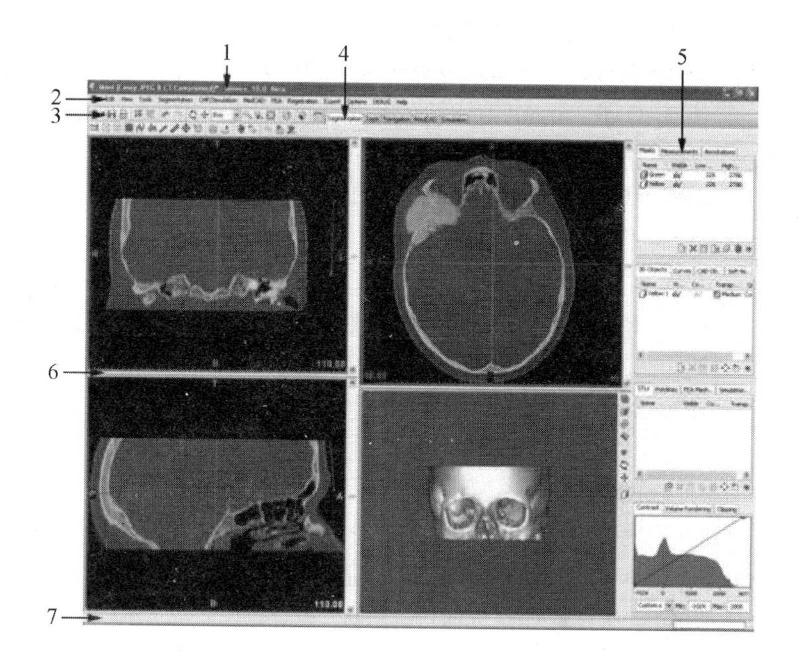

图 1-9　Mimics 用户界面

1. 标题栏；2. 菜单栏；3. 主工具栏；4. 分组工具栏；5. 项目管理器；6. 缺省配置四视口；7. 信息栏

Mimi - Mimi.mcs - (Lossy JPEG & CT Compressed) - Mimics 10.1

图 1-10　标题栏

File Edit View Tools Segmentation CMF/Simulation MedCAD FEA Registration Export Options Help

图 1-11　菜单栏

“滤波(filter)”包含对图像进行降噪处理的滤波器。

“分割(Segmentation)”包含图像分割工具。

“仿真(CMF/Simulation)”包含对三维模型手术仿真的工具，以及人体测量分析工具。

“医学计算机辅助设计(MedCAD)”包含可以创建计算机辅助设计软件对象的工具。

“有限元分析(FEA)”包含有限元分析模块的相关工具。

“配准(Registration)”包含二维图像及三维图形的配准工具。

“输出(Export)”提供多种三维图形的输出接口工具。

“选项(Options)”提供用户对软件及运行环境参数的设置选项。

(3)主工具栏

主工具栏中的按钮包含了“文件(File)”“编辑(Edit)”“视图(View)”菜单中最常用的命令，以及显示项目信息按钮、帮助按钮和显示/隐藏项目管理器按钮(图 1-12)。

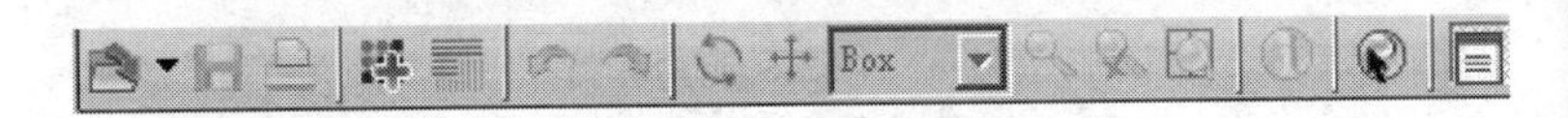

图 1-12　主工具栏

(4)分组工具栏

分组工具栏包括“分割(Segmentation)”“工具(Tools)”“导航(navigation)”“医学计算机辅助设计(MedCAD)”和“仿真(CMF/Simulation)”5 个子工具栏(图 1-13)。其中导航(Navigation)工具栏提供了 3 个正交断层图像坐标的显示和控制工具，其他 4 个工具栏重复了相应菜单中所有的命令按钮。

(5)项目管理器(project management)

Mimics 软件为图像处理软件，其处理过程类似任何工业产品的加工过程，经过一系列前后连续的流程或工序，其中原材料逐

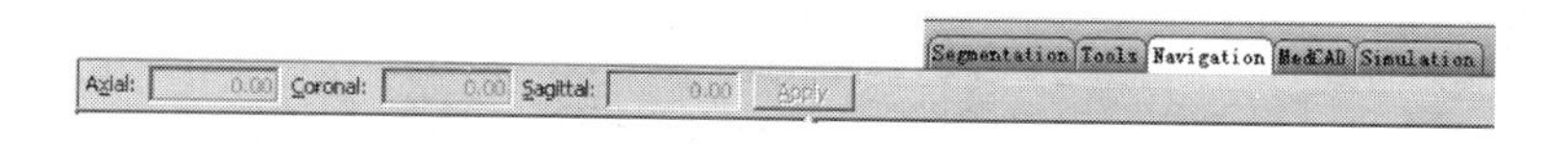

图 1-13 分组工具栏

步变为半成品、成品。所有的这些原材料、不同阶段的半成品、成品以及在加工过程中的辅助测量工具等，如果在软件中则称为“对象(Object)”，这样一个完整的加工过程称为“项目(Project)”。

项目管理器是所有 Mimics 对象的数据库，每个标签都对应着 Mimics 的一个对象类型。通过项目管理器可以很方便地管理和访问我们所建的各种对象。同时，最常用的工具在项目管理器的每个标签下方列出，点击下拉按钮时会看到相关工具的列表。

以下结合 Mimics 软件图像处理的流程，简单熟悉一下 Mimics 软件中都有哪些主要对象及标签。更详细的操作会在以后相关章节详细介绍。

Mimics 软件的第一个“对象(Object)”，即导入 Mimics 软件的连续断层图像。DICOM 格式体数据集的图像浏览，正如我们阅 X 线平片一样，需要调整窗宽窗位，相关工具在“Contrast”标签下面(图 1-14)。体数据集可以不经过阈值分割，类似传统的 CT 工作站通过“体渲染”迅速实现体数据的三维可视化，相关工具在“Volume Rendering”标签下面(图 1-14)。Mimics 可以将二维断层图像帖在相应的 3D 模型的断层上，相关工具放在“Clipping”标签下面。

第二步，Mimics 软件对连续断层图像进行图像分割，生成相应的蒙板(mask)对象，蒙板对象放在“Masks”标签下面(图 1-15)。而对断层图像及三维模型的测量和注释分别放在“Measurements”和“Annotations”标签下(图 1-15)。

第三步，Mimics 软件对蒙板进行三维重建，得到 3D 模型对象(3D object)，放在“3D Objects”标签下面(图 1-16)。

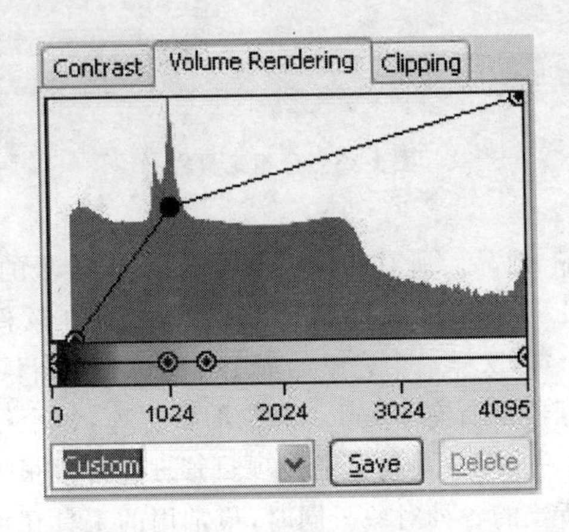

图 1-14　项目管理器体数据管理标签(contrast, volume rendering and clipping)

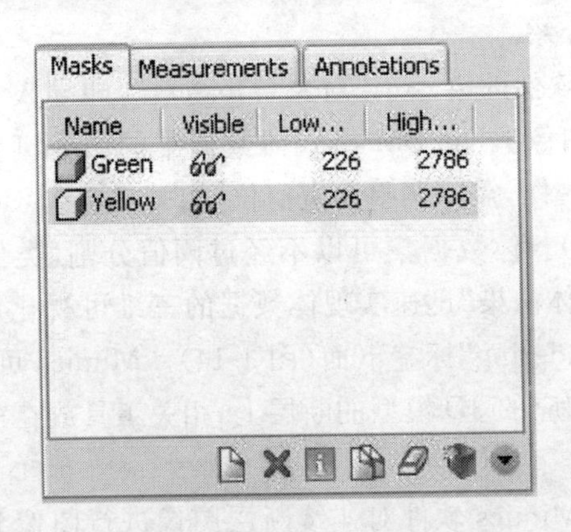

图 1-15　项目管理器蒙板、测量和注释标签

另外,Mimics 软件中可以转换为计算机辅助设计软件(比如 UG、Pro/E 等)格式的三维图形,放在“CAD Objects”标签下面。Mimics 软件可以根据用户在自定义的曲线的切线方向,对连续断层图像进行重组，自定义的曲线放在“Curves”标签下面。Mimics 软件可以模拟骨骼模型位置改变时相应软组织的变形，相应工具放在“Soft tissue”标签下面。

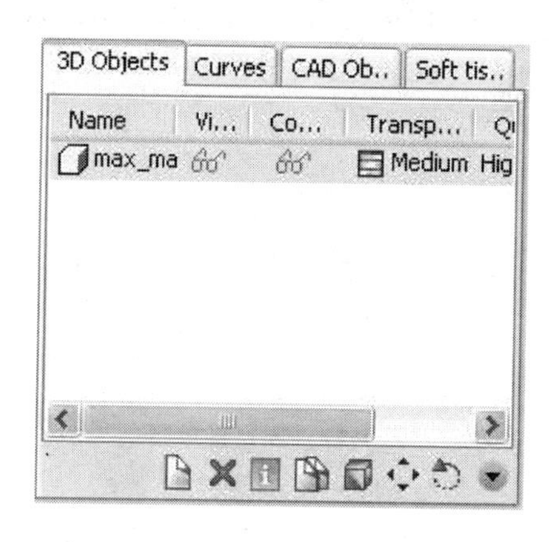

图 1-16 项目管理器 3D 对象(3D objects)、Curves、CAD 对象(CAD Objects)和 Soft tissue 标签

第四步，把 Mimics 里的 3D 模型输出到有限元分析软件中，经划分体网格后，可以在 Mimics 软件中装载有限元体网格模型，这些模型放在“FEA Meshs”标签下面。同时，Mimics 软件也可以载入外部 STL 格式的三维模型，这些模型放在“STLs”标签下面。基于图像分割的蒙板提取的轮廓线对象，放在“Polylines”标签下面。Mimics 软件可以对 3D 模型进行切割、牵引等仿真手术操作，相关的工具放在“Simulation Objects”标签下面(图 1-17)。

(6)不同的视口(the different views)

在缺省配置时，Mimics 软件在操作区显示 4 个视口(图 1-18)。包括体数据 3 个正交平面断层图像的浏览视口——右上视口显示原始横断面(XY 平面)，左上视口为重组冠状面(XZ 平面)，左下为重组矢状面(YZ 平面)。左下为 3D 视口。

利用视口相关工具，可以进行断层图像和 3D 模型的浏览，同

图 1-17 项目管理器

时每个视口都有平移和缩放功能,3D 视口还有旋转功能。

(7)信息栏(information bar)

显示鼠标所点位置断层图像的灰度值以及鼠标位置的三维坐标值(x,y,z)(图 1-19)。

(8)相关菜单和快捷键

现在通用的软件设计,为了方便访问程序命令或工具,同样的命令会在软件不同的地方重复出现。同样,Mimics 软件的命令,也可以在软件不同的部位访问,如前面介绍的菜单栏、工具栏、项目管理器,同时也可以通过鼠标右键点击视口中的特定 Mimics 对象,弹出的相关菜单(the context menu,或者可称为右键菜单)来访问,以及与当前激活的操作对象相关的快捷键(shortcut keys)来访问。

虽然相关菜单和快捷键中的功能在菜单栏或工具栏中都可以找到,但是在熟悉掌握软件的操作后,会大大加快工作流程。需要使用快捷键可以查书后附录内容。

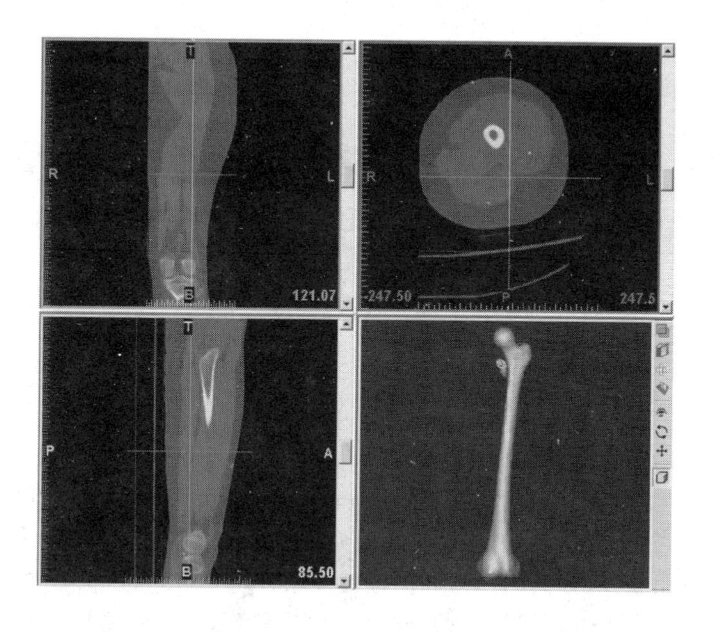

图 1-18　3 个正交平面的断层图像浏览和 3D 模型操作视口

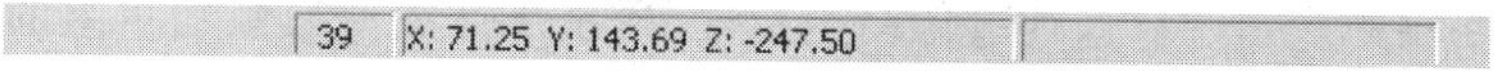

39 | X: 71.25 Y: 143.69 Z: -247.50

图 1-19　信息栏

第2章 chapter 2 认识Mimics基础模块——强大的体数据浏览功能

随着相机、电脑等个人数码设备的普及，以及医院PACS系统(picture archiving and communication system，PACS)的推广，临床医生已经习惯拍摄、保存、浏览各种医学图像数据，也熟悉相关看图软件(如ACD等)和图像处理软件(如photoshop等)的操作。这大大方便了学术的交流与研究，然而，对大多数临床医生而言，体数据集还是一个比较陌生的概念。

目前薄层CT的扫描连续断层数据、中国数字人人体标本的连续断层切片以及连续的组织切片等，基于这些薄层断面重组的矢状面和冠状面图像，其分辨率已经达到原始断面的分辨率，真正达到了三维各向同性，这些连续断层数据，包含了整体的三维信息，故称之为体数据集(图2-1)。

图2-1 膝关节薄层CT体数据集

对这些数据，目前影像科提供给临床医生的，往往是最能反映病变特征的部分断面图像，更偏重于定性方面。然而，正如虽然有多种解剖图谱可供外科医生参考，但是每一个外科医生都期望能有机会解剖实际的尸体标本，以对局部解剖结构有更深刻的掌握一样，对这些体数据集，外科医生也期望能有一个个人电脑可以运行的，可以充分浏览挖掘其中的解剖和临床信息的软件。通过本章的学习，你将实现对体数据任意浏览的期望；另一方面，也只有对体数据有充分的浏览，准确地识别体数据中解剖结构，才能为进一步的图像分割提供先验知识。

一、医学数字图像基础知识

（一）灰度图像、彩色图像及图形

图像就是用各种观测系统观测客观世界获得的且可以直接或间接作用于人眼而产生视觉的实体。通常，客观事物在空间上都是三维的，但从客观景物获得的图像却属于二维平面；不过，在本书中主要讨论的各种断层切片图像，在客观上也可以认为是二维的。

数字图像是将连续的模拟图像经过离散化处理后得到的计算机能够辨认的点阵图像。在严格意义上讲，数字图像是经过等距离矩形网格采样（图 2-2a～b），对每个采样网格的幅度进行量化的矩阵（图 2-2c～d）。因此，数字图像实际上就是采样矩阵。灰度图像为一维矩阵，彩色图像为三维矩阵（RGB 三个分量）。

图 2-2a　物理图像

图 2-2b　对物理图像采用 10×10 等距离网格采样

7	26	31	10	4	4	6	10	15	15
17	34	57	28	5	6	26	100	57	38
43	46	53	23	15	15	54	128	45	68
76	60	62	40	31	36	77	103	82	73
156	156	142	138	138	90	96	123	100	107
174	194	190	187	199	180	146	122	113	126
162	196	194	188	184	177	173	117	106	116
115	171	188	193	188	183	171	95	127	135
105	81	81	96	101	121	109	73	124	133
142	124	84	77	68	74	67	60	152	161

图 2-2c 取样数字矩阵(10×10),每一元素为一像素,值为量化幅度,即灰度值

图 2-2d 一维取样矩阵(灰度图像)显示,取样网格越细,图像越清晰

图形是指由外部轮廓线条构成的矢量图,由数学公式定义。矢量文件中的图形元素称为对象。每个对象都是一个自成一体的实体,比如一幅图上的一个圆,计算机储存的是其圆心坐标、半径、颜色的参数。

数字图像在计算机中以数字矩阵的方式储存,灰度图像为一维矩阵,彩色图像为三维矩阵。而图形在计算机中以参数化方式储存。

(二)像素、分辨率与像素尺寸

像素(pixel)是组成图像的最基本单元。每幅数字图像都是由若干个数据点组成的。像素即数字图像矩阵中的单个元素,其位置决定了在图像中的位置,其大小为灰度图像的灰度值或彩色图像的 RGB 值。

单位面积内的像素越多,分辨率越高,图像的效果就越好。图像分辨率的单位是像素/英寸(ppi),即每英寸所包含的像素数量。

需要注意的是,通常提到的图像分辨率指图像打印后,在相纸上单位面积内的像素个数。而在 Mimics 软件中,像素尺寸(pixel size)是图像上两点间测量的原始距离(单位为像素个数)与实际代表物体的物理距离(单位为 cm)的比例。两者的参照对象不同,前者为打印相纸,后者为实际物体;应用领域也不同,前者为摄影和相片冲洗行业,后者为医学影像专业。

(三)颜色深度

颜色深度即储存数字图像矩阵元素的二进制位数。

1 位二进制只能保存 0 或 1 两个数值,所以又称二值或逻辑图像,Mimics 的蒙板即 1 位图像,同时,图像的形态学操作也是基于 1 位图像(图 2-3a～b)。

图 2-3a　二值图像,只有黑白两色

1	0	0	0	0	0
0	0	0	1	1	1
0	0	1	1	1	1
1	1	1	1	1	0
1	1	1	0	0	0
1	0	0	1	1	1
1	1	1	1	1	1
1	1	1	1	1	1

图 2-3b　显示部分图像矩阵,只有 0,1

8 位为 2^8=256,可保存 256 个灰阶数值,是最常见的灰度图像的位数(图 2-4a~b)。

图 2-4a 8 位灰度图像

26	23	23	27	26	15
5	5	4	5	8	11
9	12	9	5	6	11
59	86	86	69	54	47
153	191	201	186	166	148
208	218	215	208	207	204
211	208	196	190	197	204
196	207	205	204	210	212

图 2-4b 显示部分图像矩阵,矩阵中元素取 0~255 的整数

16 位为 2^16=65 536,可保存 65 536 个灰阶数值,是 DICOM 格式图像的储存位数。如果这些灰阶在一幅图像中都显示,人眼将无法分辨,因此,显示 16 位的 DICOM 格式图像只能选定某一位置(即窗位)的某一小范围(即窗宽)内的灰阶来显示(图 2-5a~b),低于窗宽的所有像素显示为黑色,高于窗宽的所有像素显示为白色。

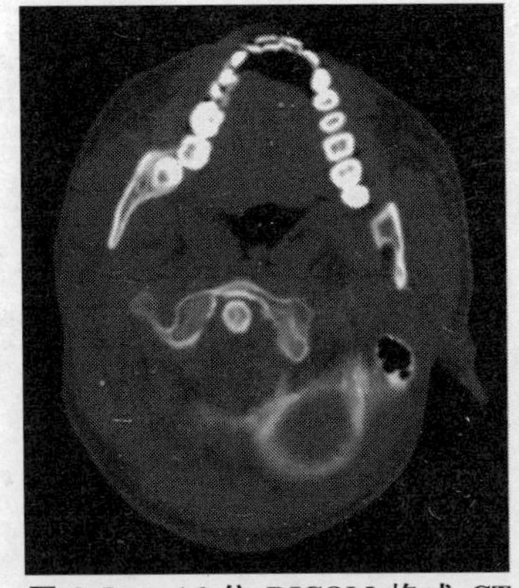

图 2-5a 16 位 DICOM 格式 CT 图像,窗位/窗宽(C/W)=575/1 687

1023	1010	922	744	499	267
1026	997	885	679	426	210
1014	976	840	609	354	158
1000	943	786	541	294	126
991	907	724	474	241	99
985	876	664	404	195	82
968	829	599	346	161	74
934	762	518	281	124	59

图 2-5b 显示部分图像矩阵,矩阵中元素取 0~65 535 的整数

24 位常是彩色图像的保存方式，RGB 分量分别以 3 个 8 位的一维矩阵来保存(图 2-6a～d)。

图 2-6a　24 位真彩色(RGB)图像(I, <300 × 300×3 uint8>)

```
I(:,:,1)

   131   121   102    91    87    76
   119    96    68    56    63    64
    86    77    70    69    76    77
    51    58    70    76    72    67
    63    57    63    64    58    61
   105    99    98   101   109   115
   126   121   118   118   120   120
   137   134   134   134   134   129
```

图 2-6b　显示红色分量部分矩阵图像，矩阵 I(:,:,1)中元素取 0～255 的整数

```
I(:,:,2)

    86    76    57    47    47    37
    91    70    42    32    39    42
    58    51    44    45    52    55
    27    34    46    53    49    44
    39    33    39    41    35    38
    67    62    61    65    73    80
    88    84    81    82    84    85
    84    84    84    85    85    83
```

图 2-6c　显示绿色分量部分矩阵图像，矩阵 I(:,:,2)中元素取 0～255 的整数

```
I(:,:,3)

    44    34    18     8    11     4
    77    55    27    19    26    28
    44    36    29    32    39    41
    23    30    42    47    43    38
    35    29    35    35    29    32
    54    46    45    49    57    61
    75    68    65    66    68    66
    50    49    49    52    52    49
```

图 2-6d　显示蓝色分量部分矩阵图像，矩阵 I(:,:,3)中元素取 0～255 的整数

(四)图像格式

位图(bitmap)，又称光栅图(raster graphics)，是使用像素矩阵来表示的图像，每个像素的色彩信息由 RGB 组合或者灰度值表示。

BMP 文件是 Microsoft 公司所开发的一种交换和存储数据的方法，各个版本的 Windows 都支持 BMP 格式的文件。Windows 提供了快速、方便的存储和压缩 BMP 文件的方法。BMP 格式的缺点是，要占用较大的存储空间，文件尺寸大。

TIFF(tagged image file format)图像文件是由 Aldus 和 Microsoft 公司为桌上出版系统研制开发的一种较为通用的图像文件格式。TIFF 是一种非失真的压缩格式(最高 2～3 倍的压缩比)。这种压缩是文件本身的压缩，即把文件中某些重复的信息采用一种特殊的方式记录，文件可完全还原，能保持原有图颜色和层次，优点是图像质量好，但占用空间大。

总结，BMP 格式和 TIFF 格式均为无压缩或无损压缩的图像格式，Mimics 可以导入这些格式的灰度图像。

JPEG 是 Joint Photographic Experts Group(联合图像专家组)的缩写，是最常用的图像文件格式，由一个软件开发联合会组织制定，是一种有损压缩格式，能够将图像压缩在很小的储存空间，图像中重复或不重要的资料会被丢失，因此容易造成图像数据的损伤。但是 JPEG 压缩技术十分先进，它用有损压缩方式去除冗余的图像数据，在获得极高的压缩率的同时能展现十分丰富生动的图像，换句话说，就是可以用最少的磁盘空间得到较好的图像品质。而且 JPEG 是一种很灵活的格式，具有调节图像质量的功能，允许用不同的压缩比例对文件进行压缩，支持多种压缩级别，压缩比率通常在 10∶1～40∶1，压缩比越大，品质就越低；相反地，压缩比越小，品质就越好。JPEG 格式压缩的主要是高频信息，对色彩的信息保留较好，适合应用于互联网，可减少图像的传输时间，可以支持 24 位真彩色，也普遍应用于需要连续色调的图像。

总结，JPEG 格式的压缩技术可以用最小的磁盘空间得到较好的图像品质，为减少储存空间和加快运行速度，Mimics 软件可以这种方式对原始体数据进行压缩。但是，Mimics 软件不能输入这种格式的原始图像，必须先进行格式转换。

（五）数字医学图像传输与储存标准——DICOM

从 20 世纪 90 年代初开始，随着计算机技术、通信技术以及网络技术的飞速发展，图像分析和图像处理以及 PACS（picture archiving and communication systems）在临床诊断、远程医疗以及医学教学中发挥着越来越重要的作用。而保证 PACS 成为全开放式系统的重要网络标准和通信协议则是 DICOM3.0（digital imaging and communications in medicine 3.0）。PACS 要解决的技术问题之一是统一各种数字化影像设备的图像数据格式和数据传输标准，DICOM3.0 就是一种新的数字成像和通信的标准，只要遵照这个标准就可以通过 PACS 沟通不同厂家生产的不同种类的数字成像设备。

DICOM 格式图像文件是指按照 DICOM 标准而存储的文件。DICOM 文件一般由 DICOM 文件头和 DICOM 数据集合组成。

DICOM 文件头（DICOM file meta information）包含了标识数据集合的相关信息。文件头可以理解为记录有关一幅 DICOM 格式图像的所有有用信息。比如，一幅 DICOM 格式的 CT 图像，文件头中记录了病人姓名、图像大小、层厚、层距和像素分辨率等丰富的临床及图像相关信息。

对于图像的描述，DICOM 采用的是位图的方式，如前所述，通常灰度图像以 16 位储存。DICOM 允许用 3 个矩阵分别表示 3 个分量，也允许仅用一个矩阵表示整个图像，前者可以用来储存彩色图像，比如我们从 PACS 系统中看到的重建的三维彩色图像，后者用来储存 16 位的灰度图像。

总结，DICOM 格式的图像分 2 部分，文件头储存了详细的相关信息，数据集储存了 16 位的灰度图像。

二、连续断层图像输入

Mimics 软件允许自动或人工导入 DICOM、BMP 或 TIFF 格式的连续断层图像。

(一)Mimics 输入模块(import module)

用户准备导入的连续断层图像,可能存放在受保护的硬盘、软盘、CD 或者磁带等不同的介质上,也可能存在局域网的服务器上。

熟悉 CT、MRI 等影像设备的人都知道,基于知识产权或其他原因,不同公司的不同影像设备,图像储存的格式与介质都不同,从这些介质导入图像或者扫描原始数据,需要相应公司的导入许可证(import licenses)。Mimics 软件为不同公司提供了相应的导入模块,每个模块可以分别或打包注册,如果用户不知道需要什么样的模块,可以输入一些图像,Mimics 软件会提示需要注册哪些模块。

(二)Dicom 输入程序(dicom imput application)

用户如果准备接收通过 Dicom 网络传输的 Dicom 格式图像,需要安装 Dicom 输入程序。网络传输的图像会存在用户电脑的本地文件夹(默认为 DIA)中。

如果在这方面遇到困难,笔者建议可寻求计算机专业人员协助,并与 Mimics 软件公司及影像设备公司联系解决,这里不做更多介绍。

(三)图像输入前的准备

Mimics 软件支持 DICOM 3.0 标准的图像,同时也支持较早的 ACR-NEMA 格式(1.0 and 2.0)。同时 Mimics 软件支持 BMP 和 TIFF 格式的灰度图像。Mimics 软件不支持彩色图像和 JPEG 格式的图像。

不管是准备输入 DICOM 格式连续断层扫描数据还是输入连续人体或组织切片断层图像数据,都需要事先对所要输入的数据有充分的了解，对所要研究的项目有详细的设计。图像输入之前，必须准备或确认以下图像信息：

・患者名称(patient name)，可以是患者的名字，也可以是研究项目名称，要方便分类管理。

・研究机构(institute)，可以选择填或不填。

・层距(slice distance)、像素尺寸(pixel size)和扫描架倾斜度(gantry tilt)(图 2-7)，连续断层图像集合为一个体数据集，要求连续断层图像的大小一致，同时需要知道图像的像素与物体实际尺寸的比例(pixel size，如同地图的比例尺)，层距(slice distance)以及扫描架倾斜度(gantry tilt)3 个必需的参数。

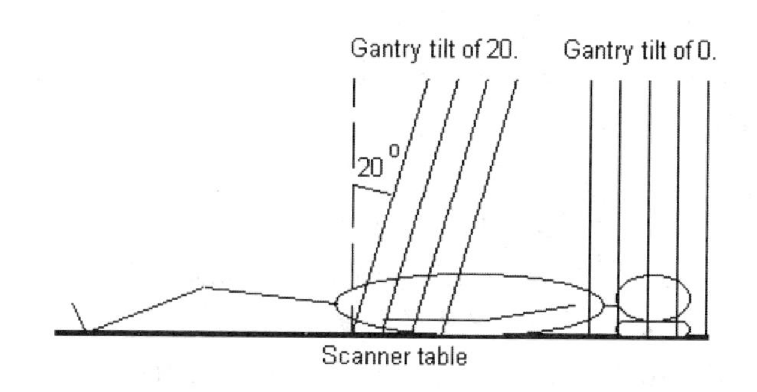

图 2-7　扫描架倾斜度(gantry tilt)

注意的是，DICOM 格式的影像数据，文件头中一般已经包含了这些参数，Mimics 软件可以自动识别，不需要手工输入。如果需要对连续人体标本切片或组织切片进行三维重建，则在开始阶段要详细地设计，在切片上要加入标尺和定位杆，以保证连续断层图像层与层之间能够配准裁剪成大小一致，同时获得准确的像素尺寸、层距及切削角度等关键参数。

・连续断层图像的排序(sort)，建议以序数词(num.)或字母顺序(alpha.)为连续断层图像命名，以方便输入。如果图像以其他方式命名，则需要编制一份图像名称与序数词对应表，以便 Mimics 输入(import table positions from)，同时也可以手工调整图像的位置，虽然 Mimics 软件提供了这两种备选的方法，但笔者不推荐这样做。

• 第一张图像的位置(first table position)和方位(orientation)，如果要对一个大的数据集分步重建，比如对中国数字人人体切片进行解剖重建，那么不可能一次输入所有的断层图像，可能会选择分步重建不同的解剖结构，比如股骨与胫骨。为了使两次重建的股骨与胫骨三维模型保持准确的三维坐标，需要注意以下两个参数。

第一张图像的位置(first table position)，比如，如果定义股骨自上向下第一张位置为 0，胫骨数据第一张的物理位置距股骨第一张为 50cm 的话，那么分别重建股骨和胫骨时，first table position 的参数股骨为 0，胫骨为 50cm。

方位(orientation)，在分步重建时，来自于一个大的数据集的子数据集，定义解剖姿势(前后、左右、上下)必须一致，否则所建的不同模型输入同一坐标系中位置会发生混乱。

(四)自动导入 DICOM 格式图像

如果 DICOM 数据集中已经包含了重建的所有参数，可以自动导入。

在开始之前，保证已经安装了 Mimics 软件光盘中的教程数据(tutorialdata. exe)或者已经在本地硬盘上拷贝了 DICOM 数据。DICOM 图像的默认安装路径为“C:\MedData\Import1\”。

自动导入 DICOM 格式图像，可以执行以下操作：

• 选择 Menu bar＞File＞Import Image…命令，或者单击 Main toolbar＞“Import Image…”按钮，弹出图像选择对话框(图 2-8)，按住 Ctrl 键，左键单击可以单个选择要添加或移除的图像，按住 Shift 键，左键单击第一幅和最后一幅可以多个选择要添加或移除的图像。

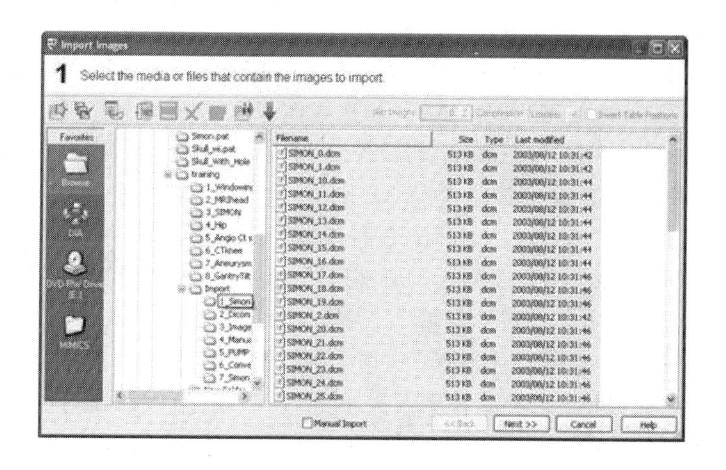

图 2-8　图像选择对话框

· 打开图像文件夹，选中所有图像文件，点击〖Next>>〗按钮，弹出图像序列检查窗口(图 2-9)。

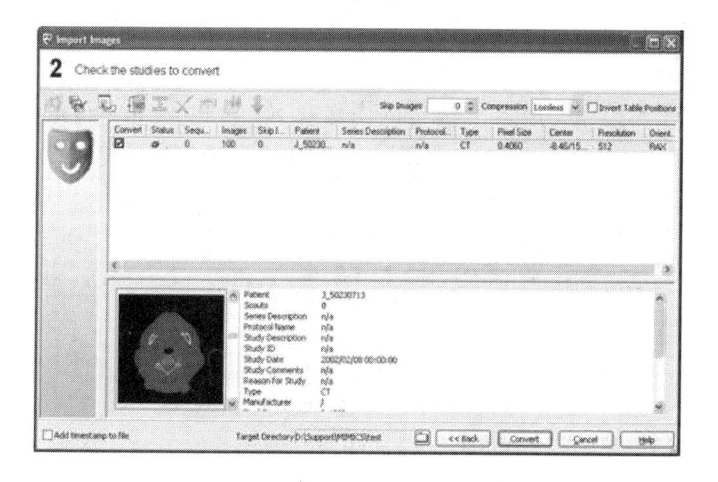

图 2-9　图像序列检查窗口

·设置转换参数：

“Skip Images”软件按照输入值等间隔取部分断层图像输入。

“Compression”下拉选择框，选择图像压缩方式，有 3 种压缩方式“CT”“MR”和“Lossless”。“CT”为有损压缩，因为 CT 图像矩阵中元素值低于 200(像素的灰度值)的值小于空气扫描的灰度值，无临床意义，所以“CT”压缩将＜200 的元素值都压缩为 0。同样，“MR”压缩将＜10 的元素值都压缩为 0。“Lossless”为无损压缩。

“Invert Table Position”勾选则翻转图像输入顺序。

注意：Mimics 会检查图像大小、像素尺寸、扫描架倾斜度、方位和图像重构中心等重建参数，以及病人信息、病例信息和标签等，如果有一个参数不同，Mimics 会将输入的数据集分割成不同的序列。当同一个病人显示多个图像序列时，表示不是所有的图像参数都均等，差异以粗体突出显示，按住 Shift 键左键选中多个序列，再单击“Merge series”按钮，可以将这些序列合并到一个 Mimics 项目中。当病人姓名、像素尺寸和方位不同时，不能合并序列。

·勾选一个或多个选定的图像序列，单击〖Convert〗按钮进行转换，转换完毕，弹出研究项目选择对话框(图 2-10)。注意：Mimics 可以成批转换病例，如果只含有一个病例，Mimics 就会跳过研究项目选择对话框直接进入下一步。

·单击病例前的单选框选中病例，点击〖Open〗按钮，弹出方位输入面板(图 2-11)。

·右键单击方位字符，选择正确的方位(AP 为前后，RL 为右左，TB 为上下)，单击〖OK〗按钮，完成图像输入。

(五)手动导入 DICOM 格式图像

在导入 DICOM 图像时，在图像选择对话框(图 2-8)勾选“Manual import”选项，点击〖Next＞＞〗按钮，会出现手动转换选项窗口(图 2-12)。

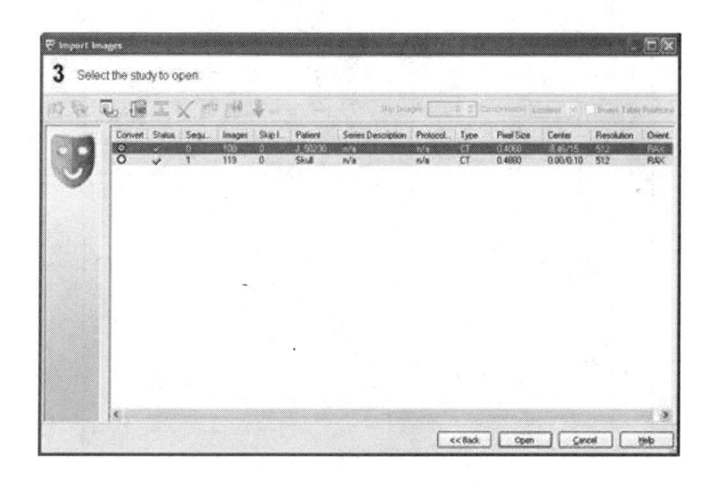

图 2-10　选择研究项目打开

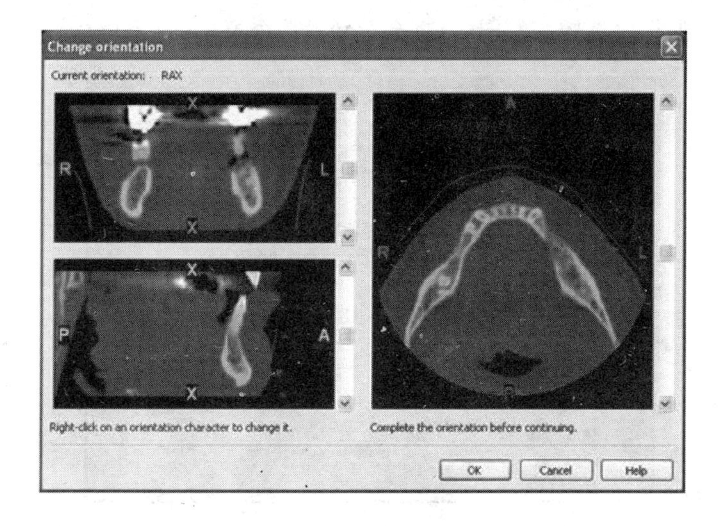

图 2-11　输入方位参数

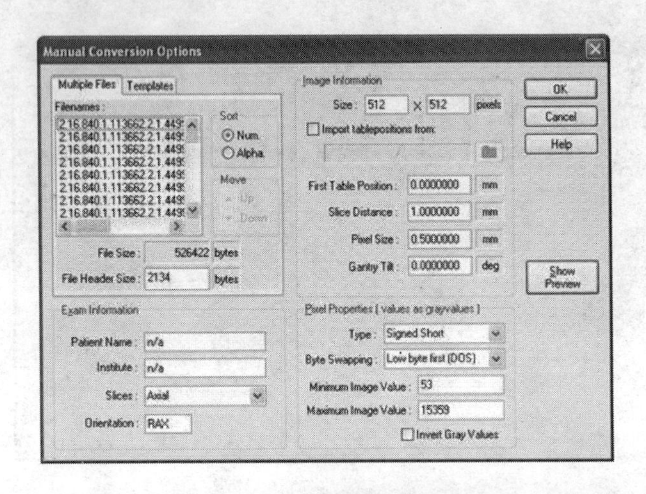

图 2-12　手动转换选项窗口

如果仅选中一幅图像,将会看到另一个窗口(图 2-13)。

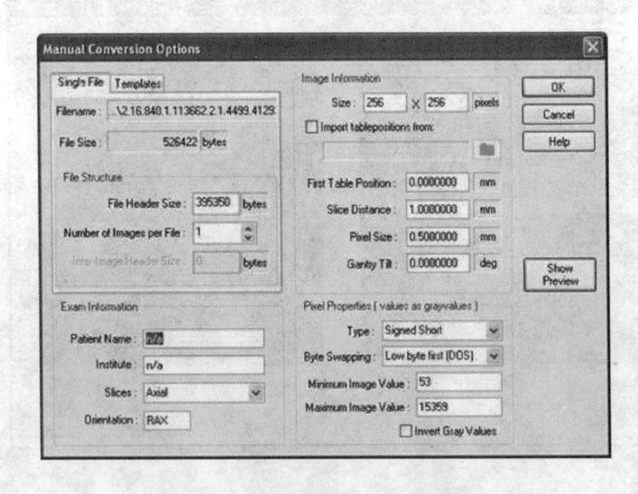

图 2-13　手动导入一幅图像

通过手动导入可以输入更多的图像参数：文件结构（file structure），包括图像文件头大小（file header size）等，像素属性（pixel properties），包括数值类型（type）等，也可将导入的图像反相（invert gray values）。

（六）自动导入 BMP 或 TIFF 格式图像

自动导入 BMP 或 TIFF 格式图像与自动导入 DICOM 格式图像步骤基本相同，唯一的区别就是需要用户输入所有的重建参数（图 2-14）。

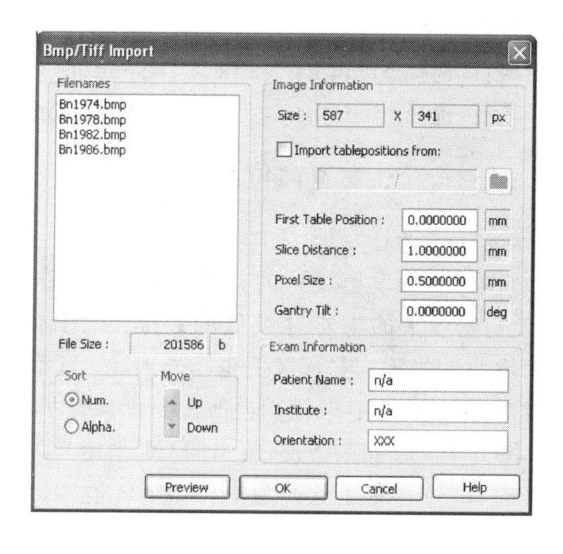

图 2-14　输入图像参数

• 逐项填入相关参数，患者名称（patient name），研究机构（institute），层距（slice distance），像素尺寸（pixel size）、扫描架倾斜度（gantry tilt）和第一张图像的位置（first table position）。选择图像排序（sort），序数词（num.）或字母顺序（alpha.），或者手工调整图像顺序（move）。需要时输入编制的图像名称与序数词对应表（import table positions from）。点击〖Preview〗按钮可以预览输入图像。

(七)项目管理(保存、另存、打开及关闭)

完成图像输入后,可以将结果保存为一个项目(project),Mimics 软件可以在任何处理过程中将结果保存为项目文件,下次打开项目可以继续前面的工作。

项目管理可执行以下操作。

- 保存项目,选择 Menu bar>File>Save project 命令。
- 另存项目,选择 Menu bar > File > Save project as 命令。
- 关闭项目,选择 Menu bar>File>Close project 命令。
- 打开项目,选择 Menu bar>File>Open project 命令。

三、窗宽窗位及调整

(一)Hounsfield 值

CT 扫描图像的灰度值反映的是组织对 X 线不同的衰减系数。一般来说,密度大的物质对 X 线的衰减大,CT 值灰度值也大;反之,密度小的物质 CT 灰度值也小。因此,CT 的灰度值反映了物质对 X 线衰减的绝对值。类似于温度的计量单位,Godfrey Hounsfield 为了使用的方便,将水的 CT 值定义为 0,按照这个标度换算的 CT 灰度值也就称为 Hounsfield 值(简称 CT 值)。按照这个标度,脂肪的 CT 值约为－100,肌肉约为 40,骨松质为 100～300,骨皮质约为 2 000,牙釉质则高于 2 000(图 2-15)。

CT 图像的灰度值通过显示器按照从黑到白显示出来,一般显示器可以显示 2^8＝256 个灰度标准值,如果选择的 CT 图像像素值范围>256,显示器实际提供的分辨率仍是 256 个灰度值,像素值相邻的两个像素显示将没有差别。Mimics 默认显示全部 CT 灰度值范围,显示器物理显示为 256 个灰度值,图像细节不可分辨。

为了充分显示 12 或 16 位 CT 图像的细节,必须选择一个适

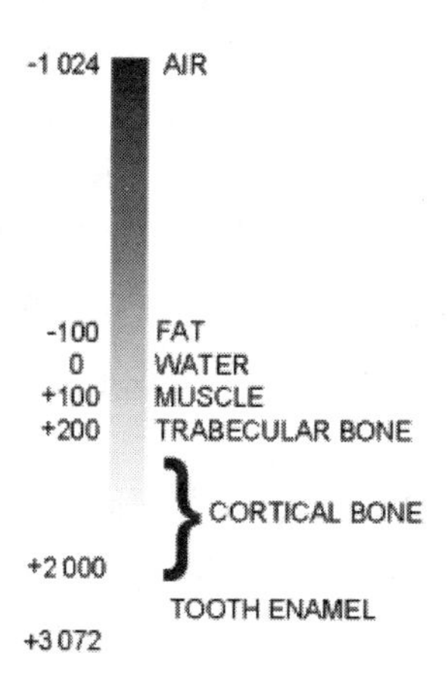

图 2-15　显示 CT 灰度值与 CT 值的对应关系

当的 CT 值范围显示，称为窗宽（windows width），这个选定的 CT 值范围的中值，称为窗位（windows center）（图 2-16）。

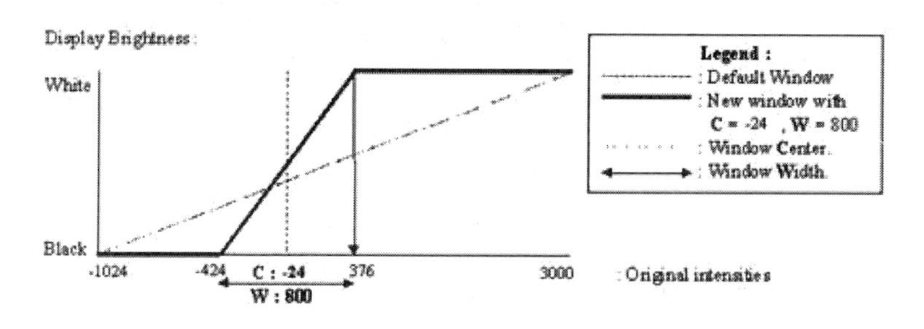

图 2-16　窗宽与窗位，Mimics 默认窗宽（default window）为整个 CT 值范围，−1 024～3 000，新选定显示的 CT 值范围窗宽为 800，窗位为 −24（new window with C=−24，W=800）

（二）调整窗宽窗位

Mimics 软件 CT 断层图像的像素单位（pixel unit）可以用两种单位显示，一种是灰度值（greyvalue），一种是 CT 值

(Hounsfield),更改单位可进行以下操作。

· 选择 Menu bar>Options>preferences 命令,打开一般选项"General preferences",选择"Pixel Unit"。

调整窗宽窗位(toggle gray scale),可以执行以下操作。

· 在断层图像视口上,按住右键,光标变为▣,上下拖动鼠标改变显示窗宽,左右拖动鼠标改变显示的窗位。

也可以在项目管理器中调整。

· 单击主工具栏显示/隐藏项目管理器"Toggle Project management" ▣ 按钮,显示项目管理器,选择"Contrast"标签,显示调整窗宽窗位面板(图 2-17)。

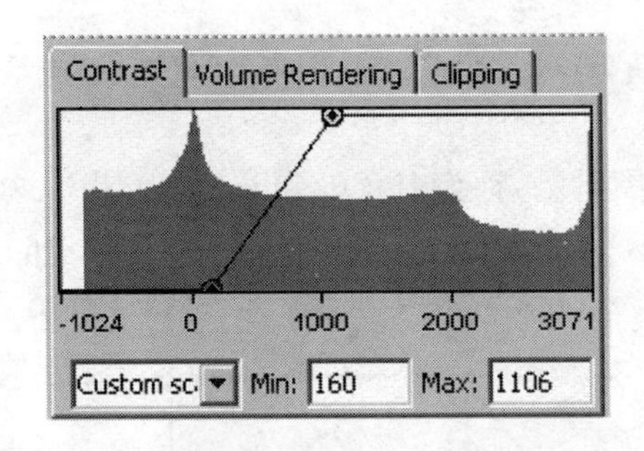

图 2-17 项目管理器调整窗宽与窗位面板,两点横坐标之间横轴为选定的窗宽和窗位,纵坐标之间纵轴为显示器显示灰度范围

· 鼠标移到两点或两点之间斜线上,光标变为✥,按下鼠标左键拖曳可以改变窗宽与窗位。

· 鼠标移到两点之外水平线,光标变为↕,按下鼠标左键拖曳可以改变显示器显示的灰度范围(默认为 256 个灰度值)。

四、图像增强

(一)伪彩(pseudo color)

人眼可以分辨几千种颜色，而只能分辨很少的灰度等级。同时，显示器实际提供的灰度物理分辨率为 256(2^8)个等级，而彩色物理分辨率为 2^24 个 RGB 等级。

显示器依据灰度值大小从黑到白将 CT 图像显示出来，如果选择的窗宽范围>256 时，像素值相邻的两个像素显示将没有差别。如果采用伪彩算法，将一维的灰度值分配相应的彩色值，则可以将窗宽范围>256 的 CT 图像显示出来。

所以，人们为了提高对灰度图像特征的识别，采用一些计算机算法，将一维的灰度值分配相应的彩色值，称为伪彩色。

Mimics 软件提供了全频谱(full spectrum)、锯齿(sawtooth)和三角(triangle)3 种伪彩色增强算法，用户可以任意选择。

选择伪彩增强，可执行以下操作。

· 选择 Menu bar>View>Pseudo Color 命令，进入子菜单，选择默认灰度“Gray”(图 2-18)、全频谱“Full Spectrum”(图 2-19)、锯齿“Sawtooth”(图 2-20)或三角“Triangle”(图 2-21)，视口断层图像将以相应的伪彩显示。

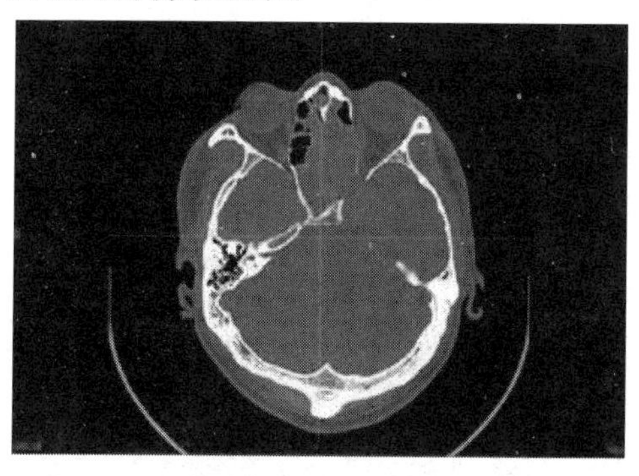

图 2-18　灰度

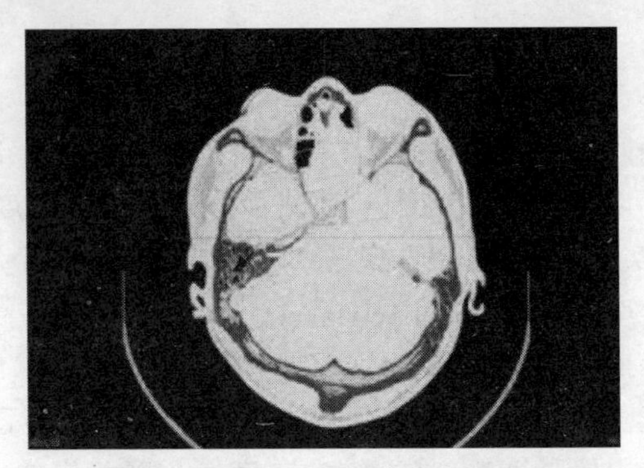

图 2-19　全频谱伪彩

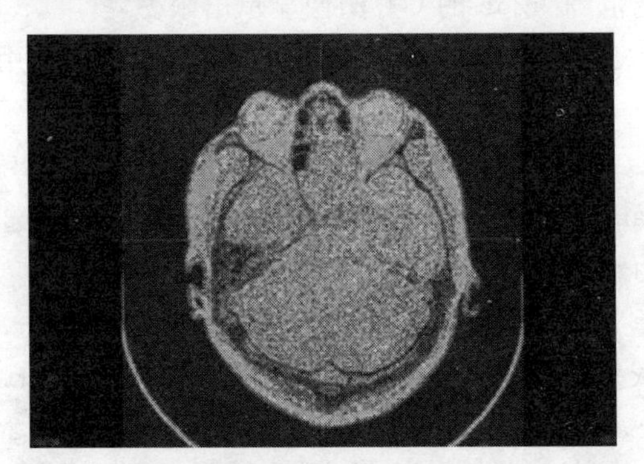

图 2-20　锯齿伪彩

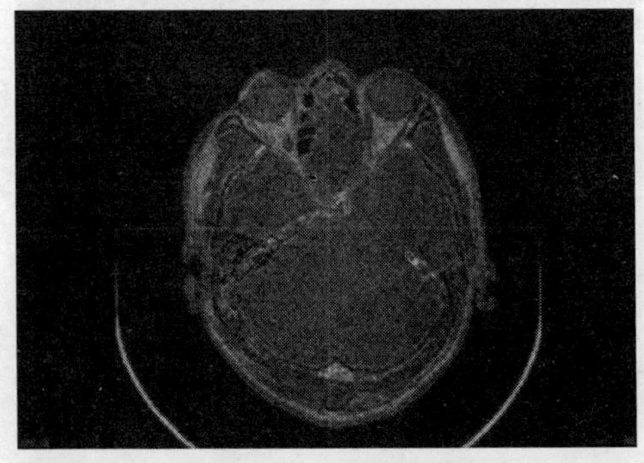

图 2-21　三角伪彩

（二）滤波（filter）

图像滤波可以突出图像中所感兴趣的部分，降低图像的噪声，提高图像的质量。Mimics 软件提供 6 种滤波方式：

“Binomial blur”，最常用的降噪滤波器，通过计算像素邻域平均值，消除空间高频分量降低图像噪声。选择“Binomial blur”滤波，可执行 Menu bar＞Filter＞ Binomial blur 命令，设定迭代次数（Number of iterations）。

“Curvature flow”，类似水平集的轮廓滤波器，轮廓曲率大扩展快，曲率小扩张慢，因此在过滤小的锯齿状噪声的同时，可以保留图像不同区域之间的锐边。选择“Curvature flow”滤波，可执行 Menu bar＞Filter＞ Curvature flow 命令，设定水平集生长步长（time step）和迭代次数（number of iterations），一般生长步长设为 0.125，迭代次数设为 10 左右。

“Discrete Gaussian”，高斯卷积滤波器，通过一个高斯算子（gaussian kernel）对每个体素进行卷积滤波。高斯卷积滤波可以保留图像差异较小的不同区域之间的边缘，同时平滑和过滤图像细节。选择“Discrete Gaussian”滤波，可执行 Menu bar＞Filter＞ Discrete Gaussian 命令，设定高斯算子参数（gaussian variance）和算子最大宽度（max kernel width）。

“Gradient magnitude”，梯度增强滤波器，检测像素之间的梯度变化。可以很好地显示图像同质区域的边缘，但是对噪声敏感。选择“Gradient magnitude”滤波，可执行 Menu bar＞Filter＞ Gradient magnitude 命令。

“Mean”，均值滤波器，是最简单的降噪滤波器。通过简单的计算像素邻域平均值降低图像噪声，对邻域像素值敏感，不能保留图像不同区域的边缘。选择“Mean”滤波，可执行 Menu bar＞Filter＞ Mean 命令，设定像素滤波半径（filter radius）。

“Medium”，中值滤波器，通过计算像素邻域的中值改变像素值，对椒盐噪声和斑点噪声过滤较好，特别适合保留边缘的同时降低边缘处的噪声。选择“Medium”滤波，可执行 Menu bar＞Filter＞ Medium 命令，设定像素滤波半径(filter radius)。

是否显示滤波后的图像，可以执行以下操作。

· 选择 Menu bar＞Filter＞ Show filtered images 命令，切换显示滤波图像(图 2-22)。

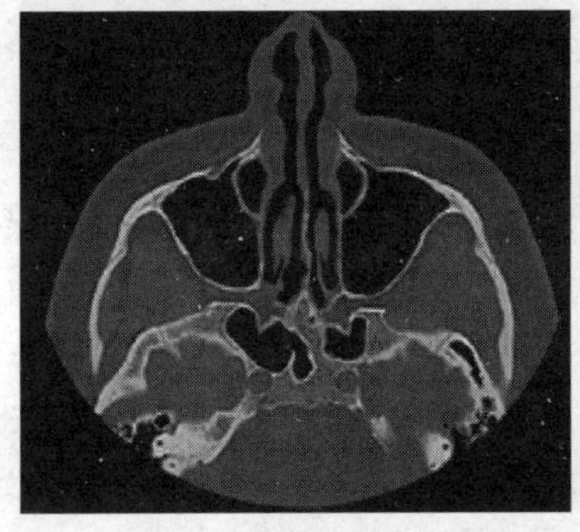
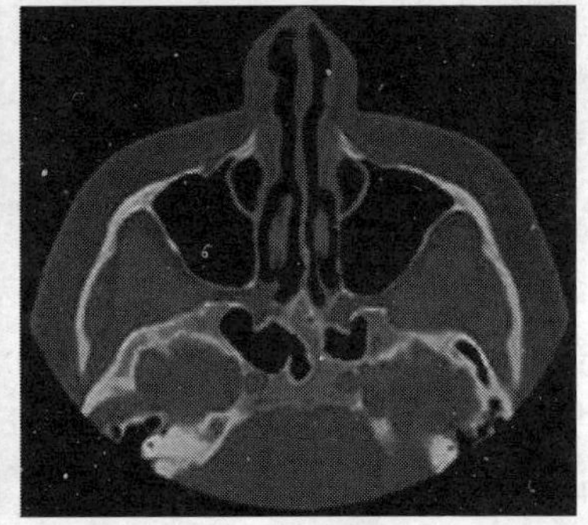

图 2-22　滤波图像切换，左为滤波前，右为滤波后

编辑已经进行过的滤波命令，可以执行以下操作。

· 选择 Menu bar＞Filter＞Edit filter list 命令，可以添加、删除或改变列表中的滤波操作(图 2-23)。

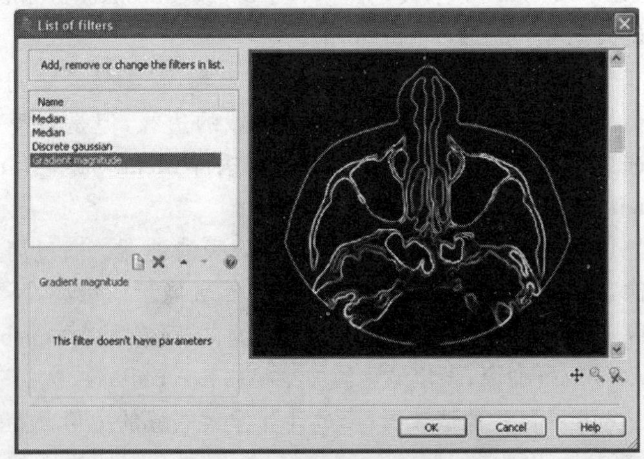

图 2-23　编辑滤波列表

五、重组正交断层浏览

导入 Mimics 软件的体数据，除了原始横断面外，软件自动重组矢状面和冠状面连续断层图像，用户可以如同浏览一般图像一样，在 3 个正交断面视口中浏览断层图像。

(一)不同的视口(the different views)

在缺省配置时，Mimics 软件在操作区显示 4 个视口(图 2-24)，右上视口显示原始横断面(XY 平面)，红色边框；左上视口为重组冠状面(XZ 平面)，橙色边框；左下为重组矢状面(YZ 平面)，绿色边框。左下为 3D 视口，淡绿色边框。用户可以通过拖曳视口间边界来调整视口的大小。

在不同的视口中均可看到标尺(tick marks)、十字交叉线(in-

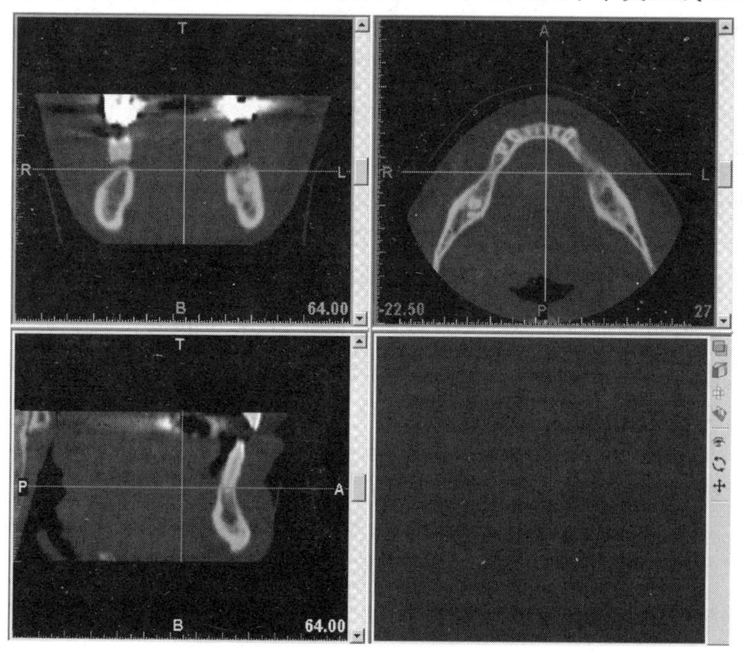

图 2-24 三个正交平面的断层图像浏览和 3D 模型操作视口

tersection lines)、断层位置(slice position)和断层方位(orientation strings)等指示信息。

"Tick marks",指示体数据三维尺度的标尺:在矢状面和冠状面视口左侧的红色标尺,指示横断面的坐标刻度;在横断面和冠状面视口底部的绿色标尺,指示矢状面的坐标刻度;在横断面视口左侧和矢状面视口底部的橙色标尺,指示冠状面的坐标刻度。

"Intersection lines",十字交叉线指示当前光标位置。按下Ctrl+L键可切换显示与隐藏十字交叉线。在当前视口拖动右侧滑块浏览断层时,或者鼠标单击断层时,可以看到十字交叉线的位置随之改变。

在矢状面和冠状面视口可见十字交叉线的红色直线,对应左侧的红色标尺,指示当前横断面的坐标位置。在横断面和冠状面视口可见十字交叉线的绿色直线,对应底部的绿色标尺,指示当前矢状面的坐标位置。在横断面视口左侧和矢状面视口可见十字交叉线的橙色直线,对应底部的橙色标尺,指示当前冠状面的坐标位置。

"Slice position",断层位置信息,显示当前断层的坐标值。在原始横断面视口,左下角红色数字显示横断面当前坐标,右下角显示当前原始横断层序号。在冠状面视口,右下角橙色数字显示冠状断面当前坐标。在矢状面视口,右下角绿色数字显示矢状断面当前坐标。

"Orientation strings",断层方位信息,在每个视口都可看到指示方向的字符:后(posterior,P)、前(anterior,A)、左(left,L)、右(right,R)、上(top,T)和下(bottom,B)。

隐藏或显示这些信息,可以选择 Memu bar>View>Indicators 菜单,选择显示或隐藏某个指示信息。

(二)导航(navigation)

浏览断层图像是 Mimics 软件最为基础的操作,因此下面列出了浏览、平移、旋转、缩放视口的详细说明。

用户可以选择不同的方法浏览断层图像。

· 在当前视口拖动右侧滑块浏览断层。

· 鼠标左键单击断层或者 3D 模型上某一点，3 个视口同时显示过这一点坐标的 3 个正交断层平面(1-click navigation)。

· 使用←/→/↑/↓方向键浏览。

· 使用 Home/PgUp/PgDn/End 键快速浏览。

· 使用鼠标滚轮浏览。

· 导航(navigation)工具栏提供了 3 个正交断层图像坐标的显示和控制工具，输入坐标值，点击〖Apply〗按钮，3 个视口显示相应的 3 个正交断层平面(图 2-25)。

图 2-25　导航工具栏

对断层图像在视口内进行平移(pan view)、旋转及缩放等命令，可以通过主菜单(menu bar)、工具菜单(toolbar)、右键菜单及快捷键方便地访问。

平移视口(pan view)，每个视口中断层图像或 3D 模型都可被平移，平移可以执行以下操作。

· 按住 Shift 键，鼠标右键拖曳对象。

· 单击 Main toolbar＞“Pan view” ✥. 按钮，按住鼠标右键拖曳对象。

· 按住 Shift 键，使用←/→/↑/↓方向键精确平移。

· 按住 Shift 键，使用 Home/PgUp/PgDn/End 键快速平移。

· 选择 Memu bar＞View＞Pan View 命令，按住鼠标左键拖曳对象。

· 单击右键弹出右键菜单，选择“Pan View”，按住鼠标左键拖曳对象。

旋转视口(rotate view),只有 3D 视口中 3D 模型可被旋转,旋转可以执行以下操作。

· 鼠标右键拖曳旋转对象。

· 单击 Main toolbar＞"Rotate view" 按钮,按住鼠标左键拖曳旋转对象。

· 使用←/→/↑/↓方向键精确旋转。

· 使用 Home/PgUp/PgDn/End 键快速旋转,步长为 10°。

· 选择 Memu bar＞View＞ Rotate View 命令,按住鼠标左键拖曳旋转对象。

· 单击右键弹出右键菜单,选择"Rotate View",按住鼠标左键拖曳旋转对象。

缩放"Zoom",每个视口中断层图像或 3D 模型都可被缩放,缩放可以执行以下操作。

· 按住 Ctrl 键,按住鼠标右键拖曳缩放对象。

· 单击 Main toolbar＞"Zoom" 按钮,按住鼠标左键拖曳出一个矩形选择框,矩形选择框放大到一个视口大小。

· 按住 Ctrl 键,使用←/→/↑/↓方向键精确缩放。

· 按住 Ctrl 键,使用 PgUp/PgDn 键快速缩放。

· 选择 Memu bar＞View＞ Zoom 命令,按住鼠标左键拖曳出一个矩形选择框,矩形选择框放大到一个视口大小。

· 单击右键弹出右键菜单,选择"Zoom",按住鼠标左键拖曳出一个矩形选择框,矩形选择框放大到一个视口大小。

缩放到全屏"Zoom to full screen",每个视口中断层图像或 3D 模型都可被缩放到全屏,缩放到全屏可以执行以下操作。

· 单击 Main toolbar＞"Zoom to full screen" 按钮,光标变为放大镜形状,单击视口,放大到全屏,再次单击按钮,退出全屏。

· 选择 Memu bar>View> Zoom to full screen 命令，光标变为放大镜形状，单击视口，放大到全屏，再次单击按钮，退出全屏。

· 单击右键弹出右键菜单，选择“Zoom to full screen”，光标变为放大镜形状，单击视口，放大到全屏，再次单击按钮，退出全屏。

“Zoom to fixed factor”，缩放到指定大小，每个视口中断层图像或 3D 模型都可被缩放到指定大小，可以执行以下操作。

· 单击 Main toolbar>“Zoom factor”下拉选择框，选择缩放值，光标变为透镜形状，在需要缩放的视口上左键单击。

取消缩放“Unzoom”，每个视口中断层图像或 3D 模型都可被取消缩放，可以执行以下操作。

· 单击 Main toolbar>“Unzoom” 按钮，鼠标左键单击视口，取消缩放。

· 选择 Memu bar>View> Unzoom 命令，鼠标左键单击视口，取消缩放。

· 单击右键弹出右键菜单，选择“Unzoom”，鼠标左键单击视口，取消缩放。

六、重组任意断层浏览

薄层连续断层图像输入 Mimics 软件以后，组织成体数据集，将三维体数据与任意平面相交的切面称为断面，从体数据集抽取过任意断面的体素值，可以组成一个新的矩阵图像，称之为重组断层图像。特别的是，3 个互相垂直的断面，即原始横断面、重组矢状面和重组冠状面称为正交断面。Mimics 软件除了可以浏览原始横断面外，还可以浏览重组矢状面和冠状面。

容易想到的是，也许 3 个正交断面提供的信息，不是我们最想要的；既然体数据集的分辨率各向同性，可否任意角度切割体数据集,观察其重组断面图像呢?在临床上,常规 CT 扫描为标准的解剖位置,但是,在观察一些特殊的部位,比如口腔科的牙列,医生更希望能沿牙列弧度扫描;再有,股骨颈的中轴与常规正交平面均成角,医生也许希望能沿股骨颈自身的中轴扫描。

为此,Mimics 软件提供了 2 种用户自定义重组断面的方法。

(一)在线重切片(online reslice)

在线重切片,允许用户在原始横断面上任意画出一条切割曲线(线性插值样条线),Mimics 软件随后可以沿自定义曲线及其平行线重组断层图像,称为平行重组断面(parallel images),同时重组垂直于自定义曲线的交叉断层图像,称为交叉重组断面(cross-sectional images),如图 2-26a～b。绘制的切割曲线储存为项目管理器“Curves”标签下一个曲线对象。

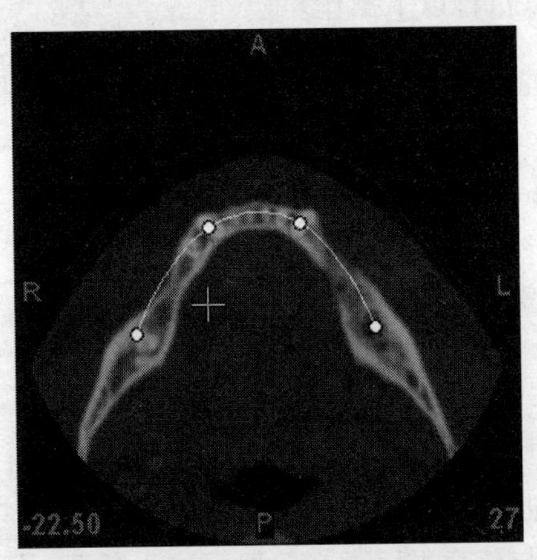

图 2-26a 原始横断面上用户自定义切割曲线,白色点为样条曲线控制点

进行在线重切片,可以执行以下操作。

• 选择 Menu bar>File>Online Relice 命令,或者单击 Pro-

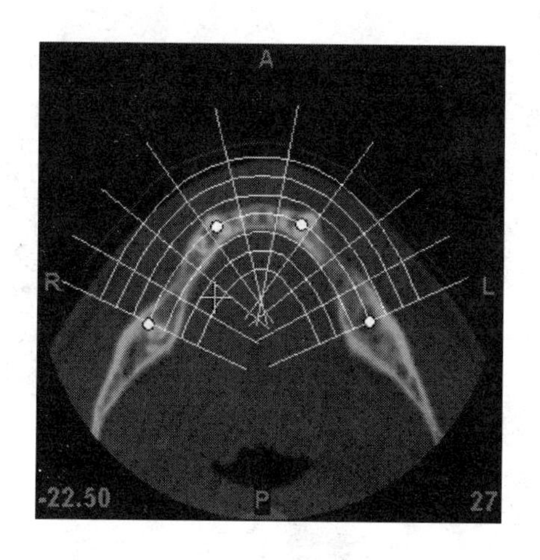

图 2-26b　重组平行断层图像与重组交叉断层图像位置

ject Management> Curves>“New” 按钮，弹出重切片曲线工具箱(图 2-27)，第二个按钮被选中，光标变为铅笔形状，在断面上单击鼠标左键，绘制控制点，绘制完最后一个控制点后双击鼠标左键，完成曲线绘制。用户也可以利用重切片曲线工具箱中其他工具对绘制的曲线进行编辑。

图 2-27　曲线修改工具箱：依次为“选择”“新绘曲线”“删除曲线”“添加点”“删除点”及“曲线列表”按钮

・绘制完曲线，视口切换为用户重组断面浏览视口(图 2-28)，可以和浏览正交断面一样浏览重组交叉断面和重组平行断面。

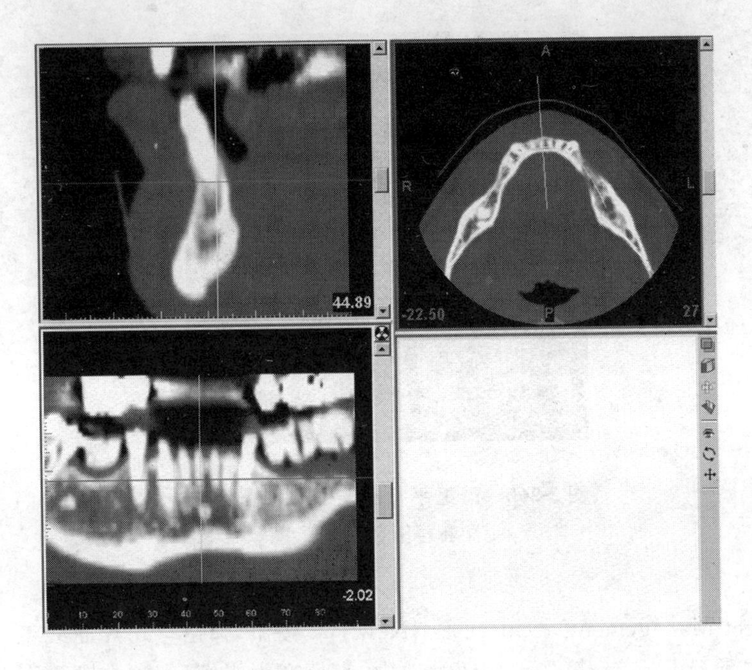

图 2-28　用户重组断面浏览视口,右上边框为原始断面视口,左上边框为重组交叉断面视口,左下边框为重组平行断面视口

沿重组平行断面垂线方向进行 X 线仿真,可以执行以下操作。

· 单击重组平行断面视口右侧按钮,切换为 X 线仿真视口(图 2-29);单击 X 线仿真视口右侧按钮,切换为重组平行视口(图 2-28)。

注意:

X 线仿真是将平行重组曲面一定厚度(X-ray depth)范围内包含的所有体素投影到平行重组曲面上,模拟 X 线成像。

用户如需要调整两个重组断面之间的距离,设置 X 线仿真参数,可以执行以下操作。

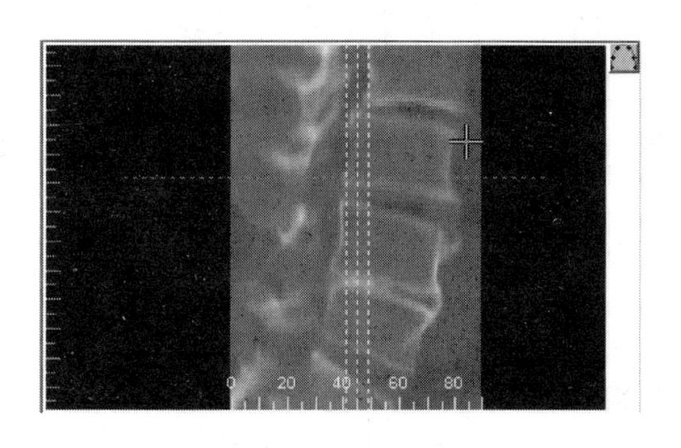

图 2-29　X 线仿真视口

· 选择 Memu bar > Options > Preferences 命令，打开"Reslicing preferences"选项，设置在线重切片参数。

"Distance between cross-sections"，设置交叉重组断层距离。

"Distance between parallels"，设置平行重组断层距离。

"Cross-Sectional Grid"，设置交叉断面视口中显示断层图像数量。

"X-ray Depth"，设置 X 线仿真深度。

"Maximum movement range"参数，定义与用户原始曲线平行的两侧平行重组断层的范围，在曲线屈侧，平行断层的范围不能超过蓝色交叉线的相交点。如图 2-26b 所示，即使用户定义的最大范围大于图示的 3 条黄线，由于超过了原始曲线屈侧蓝线的交叉点，Mimics 软件也只重组过 3 条曲线的断层图像。

(二)重新切割项目(reslice project)

重新切割项目，可以在体数据集(立方体)中，用户自定义切割出一个任意大小、方向的体数据子集，生成一个新的 Mimics 项目(图 2-30a～c)。

重新切割项目，可以进行以下操作。

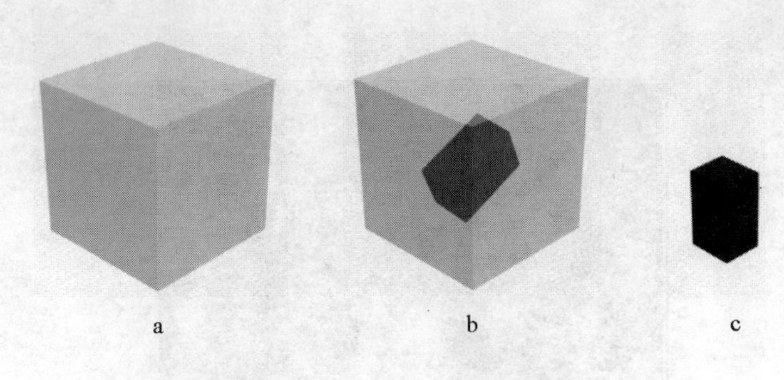

图 2-30　重新切割体数据集，a 显示原始体数据集，b 显示自定义切割体数据子集在原始体数据集中位置，c 显示切割后新的体数据子集

・选择 Menu bar＞File＞Reslice project 命令，弹出重新切割项目对话框(图 2-31)。

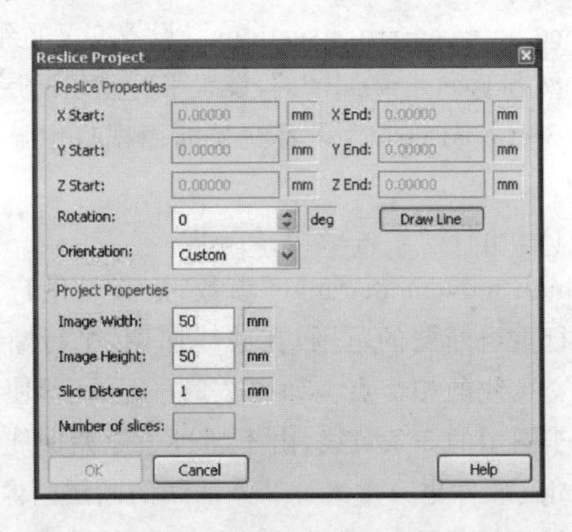

图 2-31　重新切割项目对话框

・绘制体数据子集三维选择框：光标变为铅笔状，在 3 个正交断层图像或 3D 模型上定义两点绘制一条直线，直线的长度为子集的长度，在 4 个视口中均可用鼠标选择直线或其两个端点按

下左键拖曳调整其位置。绘制直线后，视口中出现白色的子集三维选择框(图 2-32)。

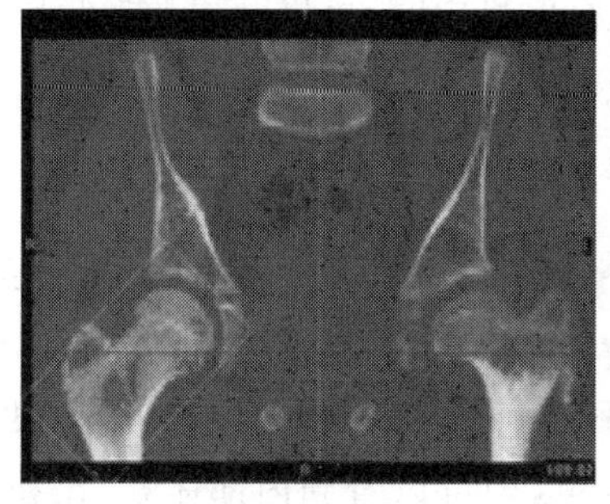
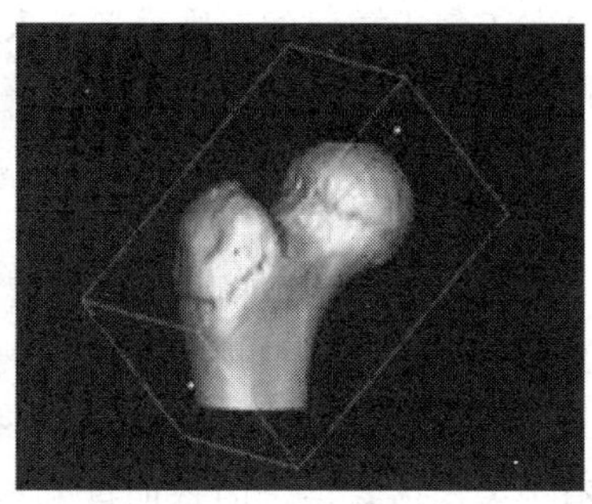

图 2-32　冠状面(左)和 3D 视口(右)中显示重新切割体数据子集的三维选择框

· 重新切割项目对话框中调整子集的方向和尺寸。

“X/Y/Z Start：”可以输入起点的三维坐标值调整绘制直线起点坐标位置；

“X/Y/Z End：”可以输入终点的三维坐标值调整绘制直线的终点坐标位置；

“Rotation：”可以输入子集旋转角度，调整三维选择框围绕绘制直线的旋转角度；

“Orientation：”选择绘制直线的方向，可以是用户绘制定义(custom)、前后方向(anterior-posterior)、左右方向(left-right)或上下方向(top-bottom)；

“Image Width：”输入子集的宽度。

“Image Height：”输入子集的高度。

“Slice Distance：”输入子集切片的层距。

“Number of slices：”根据绘制直线的长度和重切片间的层距计算的子集切片数量。

· 确定重新切割子项目的大小和尺寸后，单击〖OK〗按钮，重新切割子集另存为一个新的 Mimics 项目。同时,切割子集在原体数据中的位置信息在原项目文件夹中保存为一个变换矩阵,用户在子集中重建的三维模型导入原项目中时,可以利用变换矩阵将三维模型配准到原始位置。

七、体 渲 染

体渲染是影像科 CT 三维重建最常用的方法,也是临床医生非常熟悉的三维重建方法。

体数据集可以想像为由一个个小立方体体素堆积而成,如果给予表层体素一定的透明度和颜色,则可以看到内部体素,比如一个包含骨骼的体数据集,可以将体素值小于骨的表层软组织体素设为透明,将体素值大于等于骨的体素设为不透明并赋予一定的颜色,我们即可看到软组织内部骨的三维结构信息(图 2-33)。

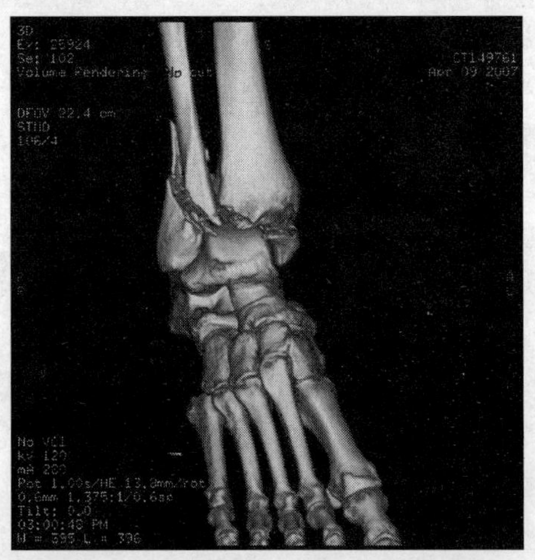

图 2-33　Pilon 骨折患足 CT 三维重建

所以,体渲染本质上是体数据的一种可视化方法,体渲染将不同的体素赋予不同的透明度及颜色,实现了体数据集三维可视化。

然而,在评价复杂部位骨折,比如骨盆骨折、Pilon 骨折时,单独使用体渲染成像技术，虽然能够提供病变部位的三维结构信息，但是会低估实际粉碎的程度。原因是体渲染虽然依据临床经验以不同的颜色赋予不同灰度值的体素，视觉效果可以非常逼真，但是这些颜色毕竟是伪彩色；同时，体渲染并没有改变体素的相对空间位置，虽然可以采取一些技术方法去除组织间的遮挡，但是不能移动骨折碎块的相对位置进行观察。

（一）体渲染的参数

许多商业或免费的影像软件都提供体渲染功能，虽然软件的具体界面和操作不同，但是体渲染时需要设定的参数是一样的，包括：

透明度，基于体素值分配每个体素在体渲染时的透明度。

颜色映射，类似伪彩的方法，根据体素灰度值分配每个体素在体渲染时的伪彩色。

这两个参数的设置可以简单地通过在一个以透明度为纵坐标，以 CT 值为横坐标的平面坐标系中绘制一条阈值分割折线而获得（图 2-34）。

我们任意选取图 2-35 中蓝色折线上的一点观察体渲染参数

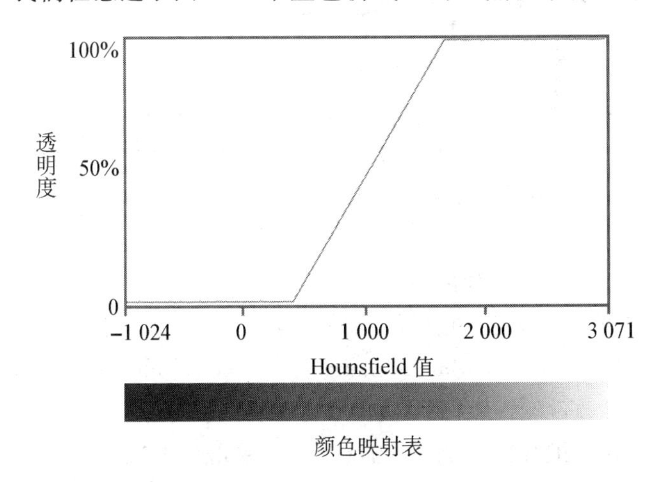

图 2-34 体渲染参数设置，纵轴为透明度，横轴为 CT 值，对应于颜色映射表，折线为阈值分割线

的设置,比如灰度值为 1 000 的体素透明度和颜色映射的设置情况:蓝色折线上选定的一点,垂直方向对应体素灰度值为 1 000,颜色映射为红色,水平方向对应透明度为 50%,因此,这一点设置了灰度值为 1 000 的体素的透明度为 50%,颜色映射为红色。由此可见,每一个灰度值的体素都由折线分配了透明度和颜色映射,改变折线也就改变了体渲染的这两个参数。

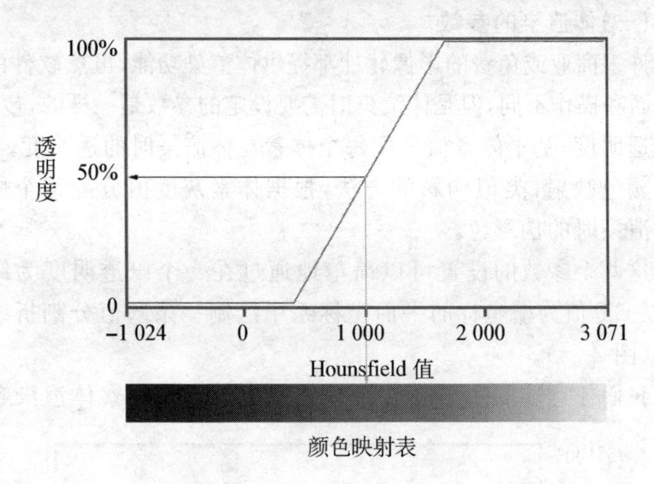

图 2-35　体渲染参数分配示意图,折线上一点对应灰度值为 1 000 的体素,分配的透明度为 50%(水平箭头),颜色映射为红色(垂直箭头)

(二)Mimics 软件的体渲染

在 Mimics 软件中进行体渲染,可以执行以下操作。

· 选择 Project Management>Volume Rendering 标签,显示体渲染参数设置面板(图 2-36)。

· 在三维视口右侧 3D 工具栏中,单击体渲染"Volume rendering"按钮,进行体渲染(图 2-37)。

可以通过以下操作调整渲染透明度参数。

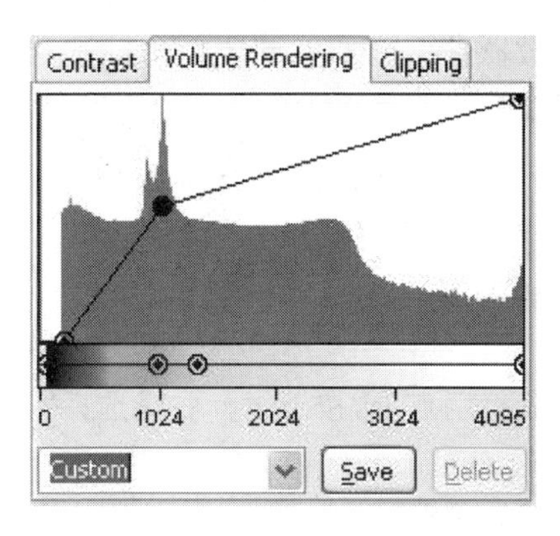

图 2-36　项目管理器体渲染参数设置面板，横轴为 CT 灰度值，与颜色映射条对应，纵轴为透明度，折线为参数设置线，同时图中显示体素的灰度直方图

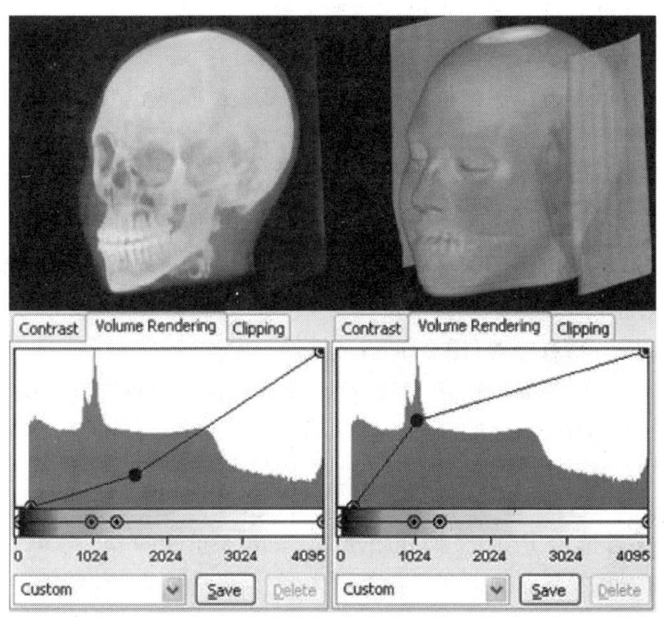

图 2-37　同一项目不同渲染参数渲染结果对比体，上方为渲染结果，下方为渲染参数

·调整参数设置线，鼠标移到控制点上，光标变为✥，按下鼠标左键拖曳可以平移控制点位置。

·鼠标移到两点之外水平线，光标变为↕，按下鼠标左键拖曳可以改变水平线高度。

·鼠标移到折线上，光标变为╋，按下鼠标左键可添加控制点。

·鼠标移到控制点上，按下鼠标右键选择“delete”可删除控制点。

颜色映射参数调整，移动、增加、删除控制点与透明度参数折线调整相同。改变映射颜色，可以进行以下操作。

·鼠标移到控制点上，按下鼠标右键弹出颜色面板，选择映射颜色。

可以通过以下操作保存或调入参数设置。

·单击“Save”按钮，保存当前参数设置。

·单击下拉选择框按钮，选择要载入的参数设置。

八、断层图像测量及灰度值统计

Mimics 软件可以允许用户测量断层图像两点间距离、三点间角度以及指定距形和椭圆形区域像素灰度值的均值和标准差，还可以统计体数据集体素灰度值分布的直方图。

(一)测量距离(图 2-38)

在选定的断层图像上测量两点间距离，可以执行以下操作。

·选择 Menu bar>Measurements >Measure distance 命令，或者单击 Toolbars>Measurements>“Measure distance”按钮，或者单击 Project Management>Measurements >“new”按钮选择“Measure distance”，光标变为测量尺形状，单击左键设定起始点，再次单击设定终点，显示测量长度，在项目管理器“Measure distance”标签下保存为一个测量对象。

修改测量对象，可以进行以下操作。

· 鼠标移到测量直线上或两侧端点，光标变为十字形状，可以移动位置以精确测量。

· 鼠标移到测量直线上单击鼠标右键，弹出右键菜单，选择删除“Delete”或隐藏“Hide”。

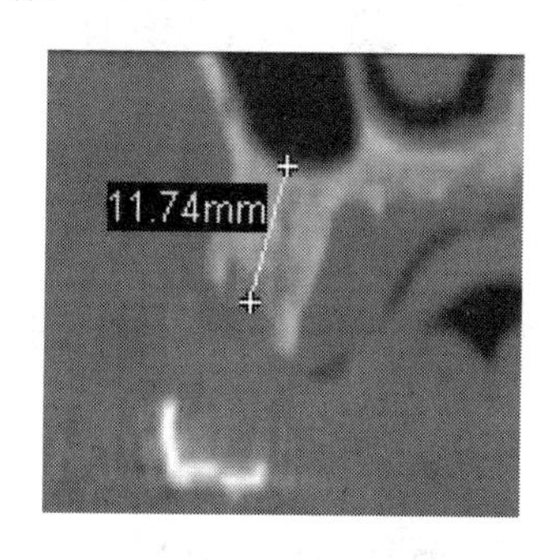

图 2-38 距离测量

(二)测量角度(图 2-39)

在选定的断层图像上测量三点间角度，可以执行以下操作。

· 选择 Menu bar>Measurements > Measure angle 命令，或者单击 Toolbars>Measurements>“Measure angle” 按钮，或者单击 Project Management>Measurements >“new” 按钮选择“Measure angle”，光标变为测量尺形状，单击左键设定3个测量点，显示测量角度，在项目管理器“Measurements”标签下保存为一个测量对象。

修改测量对象，可以进行以下操作。

· 鼠标移到测量直线或端点上，光标变为十字形状，可以移动位置以精确测量。

· 鼠标移到测量直线上单击鼠标右键，弹出右键菜单，选择删除“Delete”或隐藏“Hide”。

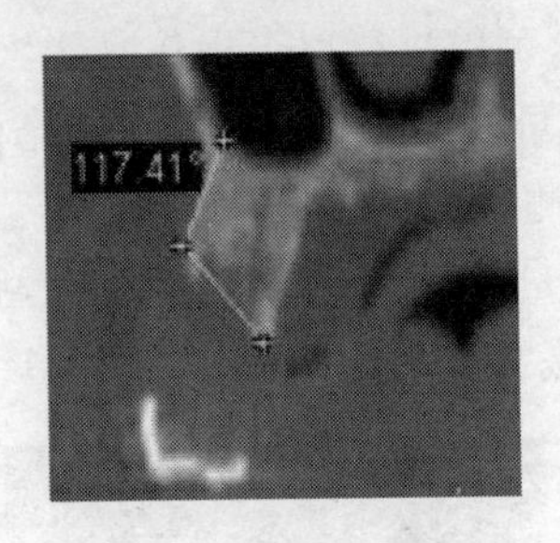

图 2-39　角度测量

(三)测量矩形区域像素灰度(图 2-40)

在选定的断层图像上测量矩形区域像素灰度,可以执行以下操作。

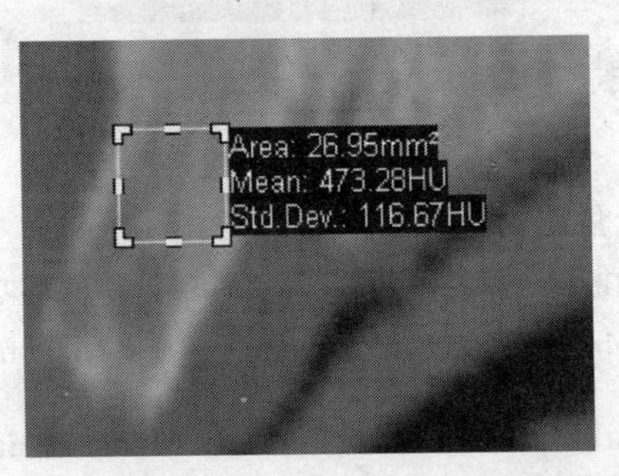

图 2-40　测量矩形区域像素灰度

· 选择 Menu bar>Measurements > Measure density in rectangle 命令,或者单击 Toolbars>Measurements>"Measure density in rectangle" 按钮,或者单击 Project Management> Measurements >"new" 按钮选择"Measure density in rectangle",光标变为矩形框,将矩形框移到测量地方单击左键放下矩形框,把鼠标移到矩形框边框上,调整矩形框大小,直到满意,显示

矩形框面积、平均灰度值及标准差，在项目管理器“Measurements”标签下保存为一个测量对象。

修改测量对象，可以进行以下操作。

· 鼠标移到测量直线上，单击鼠标右键，弹出右键菜单，选择删除“Delete”或隐藏“Hide”。

（四）测量椭圆区域像素灰度（图2-41）

在选定的断层图像上测量椭圆区域像素灰度，可以执行以下操作。

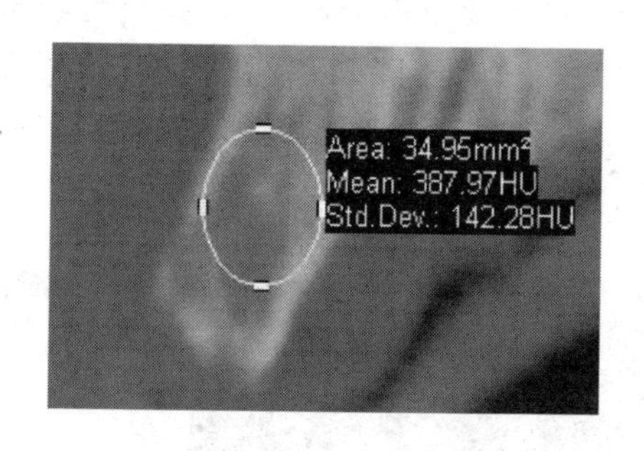

图2-41 测量椭圆形区域像素灰度

· 选择Menu bar>Measurements > Measure density in ellipse命令，或者单击Toolbars>Measurements>“Measure density in ellipse”按钮，或者单击Project Management>Measurements >“new”按钮选择“Measure density in ellipse”，光标变为椭圆框，将椭圆形框移到测量地方单击左键放下椭圆形框，把鼠标移到椭圆形框边框上，调整椭圆形框大小，直到满意，显示椭圆面积、平均灰度值及标准差，在项目管理器“Measurements”标签下保存为一个测量对象。

修改测量对象，可以进行以下操作。

· 鼠标移到测量直线上，单击鼠标右键，弹出右键菜单，选择删除“Delete”或隐藏“Hide”。

(五)像素沿自定义线段灰度值曲线图

统计在选定断层上绘制线段,显示像素灰度值沿线段分布曲线,可以执行以下操作。

· 选择 Menu bar>Measurements > Profile line 命令,或者单击 Toolbars>Measurements>“Profile line” 按钮,或者单击 Project Management>Measurements >“new” 按钮选择“Profile line”,鼠标变为铅笔形状,在所要绘制线段的断层图像上单击左键绘制起点,再次单击绘制终点,弹出沿绘制线段像素灰度值曲线图(图 2-42),从图上可以看到沿自定义线段每一点的灰度值。绘制的线段在项目管理器“Measurements”标签下保存为一个测量对象。

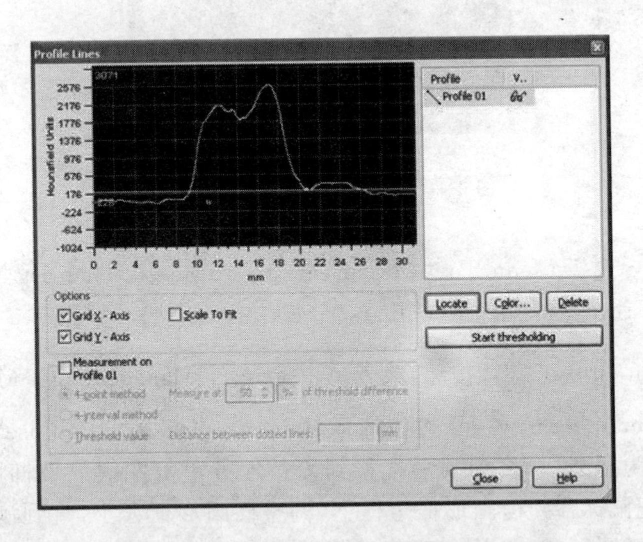

图 2-42 沿自定义线段“Profile 01”像素灰度值曲线图,横轴为线段上像素距离,纵轴为灰度值,可以看到自定义线段上每一点对应的像素灰度值

如果希望从像素曲线图上得到更多的测量信息，可以在“Measurement on Profile 01”选择框中打勾，激活下方测量方法单选框，Mimics软件提供3种测量方法。

四点法(4-point method)：选择“4-point method”方法，像素曲线图上分别在全长的5%、40%、60%和95%处显示4条不同颜色的垂线，过垂线与曲线交点的同色水平线指示相应点的CT值或灰度值，用户也可以水平拖动这4条垂线以改变默认的位置。

如图2-43所示，假设垂线1对应的灰度值为V1，垂线2为V2，垂线3为V3，垂线4为V4，由“Measure at $\underline{x}$% of threshold difference”定义的阈值差百分比为x，则软件在垂线1和垂线2之间自动计算灰度值为V1+｜(V2－V1)｜×x%的点P1，用白色十字虚线标记，同样计算垂线3和4之间灰度值为V3+｜(V4－

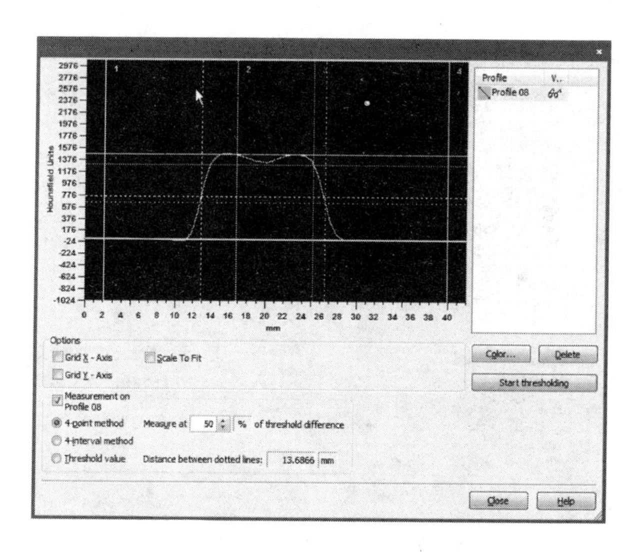

图2-43 四点法测量曲线图，定义的阈值差百分比为50% (measure at 50% of threshold difference)，点P1和P2之间的测量距离为13.686 6mm(distance between dotted lines:13.686 6mm)

V3)|×x%的点 P2,用黄色十字虚线标记。“Distance between dotted lines:”显示 P1 和 P2 之间的距离。

四间隔法(4-interval method):选择“4-interval method”方法,与四点法类似,曲线上分别在全长的 5%、40%、60%和 95%处显示 4 对重合的不同颜色的垂线,水平拖动每对垂线可以改变默认的位置,与四点法不同的是,对应于每对垂线相同颜色的水平线指示的值为每对垂线之间线段上所有像素灰度值的均值。

如图 2-44 所示,假设两条垂线 1 间线段上对应的平均灰度值为 V1,垂线 2 为 V2,垂线 3 为 V3,垂线 4 为 V4,由“Measure at x% of threshold difference”定义的阈值差百分比为 x,则软件自动计算灰度值为 V1+|(V2-V1)|×x%的点 P1,用白色十字虚线标记,同样计算灰度值为 V3+|(V4-V3)|×x%的点 P2,

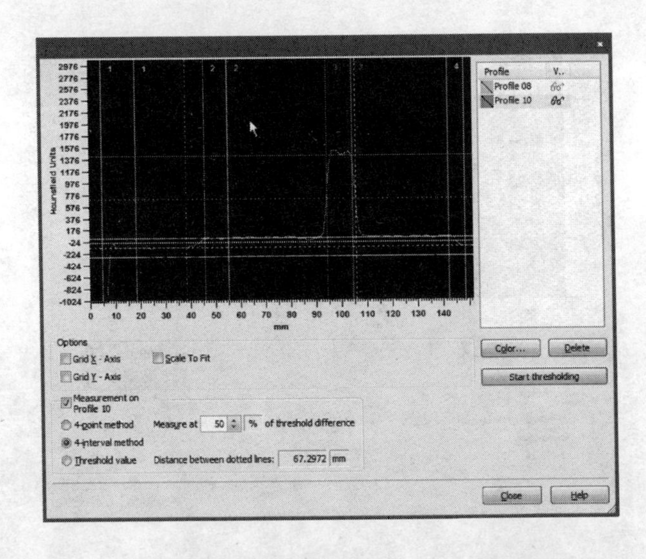

图 2-44 四间隔法测量曲线图,定义的阈值差百分比为 50%(measure at 50% of threshold difference),点 P1 和 P2 之间的测量距离为 67.297 2mm(distance between dotted lines:67.297 2mm)

用黄色十字虚线标记。“Distance between dotted lines:”显示 P1 和 P2 之间的距离。

阈值法(threshold value):选择“Threshold value”方法,单击“Start thresholding”按钮,显示两条绿色的水平阈值分割线,上下移动下方的一条水平阈值分割线,可以看到过其与曲线相交点显示两条垂直的虚线,单击“End thresholding”按钮,结束测量,“Distance between dotted lines:”显示两条垂线之间距离(图 2-45)。

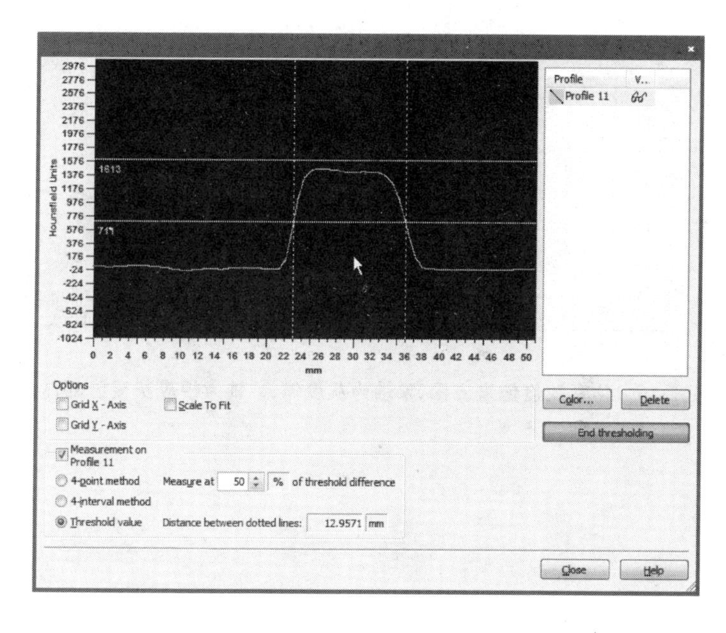

图 2-45　阈值法测量曲线图,两虚线间测量距离为 12.957 1mm(distance between dotted lines:12.957 1mm)

(六)体素灰度值直方图(图 2-46)

显示体数据体素灰度值直方图,可以执行以下操作。

• 选择 Menu bar>Measurements > 3D Histogram 命令,或

者单击 Toolbars>Measurements>“3D Histogram” 按钮，或者单击 Project Management>Measurements >“new” 按钮选择“3D Histogram”，弹出灰度值直方图。

直方图可以以文本形式保存。

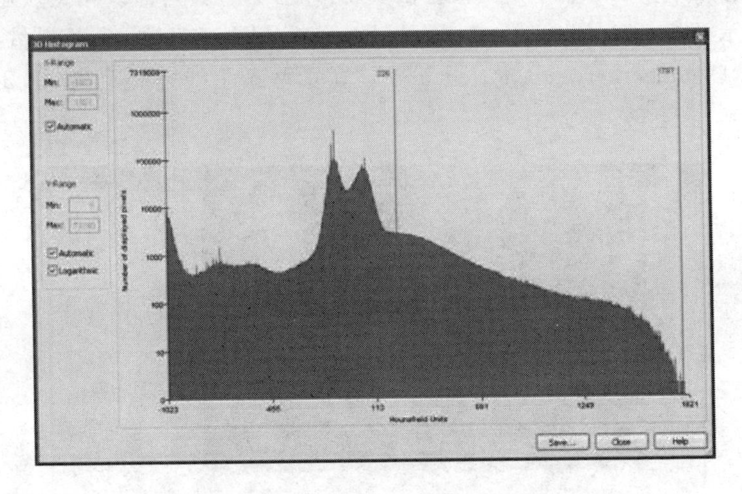

图 2-46　体素灰度值直方图，X 轴为灰度值，Y 轴为相应灰度值的体素个数

第3章 医学三维重建之基石——Mimics图像分割
chapter 3

数字人研究的先驱者 Victor Spitzer 曾说过，数字人研究有 3 个具有挑战性的问题，就是分割，分割，再分割。图像分割是三维重建等后继图像处理的基础及瓶颈，一方面精确的图像分割需要付出大量的时间与精力，另一方面图像分割的精度将影响后继医学基础研究及临床应用的结果，因此如何提高图像分割的效率与精度就显得尤为重要。对于计算机图形图像专业的人士来说，图像分割是一个大家熟知的经典难题，而对于医学背景的研究人员来说，也许对图像分割还比较陌生，本章将面向医学研究人员，介绍什么是图像分割，学习 Mimics 图像分割要了解哪些相关基础知识，然后介绍 Mimics 软件强大的图像分割工具，最后以一个分割实例来体会图像分割的复杂性与针对性特点。

一、医学图像分割的特点

所谓图像分割，就是将图像中具有特殊意义的不同区域区分开来，比如将一只鹅从背景图像中分离出来(图 3-1)的过程，即为图像分割。

中国数字人数据集和临床连续断层数据集，都是包含三维结构信息的体数据集，体数据的分割与二维图像的分割类似，即将体数据集中具有特殊意义的体素分割出来，比如将一块巨石雕刻成一尊雕像的过程(图 3-2)，对体素数据的分割有 2 种方式，一种是对每张二维切片独立进行分割，另一种是直接对三维体数据集进行分割。

图 3-1　图像分割，将目标图像（鹅）从原始图像（左）中分割出来（右）

图 3-2　体数据的分割类似从一块石料（体）中雕刻出雕像（分割目标）

因此，图像分割也可以简单的理解为一个选择的过程，对于组成二维图像的每个像素或体数据集的每个体素，选择的结果只有去除和保留两种情况，因此图像分割的结果可以用二值图像来保存，这也是 Mimics 软件中分割结果以二值的蒙板（Mask）保存的原因。

(一)医学图像分割困难的原因

医学图像分割具有很大的挑战性,其原因之一是不管采取何种成像方式,在获取的图像过程中真实信息都会存在不同程度的丢失和畸变,断层图像分割的结果只能逼近而无法完全反映真实的解剖结构边界。

对于医学研究人员或外科医生来说,希望计算机重建的正常或病理解剖结构能够真实再现人体解剖或外科手术中所见结构层次,甚而再现光学显微镜下所见的细微结构。然而,每种设备成像都有一定噪声,每种成像方式反映真实的解剖层次结构都有一定的局限性。比如,解剖标本冷冻切片的光学照片,反映的是不同组织对可见光的反射性,对色彩相近的脂肪组织与神经组织,相邻很近的肌肉间隔,骨膜、肌腱及关节囊等结缔组织之间分辨不好。CT断层成像反映的是不同组织对X线的衰减率,对密度相近的软组织之间界线分辨不好。MRI断层成像反映的是组织所含氢质子密度以及组织的T1和T2豫弛时间,反映的组织病理边界往往较真实的情况范围扩大。

原因之二是不管采取何种计算机分割算法,对特定的正常或病理解剖结构,计算机自动图像分割的准确性都很难达到解剖或医学影像专家读片的水平。或者说计算机算法无法达到视觉思维的水平——我们看天上变幻的白云,一会儿像羊群,一会儿像奔马,这是因为脑海中已有羊群和奔马的形象,所以才能看到,这即是视觉思维的过程,而计算机看到的只可能是白云。医学图像分割中专家的作用体现在两个方面,一是计算机自动分割算法的选择上,一是计算机自动分割结果的修正上。这使得医学图像的分割过程必需有医学人员的参与控制,而且分割结果的准确性与操作者的经验密切相关,结果不具有可重复性。

因此,目前任何一种单独类型的断层图像都不能满足所有医学研究和临床需要的精度;任何一种单独的计算机图像分割算法都难以对医学图像进行满意的分割。

(二)笔者的经验与建议

虽然医学图像分割在计算机图形图像专业是一个研究热点，并且不断取得进步，但是由于以上所述原因，目前对于医学研究者来说尚不能完全让别人代劳。医学图像分割的目的是最大限度地达到医学研究或临床工作所需的精度，为此笔者建议进行医学影像体数据分割时需把握以下几点。

A:准备高质量的原始数据

“巧妇难为无米之炊。”首先，要充分了解研究项目内容，不同的研究目的对分割精度要求不同，用于解剖教学可能要求尽可能多的分割出毗邻组织，用于脑科虚拟手术计划的重建精度要比骨科虚拟手术计划重建精度高。其次，要充分了解各种影像设备的成像特点，影响成像精度的参数条件，根据研究目的选择适合的成像方式，以便于后继的图像分割。比如对人体标本事先进行血管灌注可以便于血管分割。对组织病理切片进行常规染色或者免疫组化染色，可以便于标定结构的图像分割。CT 采用较高的扫描电压，可以提高分割骨骼的精度。最后要与相关科室及研究人员充分交流，以节约资源并获取高质量的原始数据。

B:充分熟悉所要分割的结构

影像读片，要心中有物眼中才能有物。首先对所要分割的解剖结构，要复习所有的相关解剖知识及复习文献，了解所要分割结构的解剖特征与变异，细致观察解剖标本，有条件的话进行实体解剖。其次，利用各种体数据集浏览方法，对所要分割的体数据集进行充分细致的浏览观察，逐层追踪解剖结构的改变，做到在进行实际分割前，心中已经对体数据集进行了大体的分割。需要注意的是解剖结构的几何形状不同，便于观察的断面也不同，比如条索状的膝关节交叉韧带在矢状断层上比在冠状面和横断面上容易观察与分割。

C:选择合适的医学图像分割软件或算法

“工欲善其事，必先利其器。”针对一个特定的分割任务如何选择分割算法或分割软件，是进行医学图像分割时必需考虑的问题。

简单地说，所有的分割算法都是利用所要分割对象的一些特征进行，比如灰度、颜色、纹理和形状等。因此，需要了解每种分割工具的原理，分析所要分割结构的图像特征，选择合适的分割工具进行图像分割。

如果有合适的自动分割算法可以完成分割固然是事半功倍的事，然而很多情况下单纯依赖自动分割方法尚不能满足医学对分割准确性的要求，因此由用户参与的交互式分割方法成为倍受关注的发展方向。理想的医学图像交互分割软件应该一方面提供基础分割工具和灵活交互的平台，另一方面有多种高效分割工具可供灵活选择。遗憾的是目前可以提供给缺乏工科背景的医学研究者使用的交互式医学图像分割软件不多，其中 Mimics 虽然提供的分割算法还不能说详尽，然而软件界面友好，便于上手，交互性好，可以满足一般的医学图像分割要求。

D:对体数据集要注意应用三维分割方法

医学图像分割的对象多为体数据集，对体数据集的分割，一种是逐层对每张二维图像进行分割，另一种是利用层与层之间的关联进行三维分割。充分利用层与层之间关联可以加快分割的速度和提高分割的精度。比如 Mimics 软件的多层编辑工具就是利用了层与层之间解剖轮廓变化不大的特点进行多层编辑，同时 Mimics 软件也可以在三维空间中对选择的体素进行编辑。

二、关于图像分割的几个基本概念

(一)蒙板(Mask)

Mimics 软件中分割的结果保存为 Mimics 的一个对象——蒙板(mask)，如图 3-3a～b 所示：

蒙板为独立于原始断层图像的二维图像，与原始断层图像一一对应的二值蒙板也组成一个三维体数据集(图 3-4)，其与原始

9	1	3
4	5	6
3	8	4

图 3-3a 原始图像矩阵，设定分割阈值 P:$4<P<9$

0	0	0
0	1	1
0	1	0

图 3-3b 分割结果以二值蒙板(Mask)保存，分割阈值范围之间的像素标记为 1，其余标记为 0

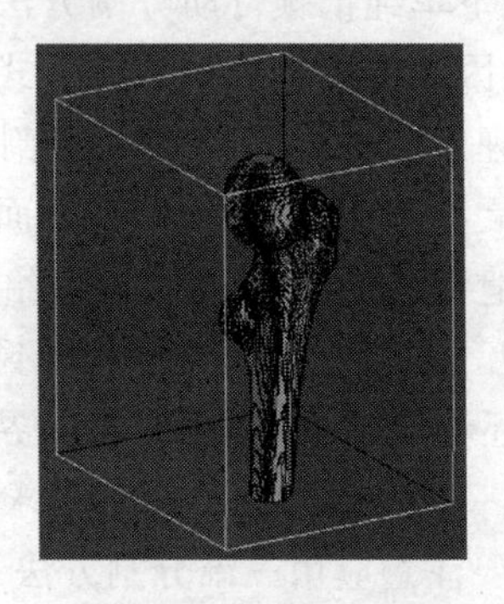

图 3-4 二值蒙板三维显示，体素值为 1 的用蒙板颜色标记的立方体显示，体素值为 0 的隐藏

体数据集不同的是体素的值只有 0 和 1。

可以在项目管理器“Mask”标签下对蒙板进行各种管理，比如复制、重新命名以及改变蒙板标记颜色等。在项目管理器“Mask”标签下选择一个蒙板，单击下方属性按钮，显示蒙板的各项属性(图 3-5)。

(二)邻域与邻接

一幅图像可以看作是像素点的集合，邻域与邻接用来描述像素之间或由像素构成的区域之间的关系。二维图像上一个像素的周围，包括上、下、左、右共有 4 个像素相邻，互为 4-邻域的两个

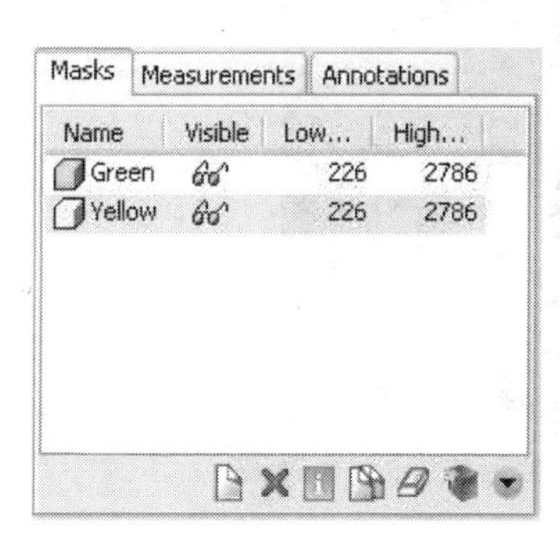

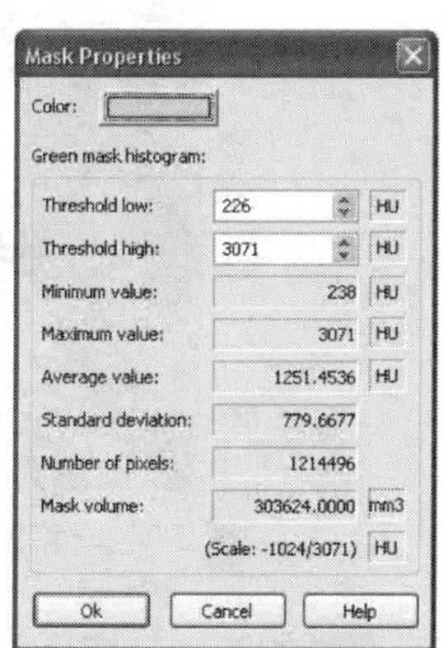

图 3-5　蒙板项目管理器标签(左侧),右侧显示 Green 蒙板属性

像素为 4-邻接。如果加上对角线上的 4 个像素,则共有 8 个像素相邻,互为 8-邻域的两个像素称为 8-邻接(图 3-6)。

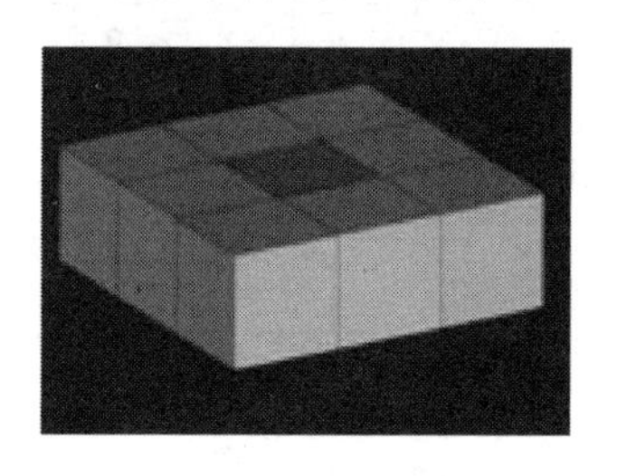

图 3-6　二维图像像素的 8-邻接

同样,推广到三维体数据时,一个体素周围,可以有 6-邻域、18-邻域和 26-领域。互为邻域的两个体素称为 6-邻接、18-邻接和 26-邻接(图 3-7)。

需要注意的是,在 Mimics 软件中,一般只考虑二维像素的 8-邻接和三维体素的 26-邻接。

图 3-7　三维体数据体素的 26-邻接

(三)像素的连接与连通区域

像素的连接:如果对于图像中具有相同值的一组像素,可以通过 8-邻接依次相连,称为像素的连接。这样一组像素称为连通区域(图 3-8)。

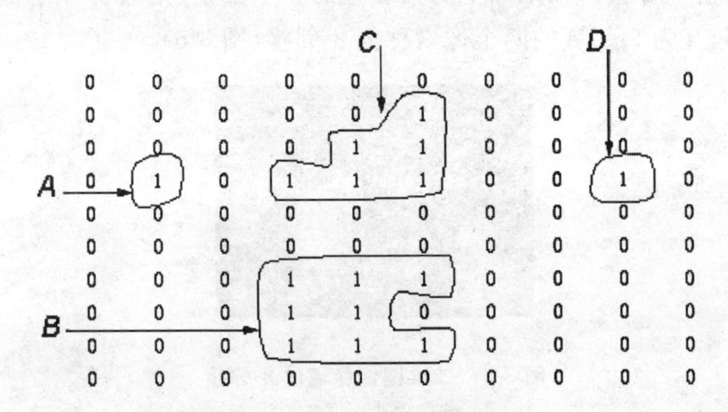

图 3-8　像素连通区域,对像素值为 1 的像素来说,A、B、C、D 为 4 个连通区域

三、Mimics 图像分割工具

Mimics 图像分割的对象为导入 Mimics 软件的连续断层图像(不能被修改),分割结果保存为二值蒙板(蒙板相当于我们描

摹图样时蒙在图画上的透明纸，可以编辑修改）。Mimics软件允许对原始图像进行多次分割，结果保存为多个蒙板，软件为每个蒙板都自动命名和标记了不同的颜色，用户也可以修改蒙板的名字和颜色。需要注意的是蒙板为二维图像，我们看到蒙板的颜色只具有标记作用。

本节介绍Mimics软件的分割菜单（segmentation menu）。具体介绍每一个分割工具的操作之前，补充一些相关概念和算法原理。

（一）阈值分割（thresholding）

阈值分割方法基于对灰度图像的一种假设：分割目标或背景部分的相邻像素间灰度值是相似的，但不同分割目标或背景的像素值则有差异。

阈值分割的优点是简单，对灰度值相差较大的组织可以很有效地分割，比如CT图像利用阈值分割可以很容易地分开CT值差别明显的骨骼、肌肉和肺。但阈值分割不适用于灰度值相差不大的图像，对图像中的噪声也比较敏感，因此通常作为预处理。

Mimics软件有2种阈值分割的方法。

第一种通过分割工具条来设定分割阈值。

· 选择Menu bar＞Segmentation＞Thresholding命令，或者单击Toolbars＞Segmentation＞“Thresholding”按钮，弹出分割工具条（图3-9），设定分割阈值，单击〖Apply〗按钮，分割结果保存为蒙板（Mask）。

如果相邻像素的灰度值相近，人眼很难分辨分割边界，为此，可以绘制一条通过分割对象的线段，显示沿剖面线的像素灰度值分布曲线，通过灰度值沿剖面线分布曲线，可以方便的设定合适的分割阈值（图3-10），用户可执行以下操作进行剖面线阈值分割。

· 选择Menu bar＞Measurements＞Profile line命令，或单

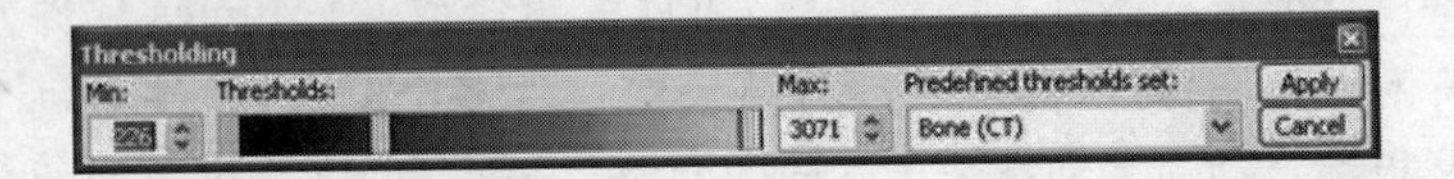

图 3-9　分割工具条，用户可以移动“Threshold:”两个滑块改变阈值，也可以在“Min:”和“Max:”输入框中直接输入阈值或通过输入框右侧上下箭头增减阈值，也可以通过“Predefined thresholds set:”下拉选择框选择预先设定的阈值

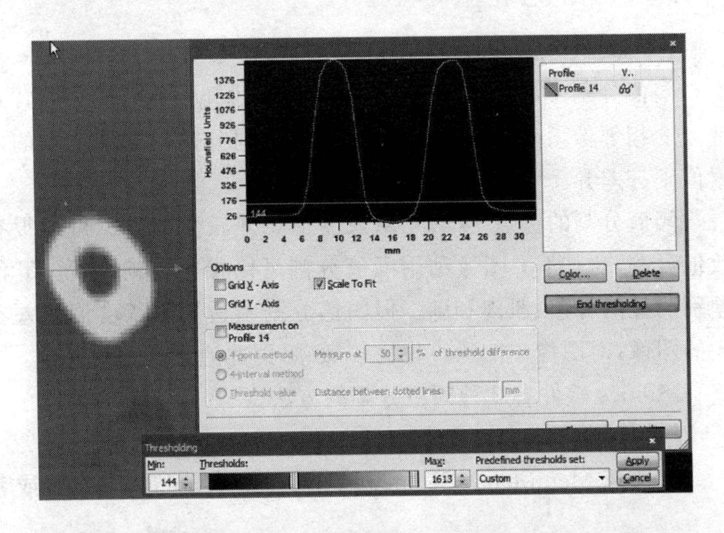

图 3-10　通过沿剖面线灰度值分布曲线进行阈值分割：目标分割对象为股骨，跨过股骨双侧皮质绘制剖面线，单击〖Start thresholding〗按钮，显示两条绿色的水平阈值分割线，拖动分割线，断层相应绿色分割蒙板以及下方分割工具条随之改变，单击〖End thresholding〗按钮，结束分割

击 Toolbars＞Measurements＞“Profile line” 按钮，激活鼠标变为铅笔形状，在所要绘制线段的断层图像上单击左键绘制起点，再次单击绘制终点，弹出沿剖面线像素灰度值曲线图，单击

〖Start thresholding〗按钮，显示两条绿色的水平阈值分割线，拖动分割线，断层相应分割蒙板随之改变，单击〖End thresholding〗按钮，结束分割，单击分割工具条〖Apply〗按钮关闭分割工具条。

（二）区域增长（region growing）

Mimics 软件的区域增长（region growing），可以理解为对初步阈值分割蒙板上彼此不相连接的分割区域进一步细分亚组，生成新的蒙板（图 3-11）。

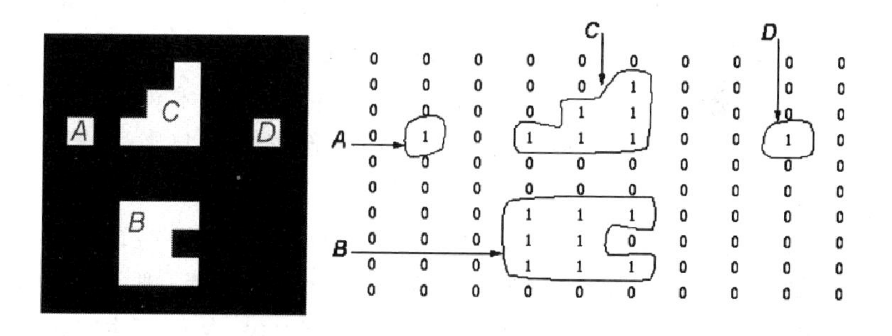

图 3-11　初始分割蒙板有 A、B、C、D 4 个互不连通的分割区域（右图显示蒙板对应的二值矩阵），区域增长可以将 4 个分割区域任意组合成新的蒙板

对初始蒙板区域增长（region growing），可进行以下操作。

· 选择 Menu bar>Segmentation>Region Growing 命令，或者单击 Toolbars>Segmentation>"Region Growing" 按钮，弹出区域增长工具条（图 3-12）。

图 3-12　区域增长工具条

• 设定相关参数："Source："下拉选择框中选择所要细分的原始蒙板；"Target："下拉选择框设定目标蒙板，目标蒙板默认是生成一个新的蒙板(new mask)，也可以是一个已经存在的蒙板；"Leave Original Mask"设定生成新的蒙板时选择的连通的分割区域在原始蒙板中是否保留；"Multiple Layer"设定在单层蒙板上还是在整个三维空间中选择连通的分割区域。

• 在选定的分割区域上单击，该连通区域生成一个新的蒙板(new mask)，或者添加到一个已有的蒙板中。

(三)动态区域增长(dynamic region growing)

动态区域增长，类似于 Photoshop 软件中的"魔术棒"，其分割方法的基本思想是，将具有相似性质的像素集中起来构成区域。其具体过程如下。

首先对图像进行观察，选择一个满足要求的种子点，每个分割区域至少有一个种子点；然后检查种子点邻域的点，把满足要求(比如灰度值差小于指定范围)的点加入该区域，从而产生一个小块区域，再检查此区域的全部邻点，把满足要求的新邻点加入这个区域，不断重复上述步骤，直到没有邻点满足要求时，此种子点的区域增长结束。

和阈值法一样，区域生长法一般不单独使用，而是放在一系列处理过程中。它主要的缺陷是，每一个需要提取的区域都必须人工给出一个种子点，这样有多个区域就必须给出相应的种子个数。此法对噪声也很敏感，会造成孔状甚至是根本不连续的区域。相反的，局部容积效应的影响还会使本来分开的区域连接起来。为减少这些缺点，产生了诸如模糊分类的区域增长法和其他方法。

动态区域增长(region growing)，可进行以下操作。

• 选择 Menu bar＞Segmentation＞Dynamic region growing 命令，或者单击 Toolbars＞Segmentation＞"Dynamic region growing"按钮，弹出动态区域增长工具条(图 3-13)。

图 3-13　动态区域增长工具条

・设定相关参数："Target："下拉选择框设定目标蒙板，目标蒙板默认是生成一个新的蒙板（new mask），也可以将区域增长添加到一个已经存在的蒙板；"Fill Cavities"填充区域增长时蒙板内部形成的空洞；"Multiple Layer"设定在单层蒙板上还是在整个三维空间中区域增长；"Deviation："设定增长的"跟踪法则"，假定 Deviation Max 设定值为 ma，Deviation Min 设定值为 mi，区域平均灰度值为 i，区域某一邻域点的灰度值为 v，如果满足 v-i<ma 和 i-v<mi，那么此邻域点加入区域中。

・单击选择一点，"Seed Point："显示选择点的灰度值，软件进行动态区域增长分割。

（四）3D 磁性套索（3D Live Wire）

3D 磁性套索，类似于 Photoshop 软件中的"磁性套索"工具，在图像不同灰度区域的边界定义一系列点，点和点之间的连线会像磁铁一样吸附在边界上，从而完成图像感兴趣区域的分割。在三维体数据中的应用磁性套索工具，其具体过程如下。

首先对 3 个正交断面进行观察，确定一个正交断面为自动生成分割轮廓线断面，在另两个正交断面上用磁性套索对感兴趣区域选择部分断层进行分割，不需要对所有层面进行分割，软件会根据这两个正交断面上部分断层的分割结果，自动计算出另一个断面上的分割区域。当然，分割区域的同质性不同，与分割背景区域的对比度不同，用磁性套索在两个正交断面上所需绘制的断层数量也会不同。

3D 磁性套索（3D live wire），可进行以下操作。

・选择 Menu bar>Segmentation>3D Live Wire 命令，或者

单击 Toolbars＞Segmentation＞“3D Live Wire” 按钮，弹出3D磁性套索工具条(图 3-14)。

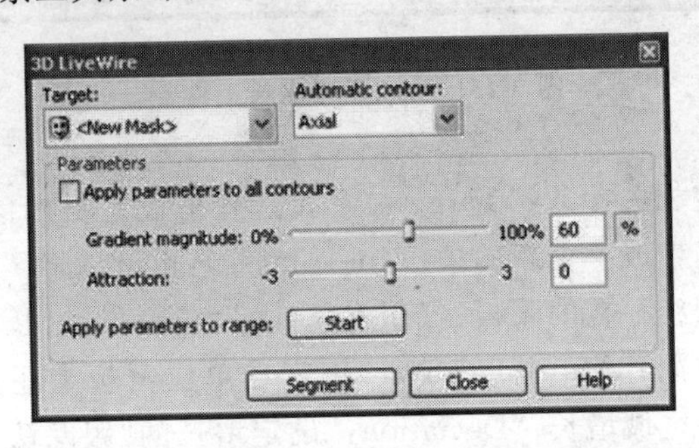

图 3-14　动态区域增长工具条，选择横断面(Axial)为自动分割断面，在冠状面和矢状面上用磁性套索绘制轮廓，横断面自动生成分割蒙板

·设定相关参数：“Target:”下拉选择框设定目标蒙板，目标蒙板默认是生成一个新的蒙板(new mask)，也可以将区域增长添加到一个已经存在的蒙板；“Automatic contour:”下拉选择框选择自动分割的断面。

·用磁性套索在另两个正交断面上选定部分断层进行图像分割，光标移到分割边界处单击鼠标左键，绘制一个点，在边界处移动光标，可见磁性套索随光标位置不同吸附不同的边界，选择吸附正确的边界单击鼠标定义下一个点，依此重复沿边界绘制一系列点，绘制完轮廓，双击鼠标左键闭合轮廓线(图 3-15)，按下 Ctrl 键可以绘制直线。

·在两个正交断面绘制足够多的轮廓线后，在自动分割断面自动生成轮廓线(图 3-16)，同时显示另两个正交断面上绘制轮廓线的位置，称为结构线(construction line)。

·在自动分割断面上修改轮廓线，有 2 种方法。

交互式改变绘制轮廓线位置，用鼠标将光标移到结构线(construction line)上，光标变为一个线段，按下鼠标左键拖曳可改变结构线位置，将光标移到结构线的端点上，光标变为一个点，按下鼠标左键拖曳可以改变端点的位置。

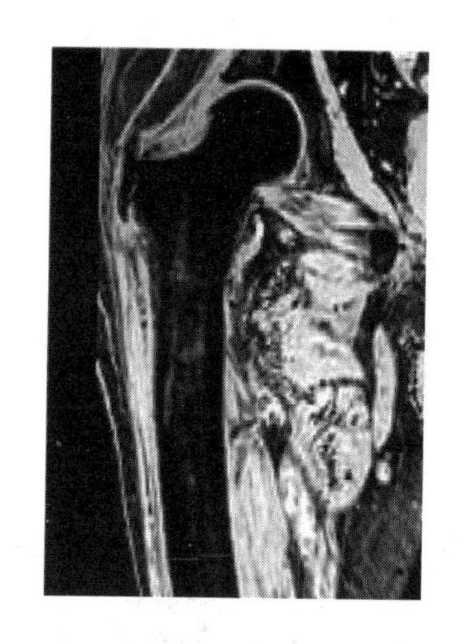

图 3-15　磁性套索在冠状面绘制轮廓(红色)

改变自动轮廓线形状，可以调整相关参数：在当前自动分割断面，调整“Gradient magnitude”滑块，端点间的轮廓线根据两侧灰度值移动位置，如果接近 0，轮廓线向灰度值较低的方向移动，如果接近 100%，轮廓线向灰度值较高的方向移动；调整“Attraction”滑块，过滤轮廓线细节，如果接近-3，将保留轮廓线上所有细节，如果接近 3，将过滤掉轮廓线上小的细节。勾选“Apply parameters to all contours”选项，可将参数调整应用于全部断层。“Apply parameters to range”将参数调整应用于部分断层，当前断面单击〖Start〗按钮开始选择，向上或向下选择另一断层，单击〖Stop〗按钮结束选择，参数调整将应用于选定范围内所有断层。

删除结构线或轮廓线，可以在当前断层上单击鼠标右键，弹出右键菜单，选择“Delete all contours on current slice”删除当前断层轮廓线，选择“Delete all contours on all slices”删除所有轮廓线，选择“Delete all construction lines”删除所有结构线，将鼠标移动到一条结构线上单击鼠标右键，选择“Delete construction line”删除选定的结构线。

· 调整完毕，单击〖Segment〗按钮，生成分割蒙板(图 3-17)。

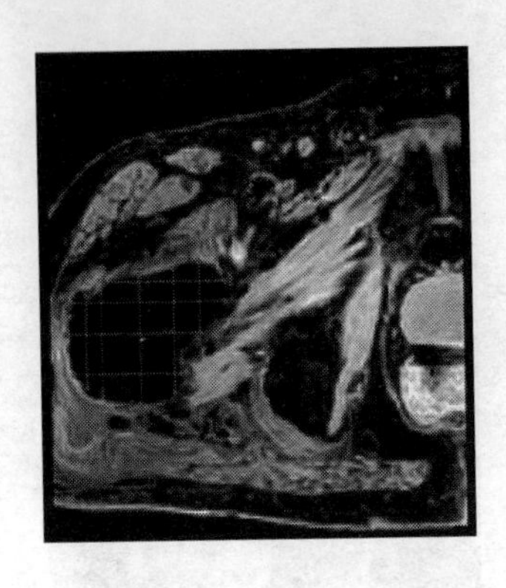

图 3-16　自动分割断面(横断面)自动生成轮廓线(红色曲线),同时显示另两个正交断面(冠状面和矢状面)上绘制的轮廓线位置(红色网格),称为结构线

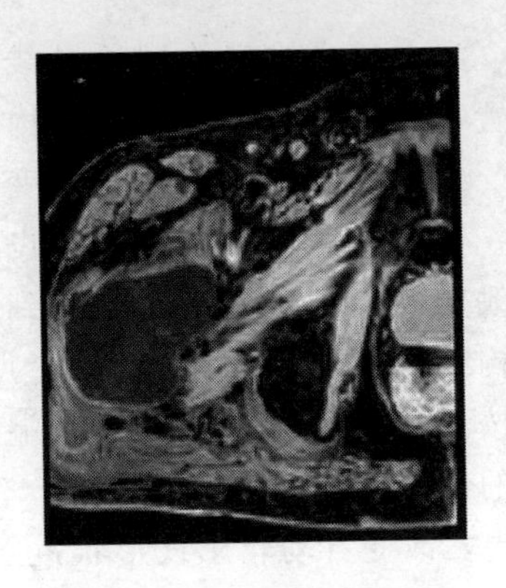

图 3-17　自动分割蒙板

(五)形态学操作(morphology operations)

数学形态学图像处理的基本思想是利用一个结构元素(structuring element)的“探针”收集图像的信息,当探针在图像中不断移动时,便可考察图像各个部分间的相互关系,从而了解图像各个部分的结构特征。从某种特定意义讲,形态学运算是以几何学为基础的、着重研究图像的几何结构。最基本的形态学运算是膨胀和腐蚀,图像 A 被结构元素 B 膨胀或腐蚀,膨胀或腐蚀后的图像形状不但与图像 A 的形状有关,而且与结构元素 B 的形状有关,但是与图像 A 的原始位置无关,膨胀或腐蚀可以使图像 A 面积变大或缩小。

进一步了解膨胀和腐蚀的数学原理可以查阅相关资料。

Mimics 软件对分割蒙板引入形态学操作,目的是通过膨胀或腐蚀,在不过多改变蒙板形状的同时,增大或缩小蒙板面积;或者在不太多改变蒙板面积的同时，通过开运算(先腐蚀再膨胀)去除分割蒙板边界上一些小的毛刺，或闭运算(先膨胀再腐蚀)，或填充分割蒙板中一些小的空洞。

形态学操作(morphology operations)，可进行以下操作。

· 选择 Menu bar＞Segmentation＞Morphology operations 命令，或者单击 Toolbars＞Segmentation＞“Morphology operations”按钮，弹出形态学操作工具条(图 3-18)。

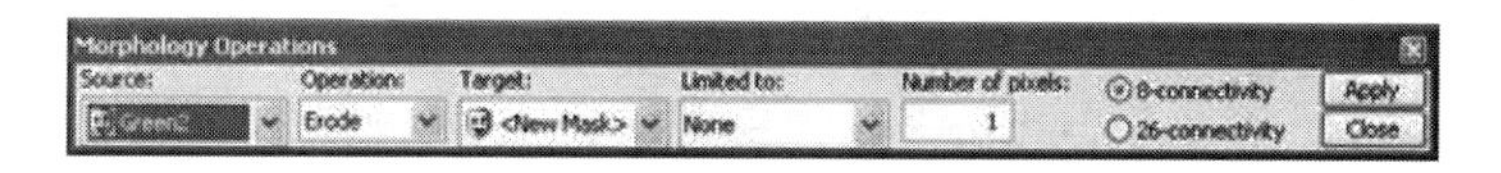

图 3-18　形态学操作工具条

· 设定相关参数：“Source：”下拉选择框中选择所要进行形态学运算的原始蒙板；“Operation：”选择进行形态学操作的算法，腐蚀(erode)、膨胀(dilate)、开运算(open)和闭运算(close)；“Target：”下拉选择框设定目标蒙板，目标蒙板默认是生成一个新的蒙板(new mask)，也可以将形态学操作结果添加到一个已经存在的蒙板；“Limited to：”选择一个蒙板限定形态学操作的范围，比如对蒙板 A 进行膨胀，用蒙板 B 限制膨胀范围；“Number of pixels：”设定形态学操作的“结构元素”的大小；“8-connectivity”在每一层蒙板平面上单独进行形态学操作，“26-connectivity”在蒙板的三维空间中进行形态学操作。

· 单击〖Apply〗按钮，执行操作。

注意：对医学背景的使用者来说，Mimics 软件的形态学操作，可以简单地理解为在蒙板分割区域的边界上向外增加几个像素(膨胀)或向内减少几个像素(腐蚀)：原先彼此不连通的区域，如果之间距离小于增加的距离(像素个数×像素尺寸)的 1/2，经过膨胀后合并为一个区域；区域内部的孔隙，如果最大直径小于增加的距离的一倍，经过膨胀后孔隙可以消失；原先两个连通的区域,如果连接部分宽度小于减少的距离的1/2,经过腐蚀后分裂为两个区域;如果小的区域最大径小于减少的距离的一倍,经过腐蚀后此小区域会消失。

(六)布尔操作(boolean operations)

两个蒙板之间可以进行布尔操作,布尔操作共有3种。

两个蒙板矩阵中对应元素布尔减(subtraction,用符号“-”表示)运算的法则是:

1-0=1

0-1=0

0-0=0

1-1=0

设蒙板A和蒙板B,A-B相当于从A蒙板中减去A蒙板与B蒙板的重叠部分。

两个蒙板矩阵中对应元素布尔交(intersection,用符号“|”表示)运算的法则是:

1|0=0

0|1=0

0|0=0

1|1=1

设蒙板A和蒙板B,A|B相当于A蒙板与B蒙板的重叠部分。

两个蒙板矩阵中对应元素布尔并(union,用符号“&”表示)运算的法则是:

1&0=1

0&1=1

0&0=0

1&1=1

设蒙板A和蒙板B,A&B相当于合并A蒙板与B蒙板。

布尔操作(boolean operations),可进行以下操作。

・选择 Menu bar＞Segmentation＞Boolean operations 命令,或者单击 Toobbars＞Segmentation＞"Boolean operations" 按钮,弹出布尔操作工具条(图 3-19)。

图 3-19　布尔操作工具条

・设定相关参数:"Mask A:"下拉选择框中选择蒙板 A;"Operation:"选择布尔操作,减(subtraction)、交(intersection)、并(union);"Mask B:"下拉选择框中选择蒙板 B;"Result:"将结果存为一个新蒙板。

・单击〖Apply〗按钮,执行操作。

(七)空腔填充(cavity fill)

蒙板为二值矩阵,元素值为 1 的像素是我们需要的分割区域,元素值为 0 的像素是我们不需要的背景区域(Mimics 软件称之为空腔)。与 Mimics 软件的区域增长正好相反:Mimics 软件的区域增长可理解为对蒙板上彼此不相连接的分割区域(像素值为 1)进一步细分亚组,而空腔填充则可理解为对蒙板上彼此不相连接的背景区域(像素值为 0)进一步细分亚组,选择彼此不相连接的背景区域保存为新的蒙板(图 3-20)。

空腔填充(cavity fill),可进行以下操作。

・选择 Menu bar＞Segmentation＞Cavity fill 命令,或者单击 Toolbars＞Segmentation＞"Cavity fill" 按钮,弹出空腔填充操作工具条(图 3-21)。

・设定相关参数:"Fill cavity of:"下拉选择框中选择含有空腔的蒙板 A;"Using mask:"选择填充的空腔保存为一个新的蒙板(new mask),或者可以选择已有的蒙板 B(注 1);"Multiple

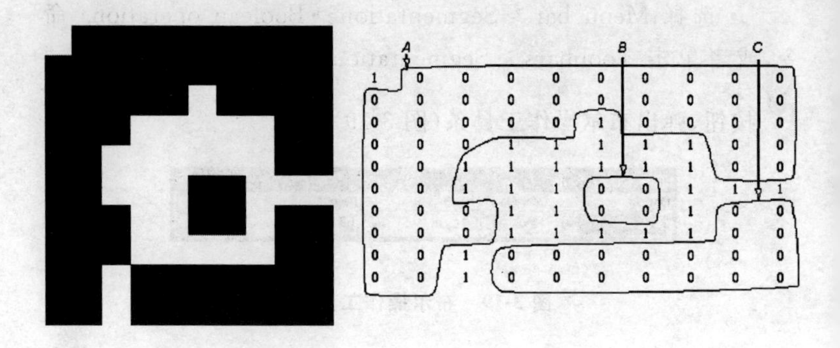

图 3-20　初始分割蒙板有 A、B、C 3 个互不连通的背景区域(右图显示蒙板对应的二值矩阵),空腔填充与区域增长正好相反,可以将 3 个背景区域(空腔)任意组合成新的蒙板。(Mimics 软件默认分割区域为 8-连接,背景区域为 4-连接)

图 3-21　空腔填充工具条

Layer"缺省选择为在每一层蒙板平面上单独进行空腔填充,打勾选择为在蒙板的三维空间中进行空腔填充(注 2)。

·在选定的空腔上单击,该背景区域生成一个新的蒙板(new mask),或者添加到一个已有的蒙板中。

注 1:如果"Using mask:"选择一个已经存在的蒙板 B,那么 Mimics 软件在后台执行的操作为:先对蒙板 A 和 B 进行布尔并(union)操作生成蒙板 C,然后选择填充 C 的空腔,填充结果添加到蒙板 B 中。

注 2:选择在蒙板的三维空间中进行空腔填充时,往往从二维断面上观察认为是不连通的背景区域(空腔),在三维空间中实际是连通的区域，因此，常常产生意想不到的结果。

(八)编辑蒙板(editing masks)

编辑(editing masks)以及后述的多层编辑(multiple slice edit)，类似于 Photoshop 软件中的"铅笔""画笔"以及"橡皮擦"工具，也类似于我们平时在纸上画图时用的笔和橡皮擦，是我们最熟悉的图像编辑方式。

由于医学分割的特殊性，正确地分割必须由专家进行手工分割和修改得到，因此，这些类似画笔与橡皮擦的工具虽然简单费力，却非常重要，熟练的掌握这些工具是对医学图像进行精确分割的基础。

选择一个蒙板进行人工编辑，首先选择 Menu bar>Segmentation>Editing masks 命令，或者单击 Toolbars>Segmentation>"Editing masks" 按钮，弹出蒙板编辑工具条(图 3-22)。

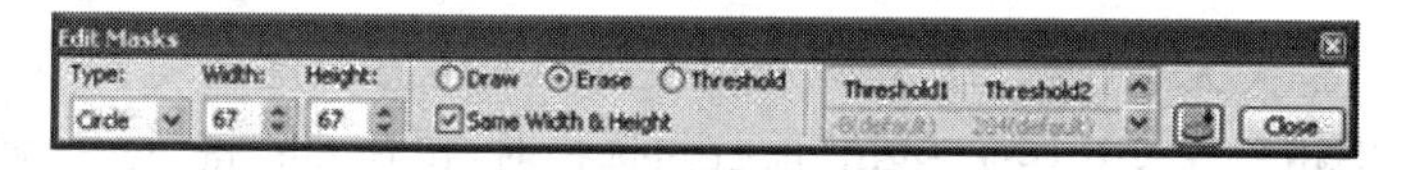

图 3-22　编辑蒙板工具条

编辑过程正如我们平时的绘画一样。

首先，明确对蒙板添加还是擦除：当在"Draw"前打勾选择时，用户绘制的区域加入蒙板中；当在"Erase"前打勾选择时，用户绘制的区域从蒙板中擦除；当在"Threshold"前打勾选择时，可通过"Threshold1"和"threshold2"输入局部阈值范围，用户选择区域中的像素值在局部阈值之间的像素添加到原蒙板中，用户选择区域中原蒙板的像素值不在局部阈值之间时，像素从原蒙板中删除。

然后，选择合适大小形状的绘图笔或橡皮擦。正如我们平时绘图时涂抹或擦除会根据情况选用不同形状、大小的笔尖一样，Mimics 可以设定几种不同形状大小的笔尖："Type:"下拉选择框选择笔尖形状，“Circle”椭圆形笔尖，“Square”矩形笔尖，“Width:”和“Height:”可以输入笔尖的大小，当在“Same Width & Height”前打勾选择时，不管在“Width:”和“Height:”哪个框中输入数值，另一框都自动变为一样，所以笔尖为圆形或正方形，当“Same Width & Height”前缺省选择时，“Width:”和“Height:”可以分别输入不同的数值，笔尖为椭圆形或长方形。

最后，就是用笔具体绘制出要添加或擦除的选择区域，Mimics 软件可以通过两种方式：一种是使用上述“Circle”或“Square”笔尖，在想要选择的区域按下鼠标左键，如同使用画笔一样涂抹出选择区域，另一种是在“Type:”下拉选择框选择“Lasso”套索工具，鼠标变为带套索的铅笔或橡皮形状，按下鼠标左键，如同使用铅笔描绘轮廓线一样圈出选择区域。

在人工编辑蒙板时，使用一些快捷键可以大大加快编辑的速度。

笔尖大小在编辑时可以使用快捷键非常方便地改变大小：当在“Same Width & Height”前打勾选择时，按住 Ctrl 键，按住鼠标左键向右向下拖动，圆形或正方形笔尖变大，向左向上笔尖变小；当“Same Width & Height”前缺省选择时，按住 Ctrl 键，按住鼠标左键向右或向左拖动，椭圆形或长方形笔尖宽度(width)增加或减少，向下或向上拖动，椭圆形或长方形笔尖高度(height)增加或减少。

使用导航快捷键，通过平移、缩放可以方便地观察需要编辑的部分；如果要使用一键导航(1-click navigation)，需要按住 Shift 键，鼠标左键单击断层上某一点，3 个视口同时显示过这一点坐标的 3 个正交断层平面。

(九)多层编辑(multiple slice edit)

医学影像体数据集的分割，借助层与层之间的关联信息可以大大加快分割速度，对计算机自动算法如此，对手工编辑也是如此。

目前先进的 CT 扫描可以达到亚毫米层距,在这个数量级上即使一些大的不规则的解剖结构,其轮廓在相邻的几个层面上变化也不大;还有许多解剖结构在某些方向上相邻的层面轮廓相近,比如在横断面上股骨中段的横截面,或者轮廓变化有一定的规律,比如颅骨的轮廓从上到下,先变大后变小。

因此,可以把单层蒙板编辑的结果简单复制在多个相邻层面上,或者对依一定规律变化的连续断层,可选择第一层和最后一层手工编辑,中间蒙板由计算机插值自动生成。

选择一个活动蒙板进行多层编辑,首先选择“Segmentation”菜单 >“Multiple slice edit”,或者单击“Segmentation”分组工具栏“Multiple slice edit”按钮,弹出蒙板编辑工具条(图 3-23)。

图 3-23 编辑蒙板工具条

首先选择笔尖形状(“Type:”)和大小(“Width:”“Height:”“Same Width & Height:”),方法与上述单层编辑工具相同。

然后,与单层编辑直接对原蒙板进行修改不同,多层编辑首先将选择区域存为一个临时蒙板。当进行多层编辑时,除了选择的编辑蒙板,其他蒙板都被隐藏,临时蒙板用一种着色标记,临时蒙板与编辑蒙板重叠区用另一种着色标记。

首先,编辑临时蒙板,编辑临时蒙板的步骤如下。

第一步,选择绘制还是擦除单层临时蒙板,当在“Select”前打勾选择时,用户绘制的区域加入单层临时蒙板中;当在“Deselect”前打勾选择时,用户绘制的区域从单层临时蒙板中擦除。

第二步,选择画笔(type:circle or square)或者套索(type:lasso)编辑单层临时蒙板,方法与上节相同。

第三步,要将编辑好的单层临时蒙板复制为多层,首先通过

“Copy to slices:”标签下下拉选择框 Axial 选择横断面(axial)、冠状面(coronal)或者矢状面(sagittal)上进行多层复制,然后在“Copy to slices:”标签下输入框 2 输入一次复制的层面数(注:如果输入 0,则 Mimics 默认复制到所有层面)。最后通过输入框右侧箭头按钮定义复制的方向,比如,Copy to slices: Axial 2 单击向下的箭头一次,表示当前横断面上的临时蒙板向下复制 2 层。

如果要定义的临时蒙板形状逐渐变化,可以在第一层和最后一层绘制临时蒙板,单击“Interpolate”按钮,中间层的临时蒙板由软件自动插值生成。

可以重复以上步骤对临床蒙板进行编辑修改,直到合乎要求。

然后,用编辑好的临时蒙板修改原始蒙板。

与单层蒙板编辑时首先在二维层面上选择一块区域类似、编辑好的临时蒙板,相当于用户在三维空间中定义了一块区域。要将临时蒙板选择的区域加入要编辑的蒙板(active mask)上(相当于两个蒙板布尔并运算),在“Operation on the active mask:”标签下下拉选择框选择添加“Add”。要将临时蒙板选择的区域从要编辑的蒙板上删除(相当于两个蒙板布尔减运算),在“Operation on the active mask:”标签下下拉选择框选择删除“Remove”。如果在“Operation on the active mask:”标签下下拉选择框选择“Threshold”,可通过“Threshold1”和“threshold2”输入局部阈值范围,临时蒙板中像素值在局部阈值之间的像素添加到原蒙板中,临时蒙板中原蒙板的像素值不在局部阈值之间时,像素从原蒙板中删除。最后,单击〖Apply〗按钮,执行操作。

(十)蒙板三维编辑(edit mask in 3D)

原始体数据集经图像分割后,结果保存为蒙板形式,与原始数据相同,蒙板也是三维体数据集(图 3-24),对三维蒙板的手工编辑,可以有许多方式,包括如前所述对蒙板的单层编辑以及利用相邻蒙板层的相似性进行多层编辑。现在介绍直接在三维空间中编辑三维蒙板的方法。

在三维空间中可以直接堆砌分割蒙板的立方体体素显示三维蒙板,三维蒙板可以在 3D 视口中进行缩放、平移及旋转等三维浏览,激活蒙板三维编辑工具条,可以像在二维断面上一样对选择的蒙板区域进行手工编辑。

在三维空间中对三维蒙板区域的选择类似二维蒙板编辑时的选择方法,通过屏幕选择蒙板区域(图 3-24):在 3D 视口屏幕平面涂出所选区域或者勾勒出所选择区域的轮廓,所有在 3D 视口选择区域之内的与屏幕垂直的蒙板体素均被选择。

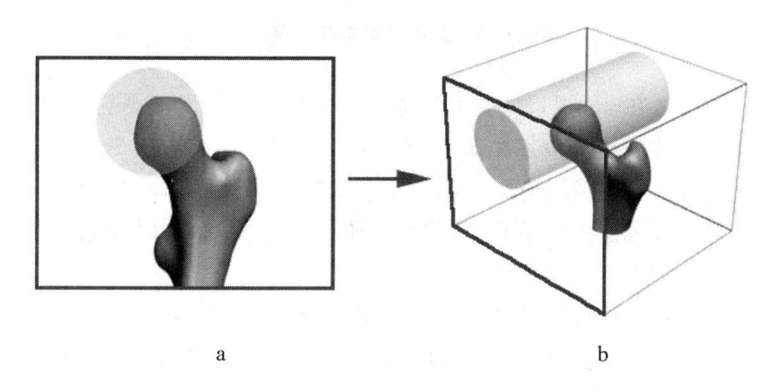

图 3-24　选择三维蒙板区域:蓝色边框为显示屏幕(3D 视口),调整三维蒙板到合适角度,在屏幕上涂抹或勾勒出绿色的选择区域(a),所有垂直于屏幕的包含在选择区域之内的蒙板体素均被选择(b)

这种选择三维体素的方法,优点是容易理解,操作直观,同时可以充分利用对解剖结构的先验知识,非常便于去除一些在二维断层上不容易辨别归属的分割区域。其缺点：一是三维渲染蒙板占用系统资源大，对计算机性能要求较高；二是当不同部位的体素有重叠时，比如颅骨，如果只想选择一侧颅骨，单纯利用这种垂直于屏幕的选择方法很难完成，因此需要采取类似裁剪蒙板(crop mask)的方法，最好先在整体的三维蒙板中选择一部分需要编辑的区域(ROI，region of interest)，以减轻计算机渲染负荷和避免体素互相遮挡。另外，类似木雕时，锯子只能将木料大体分解，而不适于精细雕琢一样，这种方法也不适合对蒙板进行精细的编辑。

对一个蒙板进行三维编辑，可以选择 Menu bar＞Segmentation＞Edit Mask in 3D 命令，或者单击 Toolbars＞Segmentation＞"Edit Mask in 3D" 按钮，弹出蒙板三维编辑对话框(图 3-25)。

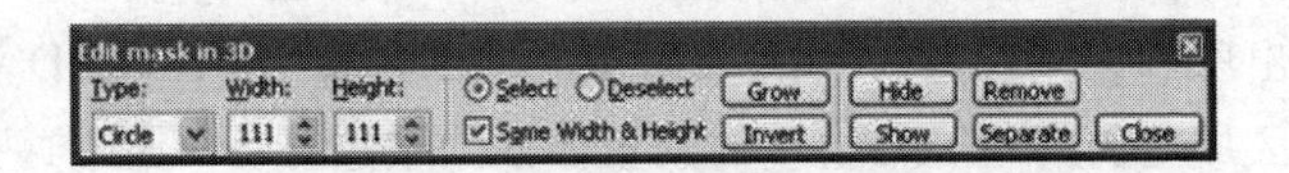

图 3-25　蒙板三维编辑工具条

首先，在 3D 视口中进行缩放、平移及旋转等三维浏览，仔细观察三维蒙板，调整三维蒙板到合适的角度方位，并在 3 个正交断面视口中拖曳选择框，选择合适的编辑范围(ROI)。

然后，类似多层编辑，首先编辑临时蒙板，编辑临时蒙板的步骤如下。

第一步，选择绘制还是擦除临时蒙板，当在"Select"前打勾选择时，用户屏幕选择区域中的蒙板体素添加到临时蒙板中；当在"Deselect"前打勾选择时，用户屏幕选择区域中的蒙板体素从临时蒙板中擦除。

第二步，选择画笔(type：circle or square)或者套索(type：lasso)编辑屏幕选区，方法同前。

可以重复以上步骤对临床蒙板进行编辑修改，直到合乎要求。

然后，用编辑好的临时蒙板修改原始蒙板。

编辑好的临时蒙板相当于用户在三维蒙板上定义了一块区域，然后可以进行以下操作。

· 单击〖Grow〗按钮，区域增长，与选择点相连接的蒙板体素都加入临时蒙板。

· 单击〖Invert〗按钮，反选当前选择。

· 单击〖Hide〗按钮，隐藏当前选择。

· 单击〖Show〗按钮，显示隐藏选择。

· 单击〖Remove〗按钮，将当前选择从原蒙板中擦除。

· 单击〖Separate〗按钮，将当前选择从原蒙板中擦除，并另存为一个新的蒙板。

· 单击〖Close〗按钮，关闭蒙板三维编辑工具条。

（十一）蒙板光顺(smooth mask)

对分割蒙板直接进行光顺去除蒙板边缘小的毛刺或凹陷，可以执行以下操作。

· 选择 Menu bar＞Segmentation＞Smooth Mask 命令，或者单击 Toolbars＞Segmentation＞“Smooth Mask”按钮，对选择的蒙板进行光顺(图 3-26)。

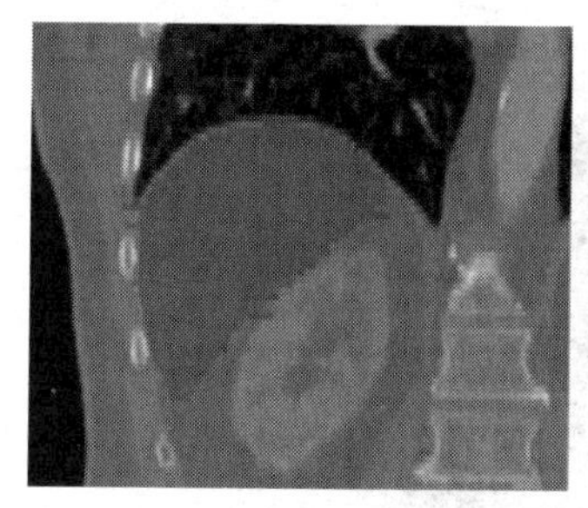
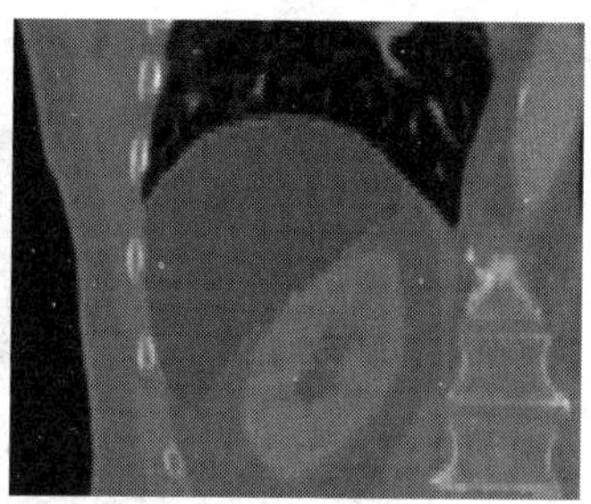

图 3-26　蒙板光顺，左为光顺前，右为光顺后，可见小的毛刺消失

（十二）裁剪蒙板(crop mask)

正如二维图像可以裁剪大小一样，蒙板在三维空间中也可以进行裁剪，利用蒙板裁剪功能，可以很方便地在一个大的体数据集中分割小的结构，比如从一个头颈 CT 序列中分割寰椎，那么在初步阈值分割后，可以利用蒙板裁剪功能，只保留包含寰椎部分的蒙板，以利于下一步修改。

对蒙板进行裁剪，可以进行以下操作。

· 选择 Menu bar ＞Segmentation＞Crop Mask 命令，或者单击 Toolbars＞Segmentation＞“Crop Mask” 按钮，弹出蒙板裁剪对话框（图 3-27）。

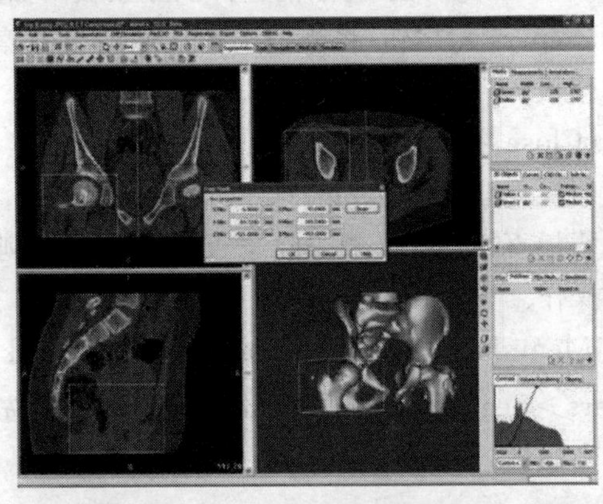

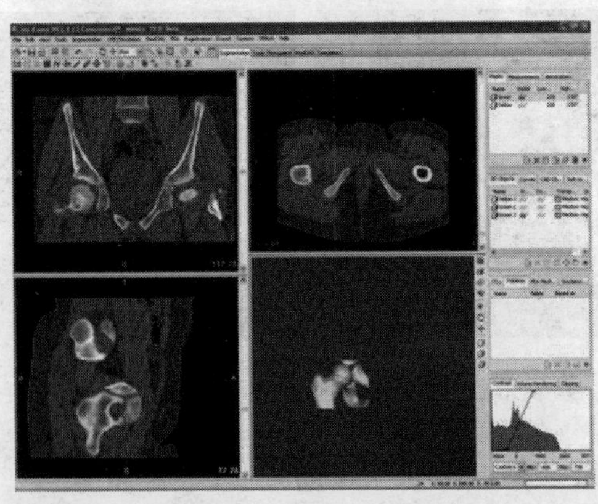

图 3-27　蒙板裁剪，上图为设定裁剪参数，下图为裁剪后蒙板（3D 视图分别显示基于裁剪前后蒙板所建的三维模型）

· 设定相关参数:用户可以直接在对话框中输入蒙板在 x、y 和 z 轴的剪裁范围,也可以在 3 个正交断面视口中拖曳选择框,调整裁剪范围。

· 单击〖Apply〗按钮执行操作。

(十三)计算轮廓线(calculate polylines)

初步分割的蒙板,通过计算其轮廓线,可以观察蒙板的边缘及其内部的孔洞,以便指导蒙板手工编辑。

计算轮廓线,可执行以下操作。

· 选择 Menu bar>Segmentation>Calculate polylines 命令,或者单击 Toolbars>Segmentation"Calculate polylines" 按钮,弹出对话框(图 3-28),选择蒙板,单击〖OK〗按钮,完成计算。

图 3-28　计算轮廓线对话框,选择蒙板,单击〖OK〗按钮,完成计算

(十四)更新轮廓线(update polylines)

轮廓线的更新是通过对原始蒙板的编辑而进行的,在 Project Management>Polyline 标签中,轮廓线文件后标明了相应的来源蒙板(based on)。

对计算轮廓线的单层蒙板在编辑蒙板工具中进行编辑后，执行以下操作更新轮廓线：

• 选择 Menu bar>Segmentation>Update polylines 命令，或者单击 Toolbars>Segmentation"Update polylines"按钮，或者单击编辑蒙板工具栏上"Update polylines"按钮，更新轮廓线。

(十五)其他间接的蒙板编辑方法

基于分割蒙板，可以计算蒙板的轮廓线(polylines)和重建三维模型(3D object)，同时，这个计算是可逆的，基于轮廓线或三维模型也可以计算蒙板，基于三维模型也可以计算轮廓线。因此，对轮廓线或三维模型进行编辑修改以后，再计算出相应蒙板，也相当于对原始蒙板进行了编辑修改。有关内容在随后的章节中详细介绍。

四、分割实例——骶骨分割

骶骨位于两侧髋骨之间，由 5 个骶椎愈合而成的三角形骨，形成盆腔的后上壁。骶骨底上关节突向上突出，其关节面朝向后内侧与第 5 腰椎(L_5)下关节面关节。盆面有 4 对骶前孔经椎间孔与骶管相通。背面有一高起间断的骶正中嵴，骶正中嵴两侧有融合的椎弓板及外侧的 4 对骶后孔。

本实例选择骶骨分割，一是因为可以利用 Mimics 软件自带教程项目(hip. mcs)进行分割练习，二是因为骶骨结构和毗邻复杂、骨皮质薄受 CT 扫描容积效应影响明显，可以很好地练习多种分割工具的综合应用。分割流程的设计没有固定模式，在熟悉 Mimics 分割工具后灵活进行，以下为骶骨分割的练习步骤。

A：打开 Hip. mcs 项目文件。项目文件在安装 Mimics 教程后，默认安装路径为 c：\MedData\Hip. mcs。

B:调整窗宽窗位。图像分割所关注的是清晰地显示分割结构的边缘,骨的 CT 值在 200 左右,因此在 Project Management>Contrast 标签下调整窗宽窗位(图 3-29)。

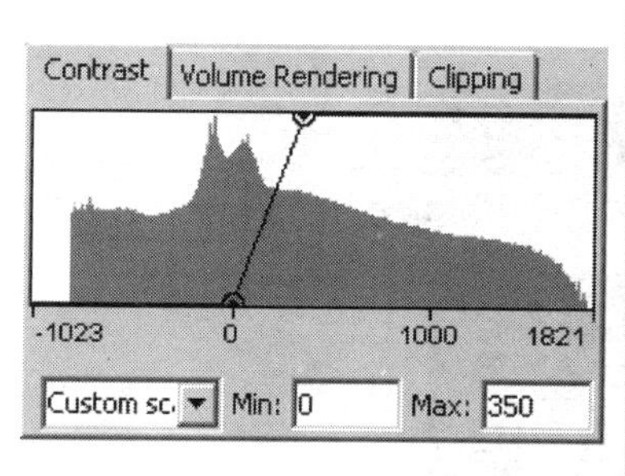

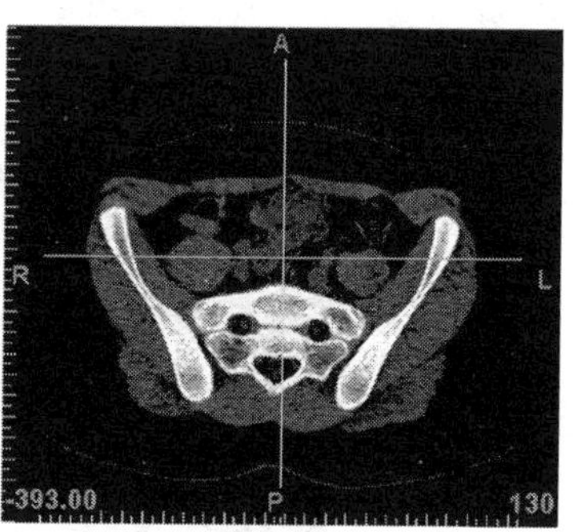

图 3-29　调整窗宽窗位,在"Contrast"标签中调整显示范围为 0～350,右侧为调整后断层显示,可见骨轮廓比较清晰

C:阈值分割。选择 Menu bar>Segmentation>Thresholding 命令,弹出分割工具条(图 3-30),设定分割阈值,单击〖Apply〗按钮,分割结果保存为蒙板(Mask)。

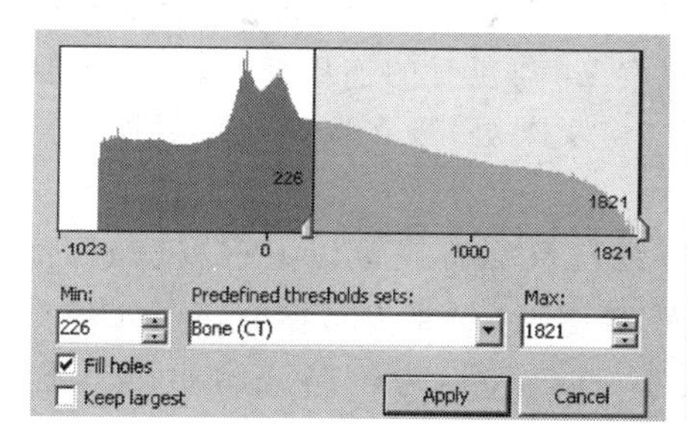

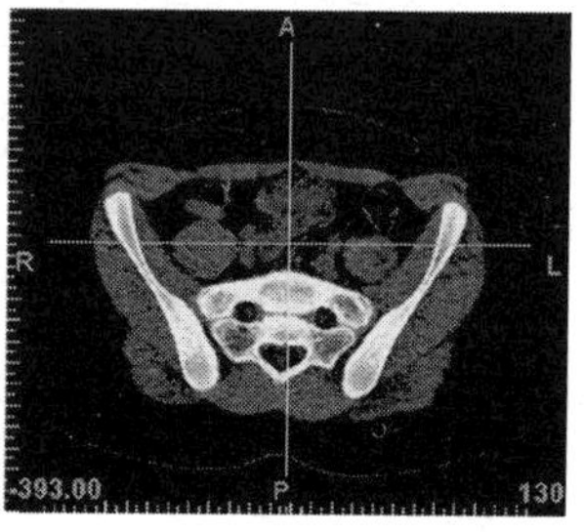

图 3-30　阈值分割,选择"Bone(CT)"阈值,勾选"Fill holes"选项,单击〖Apply〗按钮,右侧为分割蒙板

D:区域增长。选择 Menu bar > Segmentation > Region Growing 命令,弹出区域增长工具条(图 3-31),在“Green”蒙板的骶骨部分单击左键,区域增长为“Yellow”蒙板,双侧髋骨已被分离。

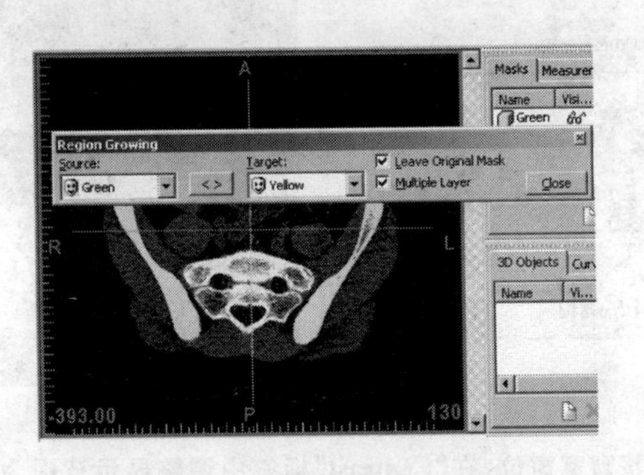

图 3-31 区域增长,在骶骨上单击左键,“Green”蒙板中骶骨区域增长为“Yellow”蒙板,双侧髋骨已被分离

E:利用编辑蒙板(editing masks)工具分离 L_5 小关节面。

区域增长后,通过断层浏览会发现“Yellow”蒙板包括骶骨和 L_5,需要将 L_5 分离。仔细观察 L_5 与骶骨的连接部位,发现主要在骶椎上关节突与 L_5 下关节突关节处,现在选择编辑蒙板工具将小关节处蒙板分开。

建议使用快捷键编辑蒙板:鼠标滚轮可以上下浏览断面,Shift+右键拖曳可平移断面,Ctrl+右键拖曳可缩放断面,Ctrl+左键拖曳可以改变笔尖大小,D 键切换为绘制,E 键切换为删除。

对小关节不同的部分可选择不同的笔尖大小,将 L_5 小关节从“Yellow”蒙板上删除(图 3-32)。

F:利用蒙板三维编辑(edit mask in 3D)工具分离 L_5 剩余部

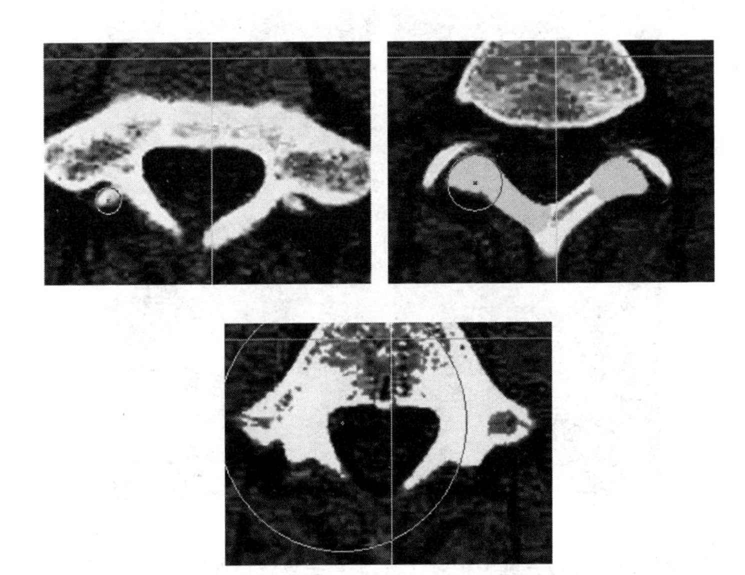

图 3-32　删除 L_5 小关节，选择笔尖大小，对需要精细编辑的部分选择小笔尖(上左图)，对可以大块删除的部分选择大笔尖(下图)

分。

分离小关节面后，浏览断面可以发现 L_5 与骶椎只有松散连接，选择蒙板三维编辑工具去除剩余部分，可以选择 Menu bar>Segmentation>Edit Mask in 3D 命令，弹出蒙板三维编辑对话框(图 3-33)。

首先应该在 3 个正交断面上调整三维编辑的范围，由于三维编辑占用系统资源较大，应该尽量缩小编辑范围。

然后利用 3D 导航工具，在 3D 视口中将三维蒙板调整到合适角度，删除 L_5 剩余部分(图 3-34)。

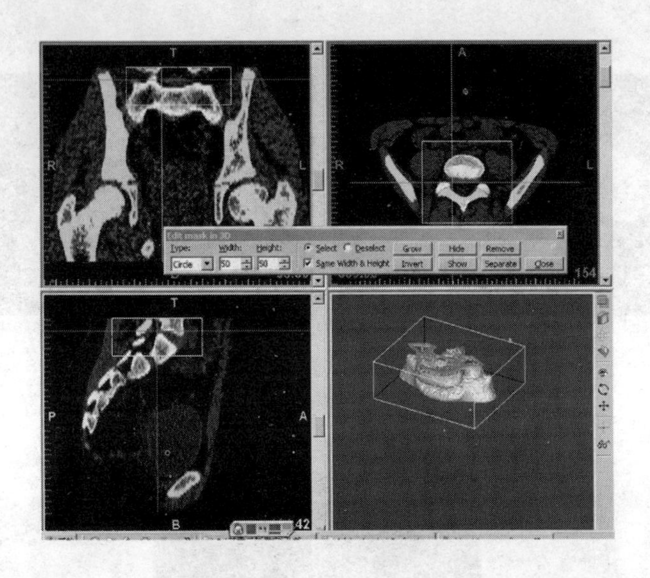

图 3-33　蒙板三维编辑对话框，调整三维选择框选择编辑范围

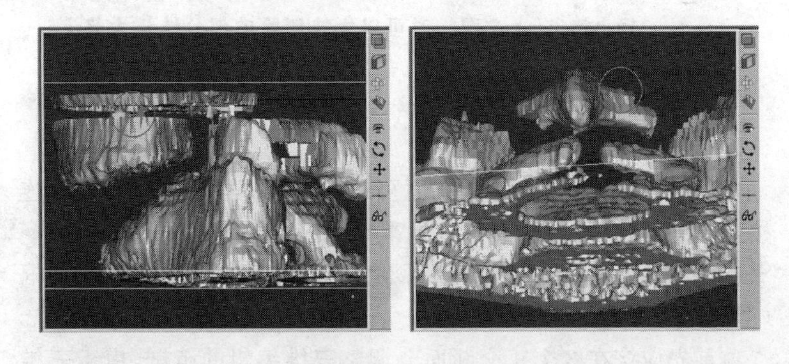

图 3-34　三维蒙板编辑去除 L_5 剩余部分，旋转到侧位，选择 L_5 椎体部分，单击〖Remove〗按钮删除（左图），旋转到前后位，选择 L_5 棘突部分，单击〖Remove〗按钮删除（右图）

G:计算轮廓线(calculate polylines)观察骶骨分割蒙板的边缘及其内部的孔洞。选择 Menu bar＞Segmentation＞Calculate polylines 命令,计算骶骨蒙板轮廓线(图 3-35)。

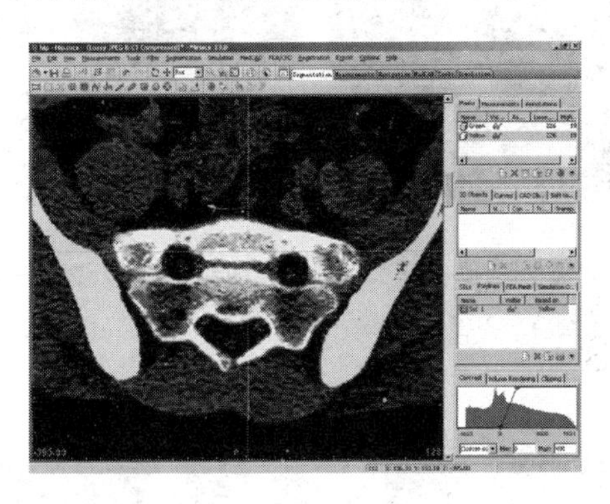

图 3-35 计算蒙板轮廓线(红色),观察蒙板的边缘和孔洞

H:利用编辑蒙板(editing masks)工具对骶骨蒙板补洞和修缘。

这一步虽然繁复但是至关重要,原因有两点,一是现在对蒙板的编辑可以参照原始断层图像,所以是最准确的编辑;二是编辑蒙板工具是最接近自然绘图过程的工具,所以也最容易掌握。

对骶骨蒙板轮廓进行观察,可以发现蒙板边缘有不连续的地方,骶 1～2 椎体间隙未闭合,可以连接骶 1～2 椎体间隙和修补边缘(图 3-36)。

I:可以重复 G 和 H 步骤,直到骶骨蒙板边缘连续完整。

J:利用空腔填充(cavity Fill)工具填充骶骨蒙板中大的孔洞。选择 Menu bar＞Segmentation＞Cavity fill 命令,弹出空腔填充操作工具条,浏览横断面和冠状面骶骨蒙板,逐层填充大的孔洞(图 3-37)。

K:布尔操作(boolean operations)合并骶骨蒙板和孔洞蒙板。选择 Menu bar＞Segmentation＞Boolean operations 命令,合并

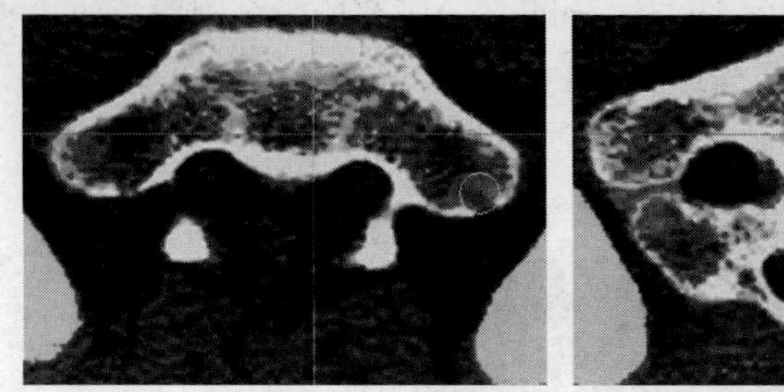
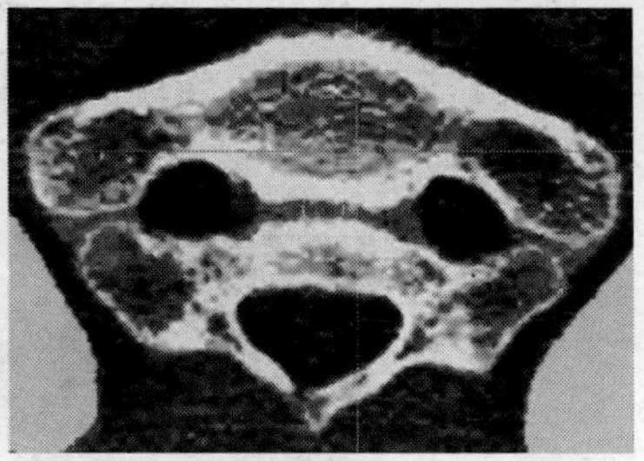

图 3-36　编辑蒙板工具修整骶骨蒙板，左图为修补边缘不连续部分，右图为连接骶 1～2 椎体间隙

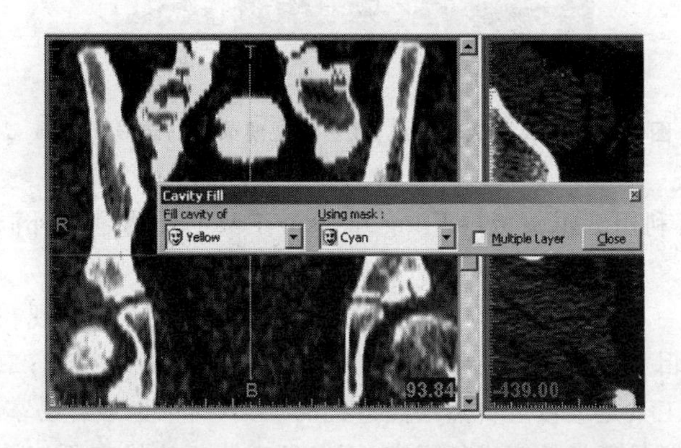

图 3-37　填充空洞，取消"Multiple Layer"选项，填充"Yellow"蒙板空洞，空洞部分生成"Cyan"蒙板

蒙板(图 3-38)。

L:形态学操作(morphology operations)关闭小的空洞和平滑边缘。选择 Menu bar＞Segmentation＞Morphology operations 命令，对骶骨蒙板进行两次闭操作和两次开操作，注意选择适合的参数(图 3-39)。

M:完成骶骨蒙板分割，对分割蒙板三维重建观察(图 3-40)。

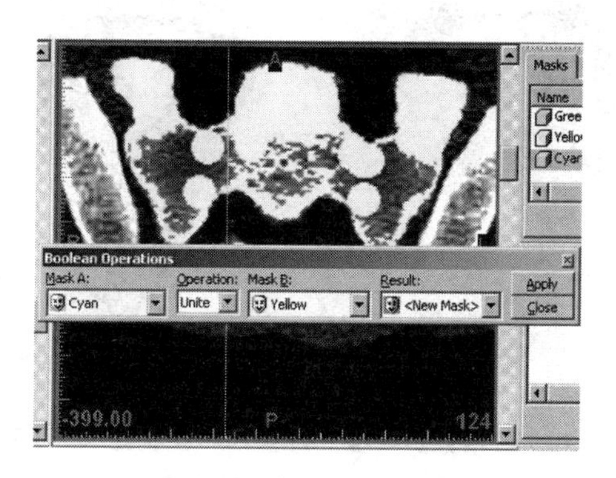

图 3-38　布尔操作，合并"Cyan"蒙板和"Yellow"蒙板

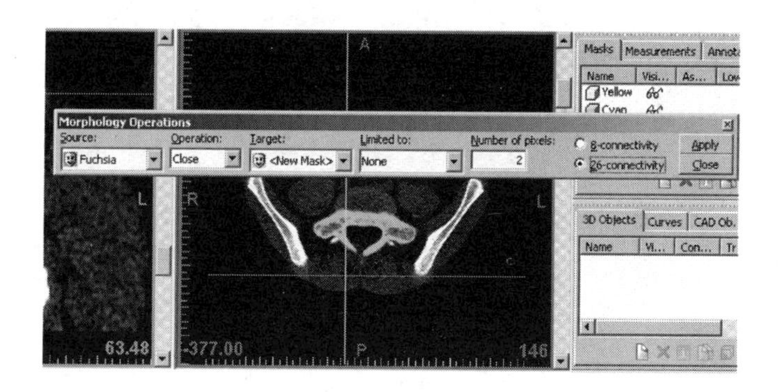

图 3-39　形态学操作，勾选"26-connectively"，选择"Operation：Close"和"Number of pixels：2"进行两次闭操作，选择"Operation：Open"和"Number of pixels：1"进行两次开操作

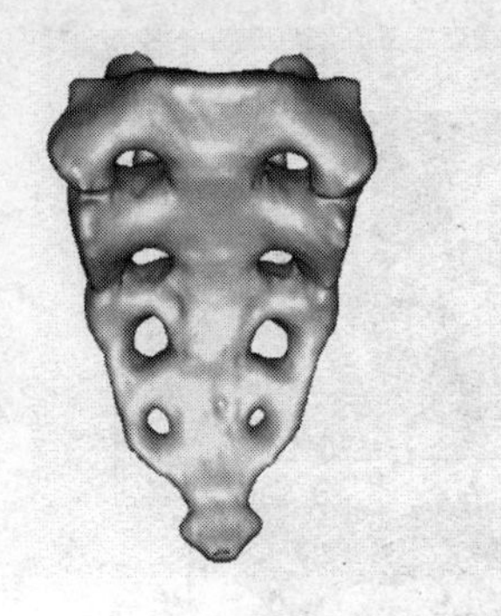
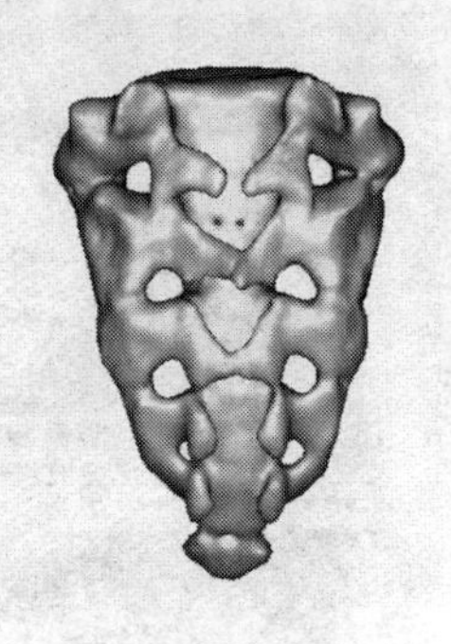

图 3-40　骶椎分割蒙板三维重建模型前后观,可见第 1 骶椎腰化,骶管后壁缺损

第 4 章 计算机辅助外科之核心——Mimics 三维重建

chapter 4

医学影像三维重建与可视化，是外科医生充分了解和挖掘医学影像中包含的临床信息，对患者正常或病理组织的三维结构进行分析和显示的重要方法。本章简要介绍医学影像三维重建与可视化的基本概念，学习 Mimics 三维重建要了解哪些相关基础知识，然后介绍 Mimics 软件的三维重建工具，最后以一个三维重建实例来体会 Mimics 软件的三维重建功能。

一、三维重建与可视化基础知识

医学影像三维重建涉及图像处理、计算机视觉以及计算机图形学等诸多学科的相关知识。用户即使不了解这些知识，也可以非常方便地使用 Mimics 软件进行医学影像三维重建，足以满足一般的临床、教学及科研需求。但是了解一些相关知识，可以更好地理解和设置 Mimics 软件的三维重建参数。

本节只为用户学习 Mimics 软件三维重建而介绍一些相关知识，既不系统也非专业阐述，进一步了解这些知识可以查阅相关专业书籍。

（一）体数据与医学连续断层影像数据

在第 2 章中，我们介绍过连续断层影像数据导入 Mimics 软件集合为体数据集。现在我们给出其准确定义。

体数据（volume data，volumetric data）是指在有限空间中，对一种或多种物理属性的一组离散采样，可表示为：$f(x)$、$x \in R^n$，

$\{x\}$是 n 维空间的采样点(sample point)的集合。

采样空间的维数为三($n=3$)时,则称 $f(x)$为三维(3D)体数据;而当 $n>3$ 时,则称 $f(x)$为高维体数据(high-dimensional volume data)。医学影像数据为三维体数据。

采样点既可以是以等间隔、等层距的规则采样,也可以按照其他方式采样。因此,体数据还可以根据采样点间的拓扑结构进行分类。

采样点的采样值可以是单值或多值,单值时称为标量体数据,多值时称为向量体数据。螺旋 CT 的采样值反映组织对 X 线的衰减率,是标量体数据。MRI 每个采样点上有 3 个采样值,分别代表组织的质子密度、T_1 弛豫时间和 T_2 弛豫时间,因而是向量体数据。

因此,医学影像数据可以看作体数据的一个子集,是三维的有规则结构的标量体数据,因为在本书中只讨论医学影像数据,所以在本书中,体数据集、三维体数据集和连续断层影像数据集在没有特别说明时为同一所指,均指三维的有规则结构的标量体数据。

三维有规则结构的标量体数据可用三维数组表示为:

$$\{f[i,j,k],(\Delta x,\Delta y,\Delta z)\},\begin{cases} i=0,1,\cdots,d_1-1 \\ j=0,1,\cdots,d_2-1 \\ k=0,0,d_3-1 \end{cases}$$

在上式中,Δx,Δy,Δz 分别为采样点在三个轴向上的间距,对医学影像数据来说,Δx,Δy 相当于断层图像的像素尺寸(pixel size),一般情况 $\Delta x=\Delta y$,Δz 相当于断层图像之间的层距(slice distance)。d_1,d_2,d_3 是数据的维数,$f[i,j,k]$称为体数据在 $f(i,j,k)$上的灰度或密度,对医学影像数据来说,$f(i,j,k)$相当于第 k 张断层上第 j 列第 i 行像素的灰度值。

$f(i,j,k)$的值一般取有限范围,比如 DICOM 格式医学影像数据一般为 16 位(2^16=65 536)图像,取值为 0~65 535 的整数。特别的，当 $f(i,j,k)$的值取 0 和 1 时，称为二值体数据，蒙板(mask)即以这种方式储存。

体素是组成体数据的最基本单位，一般医学影像数据把体素定义为中心点在采样点上的小长方体，这个小长方体内的值是不变的，都等于该采样点的采样值。

(二)断面和投影

三维体数据不能进行整体的直观可视化表示，为将其中一部分作为二维图像进行观察，可灵活应用断面(cross section)和投影(projection)进行观察。

将三维体数据 $f(i、j、k)$与平面 H 相交的切面称为断面，Mimics 可以重组 3 个正交断面和任意断面图像。

将沿平面 H 的垂线对 $f(i、j、k)$进行积分(累计相加)，称为向平面 H 的投影。常规 X 线摄片即相当于体数据集在底片上的投影。Mimics 可以进行 X 线仿真，即将垂直于重组平行曲面的一定范围内(X-ray depth)体素向重组曲面投影，以模拟 X 线成像。

无论断面还是投影，都是对体数据集的部分进行观察，适当组合这些部分，就可以把握体数据集的概貌。

(三)体素化与三维重建

传统的计算机图形学是以面和边等基元来描述物体，是连续的几何描述，不含有任何内部信息。而体数据是以三维基元(体素)来描述整个物体，是有限个离散采样，包含物体内部的信息。体数据可以由 CT 等断层扫描设备获得，也可以将连续的三维模型体素化(voselization)转化成体数据。与体素化相反的过程是体数据的三维重建(3D reconstruction)，它从体数据中抽取出物体的表面。

体素化和三维重建是实现离散的体数据表示与连续的几何表示间互相转换的两个互逆过程。

在 Mimics 软件中，基于三维蒙板计算三维模型即三维重建过程，而基于三维模型计算蒙板即体素化过程。

Calculate 3D
Mask ⇄ 3D object
Calculate mask from 3D

（四）体数据可视化

体数据的可视化是人-机交互过程，即根据需要对体数据所蕴涵的对象数据进行选择，并进行缩放、平移、旋转及剖切等操作，最终实现对体数据的显示和浏览。

体数据的可视化主要有2种方法，一种是直接对体数据进行显示的方法，称为体渲染（volume rendering），另一种是基于表面的显示方法（surface-based rendering）。

体渲染实质是将三维的体素投影到二维像平面。人们可以观察有一定透明度物体的内部结构，与此类似，体渲染把体数据看成由非均匀的半透明体素组成。由于体素值是在连续空间中对某一种物理属性的离散采样，并不包含透明度等光学性质，因此需要人为地建立从体素值到透明度、颜色、反射系数等光学属性的映射，最终投影到屏幕上显示渲染后的图像。

体渲染的优点是避免了体数据复杂的二值分割，模糊的分类更准确地描述了物质空间分布，可以直接显示物体内部细微的结构。缺点是体素的物理属性与体渲染时所赋予的光学属性之间映射关系如何确定至今还没有定论。

面绘制是先对体数据进行三维重建，生成物体的三维表面模型，然后在屏幕上显示物体的表面图像。基于体数据进行三维重建，其实质是通过离散点拟合连续曲面：首先对体数据中的体素进行分割和分类，其中位于表面的体素可以认为是过物体表面或者邻近物体表面的采样点，然后利用这些采样点拟合物体的几何表面。最常用的拟合方法是用三角面片拟合。

三维重建的方法大致可分为基于轮廓三维重建和基于体素三维重建2种方法。

（五）基于体素与基于轮廓三维重建比较

容易理解的是，理想的三维重建方法，或者说三角面片拟合结果，应该使用最少的三角面片，达到最小的空间误差。然而，减少三角面片和减小误差之间存在内在的矛盾，因此，如何取得二者的平衡就是在选择三维重建方法进行三维重建时必须考虑的问题。

体素级重建首先在物体体素的小长方体中确定小面片，然后将这些小面片连接起来构成物体的表面。体素级重建方法只需考虑各个小面片之间拓扑一致性，不需要考虑总体的拓扑关系，所以较切片级重建具有更高的精度和可靠性，但是会产生大量的小面片，占用大量的存储空间。

当原始图像的分辨率很高时，体素级重建方法更精确；当原始图像的分辨率很低时，体素级重建的精度也很低。

切片级重建则是从一组平行轮廓重构通过这些轮廓的曲面。因为通过一组平行轮廓的曲面有无穷多个，需要引入体积最大、表面积最小、对应方向一致及跨度最小等约束以使重建问题有解。切片级重建方法可实现大幅度的数据压缩，但轮廓对应存在多义性，特别是出现分叉情况时轮廓对应问题的不确定性更加严重。

即使原始图像的分辨率很低，切片级重建方法也能够比较好地构造出光顺的表面，但是光顺不表示精度更高。我们熟悉的真实的人体解剖标本表面一般都是光顺的，因此，对三维重建的人体模型，可能认为表面光滑的比表面粗糙的精度更高，而实际上对重建模型做光顺处理某种程度上是以牺牲模型的精度为代价的。

（六）STL 格式

STL（standard triangle language）是应用最广的标准三角面片描述语言，描述三维模型每个三角面片的顶点坐标及法向。Mimics 三维模型（3D object）是用三角面片来描述的。

准确的描述一个三维模型，应该是：所有的三角面片的并集组成三维模型的边界，一个三角面片是物体边界的一个子集；没有悬空或孤立面;面与面之间也没有区域交叠。即无孔、无悬浮面片或自交面片。

下面是 Mimics 软件重建股骨头的三维模型(图 4-1)。

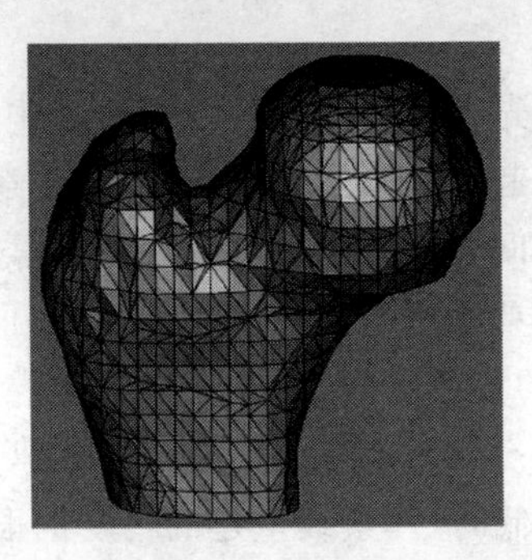

图 4-1　股骨头三角面片表面模型

将股骨头三维模型存为 STL 格式,用记事本打开,语法和格式如下。

```
Solid                          ##开始一个三维模型
……
  facet                        ##开始一个三角面片
    normal x y z               ##面片法线
    outer loop                 ##开始连接边
      vertex x1 y1 z1          ##顶点 1 坐标
      vertex x2 y2 z2          ##顶点 2 坐标
      vertex x3 y3 z3          ##顶点 3 坐标
    endloop                    ##结束边
  endfacet                     ##结束面
……
endsolid                       ##结束三维模型
```

二、Mimics三维重建

在Mimics软件中，用户可以不需要关心三维重建的具体算法与过程，只需进行两个选择，一是选择蒙板，二是选择重建质量，即可重建三维模型。同时，Mimics软件也提供了一些重建参数，用户可以根据需要调整这些参数，以缩减三角面片，优化重建结果。

（一）计算3D模型(calculate 3D)

·选择Menu bar>Segmentation>Calculate 3D命令，或者单击Toolbars>Segmentation"Calculate 3D"按钮，或者单击Project Management> Mask>"Calculate 3D"按钮，弹出重建对话框(图4-2)。

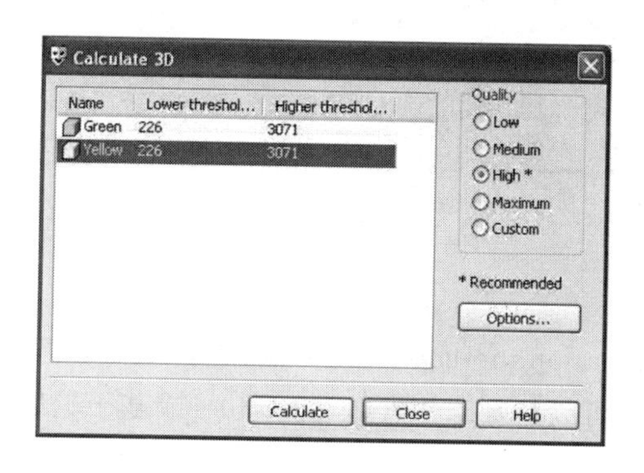

图4-2 三维重建对话框

·设定重建质量参数(quality)，选择低质量，计算速度快，但是精度低；选择高质量，精度高，但是计算速度慢。Mimics软件根据用户计算机性能，"＊"号标出系统推荐的默认选择。

·单击〖Calculate〗按钮执行操作，结果显示在3D视口中。

注意：不能计算空蒙板；蒙板中有不相连通部分时，会弹出是否继续计算的对话框。

用户如果需要调整重建参数，以缩减三角面片，优化重建结果，可以单击重建对话框〖Options…〗按钮，弹出参数设置对话框(图 4-3)。

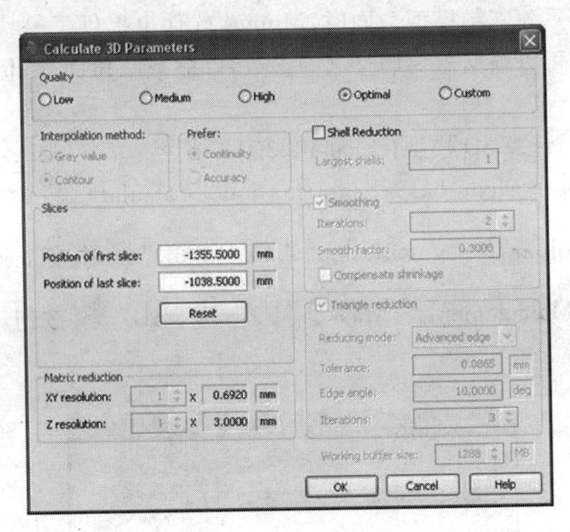

图 4-3　三维重建参数

“Interpolation method”插值方法：选择三维重建时三角面片的拟合方法，可以是基于体素(gray value)或基于轮廓(contour)，有关基于体素与基于轮廓三维重建方法的比较可参照本章第一节内容。

“Shell Reduction”减少壳体：Mimics 用三角面片组成的封闭面描述三维模型，每个封闭的面称为一个壳。当蒙板包含几个不连通的部分时，或者一个连通的部分内部有空洞(有不连通的面)时，重建的三维模型可能包含多个壳，通过设置“Largest shells：”数目，以决定保留较大壳的数目。

“Smoothing”光顺：“Iteration”迭代次数，表示执行多少次光顺处理;“Smooth factor”光顺因子(0～1),表示光顺时三维模型局部几何构象的重要性,接近 0,表明只能很少改变三维模型局部的几何形状,接近 1,表明可以将三维模型光顺成一个圆球。正如流水对石块的打磨,是以损失精度为代价的,适度的打磨可以使表面光滑而又不失原初的形状,而过度的打磨则变为千篇一律的鹅卵石了。

“Slices”切片:软件默认对所有蒙板层面进行重建,用户可以输入切片范围,只对范围内的蒙板进行重建。

“Matrix reduction”矩阵压缩:通过体素合并,减少蒙板体素的数量来减少三角面片,即蒙板总体积不变,每个体素体积变大,总的体素个数减少。体素在 XY 平面上为正方形,其大小用其边长表示,即 XY 平面分辨率(XY resolution),体素在 Z 轴的长度即 Z 轴分辨率(Z resolution)。如“XY resolution:”输入 2,“Z resolution”输入 1,每个体素的体积为原来的 4 倍(2×2×1=4),整个蒙板的体素个数减少到原来的 1/4。

“Prefer”矩阵压缩选项:当在 XY 平面上进行矩阵压缩时,可以设置压缩算法,选择“Continuity”算法,模型外观较好,但精度下降,模型三维尺度要比实际增加;选择“Accuracy”算法,模型外观对噪声敏感,可出现小间隙,但是模型精度较高。

“Triangle reduction”三角面片缩减:用户设定允许误差,对三角面片重新剖分,以缩减三角面片的数量。

三维重建实质是对蒙板体素边界的拟合。假设模型上有一个区域包含了多个三角面片,这些三角面片均位于同一平面内,那么不管对这个区域如何进行三角面片剖分,对模型来说,只改变了三角面片的数量而不会改变几何精度。虽然这个区域有无数种三角面片剖分方法,但是只有一种方法剖分的三角面片最少。因此,对同一软件同一算法重建的模型,不改变模型几何精度的条件下是无法缩减三角面片的。

三角面片缩减的思路是,在允许误差范围内,把原先不在一个平面内的三角面片合并到一个平面内，然后重新剖分以减少三角面片。

设定允许误差：

“Tolerance:”，如果将某个三角面片合并到一个平面内时，移动位置后的三角面片与原三角面片对应点的最大偏差(mm)。最大偏差的值最好根据像素尺寸选择，比如像素尺寸1/2或1/4。

“Edge angle:”，共边的两个三角面片角度。如果小于这个角度，那么两个三角面片合并到一个平面内。

选择缩减方法(reducing mode)：

“Point-type”点，通过减少点来缩减合并到一个平面上的三角面片。

“Edge-type”边，通过移除边来缩减合并到一个平面上的三角面片。

高级边“Advanced Edge-type”，与前两种方法相比，更适合医学体数据，可减少表面噪点。

“Iterations”设置迭代次数，如果合并到一个平面上的三角面片较多，就需要多次迭代才能缩减三角面片数量。但是在15次以后，结果趋于稳定，更多的次数没有意义。

工作缓存“working buffer size”，设置工作内存，值越大一次处理的数据越多。

注意：如果模型噪声很多，建议先光顺后再缩减三角面片。如果允许误差设得很高，模型的几何细节可能丢失。

(二)3D 模型优化(modifying triangulated files)

三角网格模型的光顺(smoothing)和三角面片缩减(triangle reduction)在设置三维重建参数时已经描述过，现在介绍包裹(wrap)命令。

包裹命令相当于将三维模型包裹起来，与光顺的方法不同，如果说光顺相当于用砂纸将墙壁打磨平的话，那么包裹就相当于用灰将墙壁抹平。包裹处理后的三维模型是单一的封闭壳，即无孔、无悬浮面片或自交面片。

对选择的三维模型进行优化,可以执行以下操作。

· 选择 Menu bar＞Tools＞Wrap 命令,或者单击 Toolbars＞Tools＞"Wrap" 按钮,弹出相应的对话框(图 4-4)。

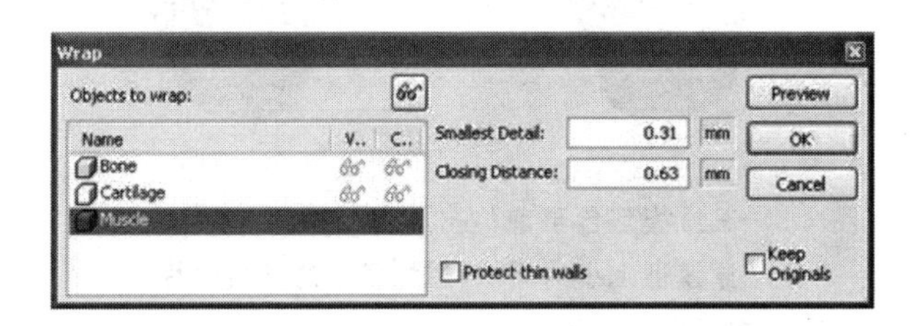

图 4-4 包裹对话框

· "Objects to wrap"列表中选择准备包裹的三维模型。

· 设置包裹参数:"Smallest Detail:"输入框中设置用来包裹的三角面片的最小尺度(可以理解为用鱼网包裹一个物体时,鱼网网格的大小);"Closing Distance:"输入框中设置三维模型上将被包裹空隙的间隙长度,小于此长度的罅隙将被包裹填平;"Protect thin walls"选择是否保护模型上纤细的峭壁状突出部分,如不保护,则尺寸小于"Smallest Detail"值的壁状突的三角面片将塌陷(collapse),如保护,对这些壁状突的包裹将使模型表面增厚(可以理解为铺床单时下面垫了个尺子),增厚的尺寸依赖设定的"Smallest Detail"值。

· 单击〖OK〗按钮,完成包裹(图 4-5)。

(三)3D 模型文件管理

Mimics 重建的三维模型保存在项目管理器中"3D Objects"标签下,与传统 Windows 文件管理一样,可以对其进行命名、复制、删除和改变属性等管理和操作(图 4-6)。

文件管理窗口,类似 Windows 文件窗口,列表显示每个三维

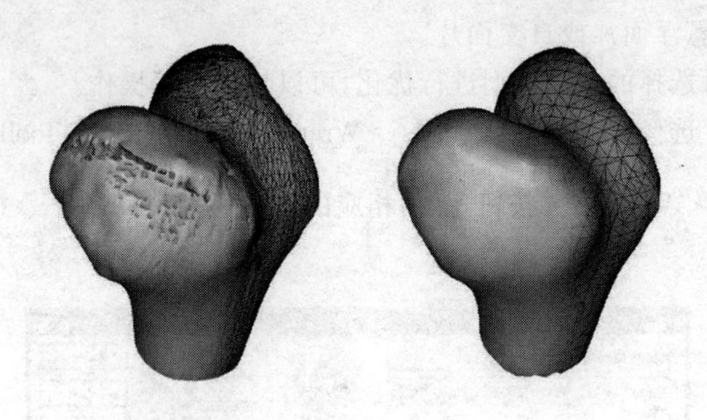

图 4-5　三维模型包裹前(左)后(右)对比,可见消除了原模型上小的间隙,过滤了小的三角面片

图像引自 runningcat

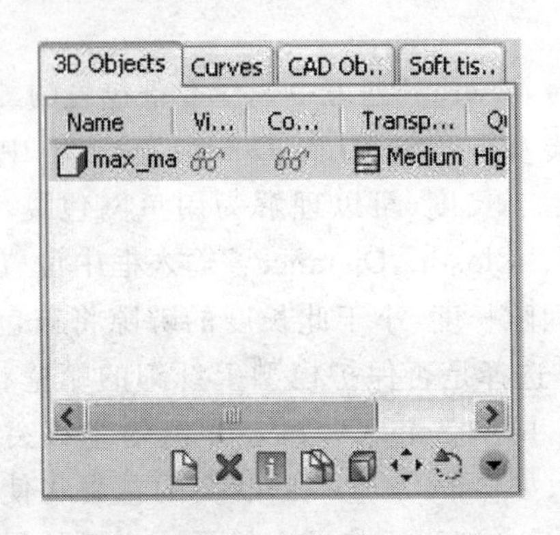

图 4-6　三维模型(3D objects)管理标签,类似 Windows 文件夹管理窗口

模型名称及相关信息,包括以下几方面。

"Name"名称:名称上单击,可以改变三维模型名称。

"Visible"显示或隐藏:单击可以切换三维模型在 3D 视口中显示还是隐藏。

"Contour Visible"显示或隐藏轮廓：单击可以切换在 2D 视口中显示还是隐藏三维模型的轮廓线。

"Transparency"透明度：可以设置三维模型的透明度，选项包括不透明(opaque，or not transparent)、低度透明(low)、中度透明(medium)、高度透明(high)。

"Quality"质量：三维重建时设置的重建质量。

最下一列为命令按钮，包括新建"New"、删除"Delete"、显示文件属性"Properties"和复制"Duplicate"等常规文件操作按钮。安装有限元模块后加入网格优化"Remesh"按钮，详细介绍见有限元章节。安装仿真模块后加入平移"Move"和旋转"Rotate"按钮，与三维浏览工具栏(3D toobbar)中平移"Pan View"和旋转"Rotate view"的导航按钮不同，导航改变的是观察者视角的位置，而前者改变的是模型的三维坐标位置，详细介绍见仿真模块。动作"Actions"下拉按钮可列出当前模型可用的命令列表。

单击文件属性"Properties"按钮，显示三维模型的属性(图 4-7)。

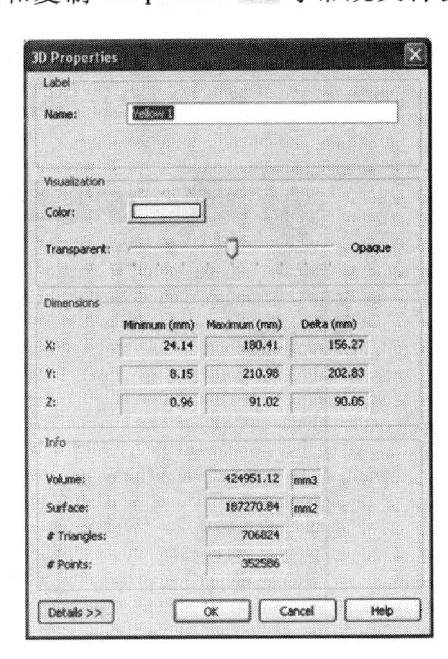

图 4-7　三维模型属性，显示并且可以修改模型的名称、颜色和透明度，以及显示模型的三维尺度(dimensions)、体积(volume)、表面积(surface)、三角面片数量(triganles)和顶点数量(points)

(四)导出 3D 模型(exporting triangulated files)

重建的三维模型,可以导出不同格式的三角网格文件,以用于第三方软件进一步处理。Mimics 支持输出的格式如下。

STL 格式,可存为 ASCII 编码或二进制(binary)编码。

DXF 格式,AutoCAD 支持的文件格式。

VRML 格式,用于桌面虚拟现实(virtual Reality)的格式。

PLY 格式,可以将多个三维模型输出到单一的 PLY 文件中,同时储存模型的颜色,可以在支持的快速成型机上打印出彩色物体。

Mimics 输出三角网格文件,可以执行以下操作。

• 选择 Menu bar＞Export 菜单,选择相应格式,弹出输出对话框(图 4-8),选择三维模型和储存路径,完成输出。

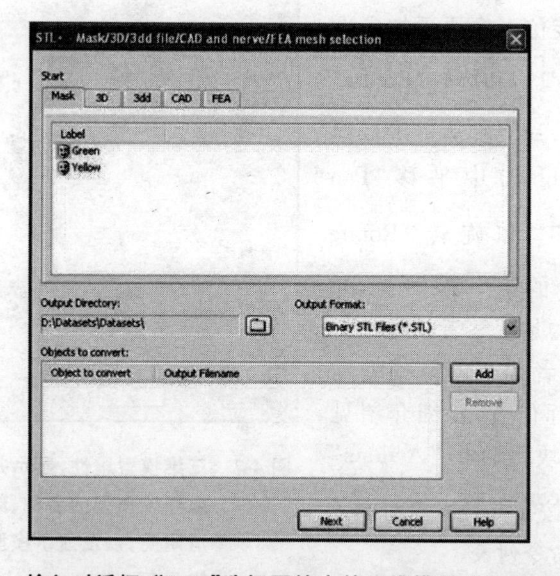

图 4-8 输入对话框,"Statr"选择要输出的三维模型,"Output Directory"选择路径,"Output Format"选择输出格式,〖Add〗或〖Remove〗加入或删除"Objects to convert"中要输出的三维模型,〖Next〗完成输出

(五)导入 STL 格式的 3D 模型(import STL)

计算机辅助设计(CAD)等软件所建的三维模型,可以以 STL 格式导入 Mimics 软件中。导入 STL 格式文件,可以执行以下操作。

· 选择 Menu bar>File>Import STL 命令导入,或者选择 Menu bar>File>STL Library 命令,从用户所建的 STL 格式三维模型库中导入,还可以通过项目管理器"STLs"标签进行加载、删除、复制、修改属性等导入 STL 格式的三维模型管理(图 4-9)。

图 4-9　STLs 文件管理

三、3D 模型浏览

Mimics 重建的三维模型,可以利用三维浏览工具对其进行平移、旋转观察,同时除了前面介绍过的体渲染外,还可以剖切三维模型组合断面图像对三维模型进行观察检视。

(一)3D 模型浏览工具栏(3D toobbar)

重建好的三维模型显示在三维视口中,在视口的右侧可见 3D 模型浏览工具栏,可以方便地对三维模型进行浏览观察(图 4-10)。

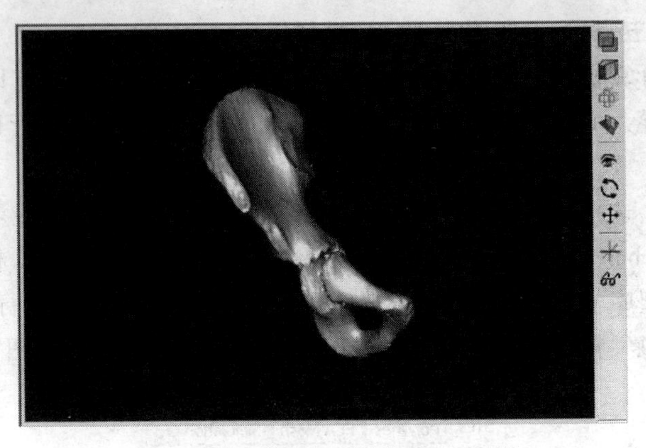

图 4-10　3D 视口，右侧为 3D 工具栏

"Toggle transparency"按钮，切换模型透明显示。

"Enable/disable clipping"按钮，切换模型剖切显示。

"Volume rendering"按钮，切换体渲染显示。

"Show Reference Plane"，切换参考断层平面，激活可以在 3D 视口中显示当前 3 个正交断层图像(图 4-11)。

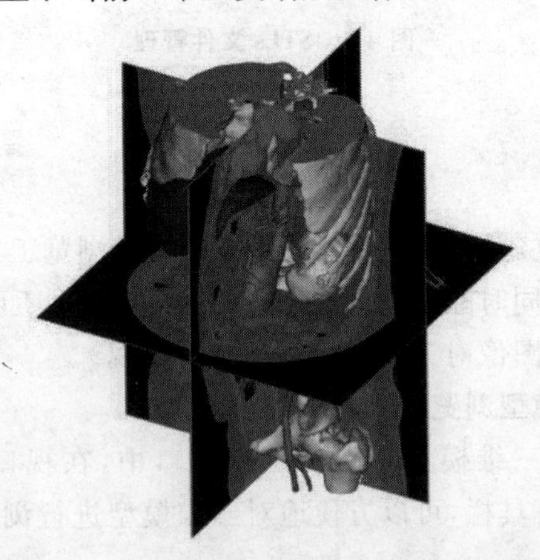

图 4-11　3D 视口显示当前 3 个正交断层图像

“Select 3D View” 按钮，可以改变模型视角。

“3D locator” 按钮，用三维坐标架显示当前 3 个正交断层位置，三维坐标架可以指示当前正交断层在整个体数据的位置(交点在三个坐标轴上的位置为当前正交断层在体数据中的位置)，也可以仅仅指示当前断层在三维模型上的位置(图 4-12)，可以在系统选项(menu bar>options>preferences)中设置。

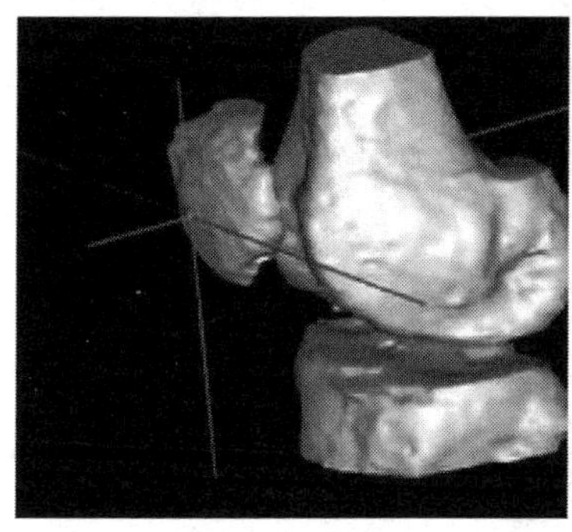

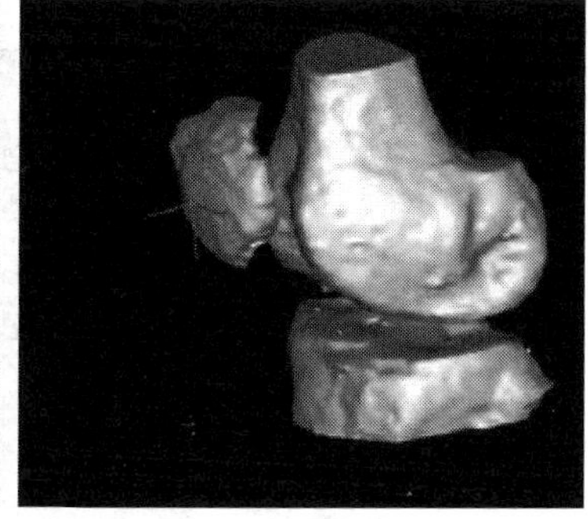

图 4-12　3D 视口中当前断层位置指示，左图指示当前断层在整个体数据中位置，右图指示当前断层在三维模型上的位置

“Toggle visibility”按钮，切换三维模型的可视性。

(二)剖切(Clipping)

体数据集不能进行整体直观的显示观察，要把握体数据的全貌只能通过各种方法对体数据的一部分进行观察，适当组合这些部分，就可以把握体数据集的概貌。我们已经学过了体数据 3 个正交断面的浏览，任意断面的浏览，模拟 X 线的投影，体渲染，三维重建面模型等观察体数据的方法，现在介绍剖切面(Clipping)方法。

剖切面(Clipping)复合了断面和三维重建两种体数据显示和观察方法，使用断面对三维模型进行剖切，通过剖切面观察三维模型内部情况。

对三维模型进行剖切面观察，可以执行以下操作。

• 单击三维浏览工具栏“Enable/Disable clipping”按钮，激活剖切功能。

• 单击 Main Toolbar＞“Toggle Project management”按钮，显示项目管理器，选择“Clipping”标签，可以设置剖切参数（图 4-13）。

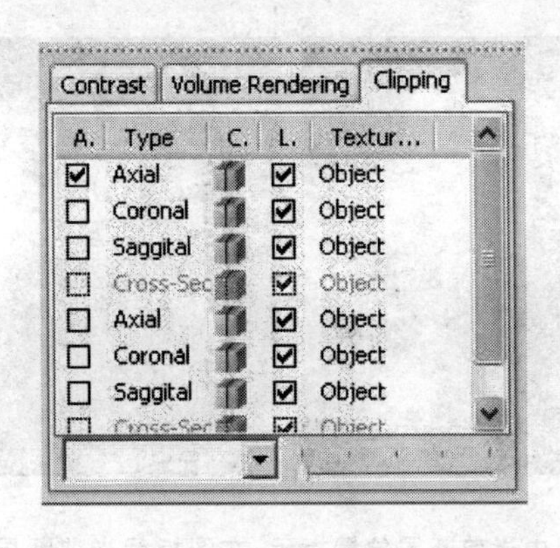

图 4-13　剖切（Clipping）参数设置标签

选择剖切方向。在剖切方向前☑打勾，Mimics 软件允许同时选择多个方向（axial，coronal，saggital or cross-section），在一个方向上可选择两个剖切面。缺省选择时默认为沿轴向剖切（type：axial）。

选择剖面位置。当在“Lock”选项前☑打勾时，剖面位置由当前断层位置决定，3 个正交断面剖切三维模型的位置即 2D 视口中当前断层的位置，改变当前断层，剖切面位置随之改变。“Lock”选项缺省选择，可以用下面滑块改变断层剖切面位置。

选择剖切的三维模型。3D 视口中有多个三维模型时，对每个剖切方向都可以在下拉选择框 Volume Render... 中选择要剖切的三维模型。缺省选择时默认为包括体渲染的全部模型。

选择剖切面。三维模型被断面剖切成两部分，形成两个剖切面。单击“Clip”项按钮，切换显示剖切面。当缺省选择时，软件自动选择在视野中可以看到的剖切面显示。

选择剖切面纹理。单击“Texture”项下文本，切换三维模型剖切面为灰度图像（object texturing）、全部断层灰度图像（full slice texturing）和无纹理（no texturing），见图 4-14。

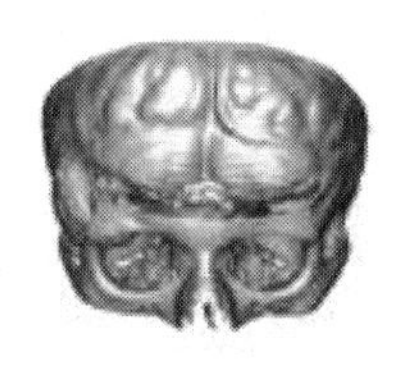
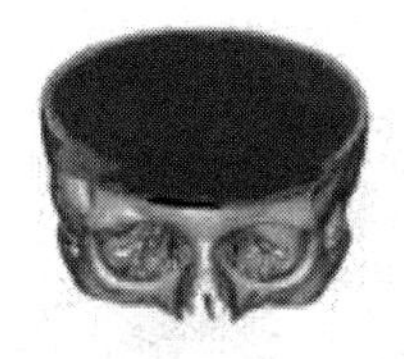
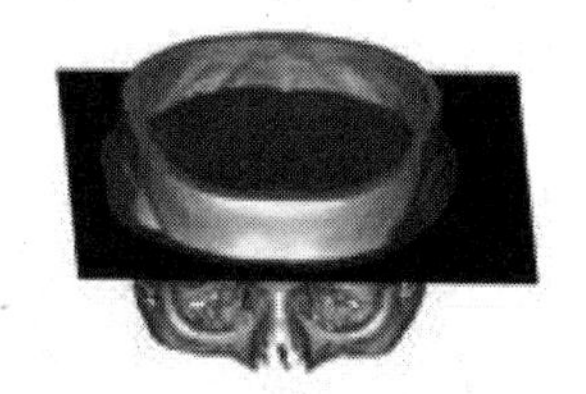

图 4-14　剖切面纹理，从左至右分别为 No texturing、Object texturing、Full slice texturing

四、3D 模型测量及标注

通过对三维模型的测量，用户可以更准确地了解三维模型整体或一些局部的几何信息。查看三维模型的属性可以了解三维模型三维尺度、体积、表面积等整体信息，三维模型上两点间距离、三点间角度测量与前面介绍的二维断层图像上测量方法相同。现介绍两点在三维模型表面上的最短距离及多孔模型的孔隙率等测量。

（一）三维模型表面两点最短距离测量（shortest distance over surface）

在三维模型表面测量两点间最短距离，可以执行以下操作（图 4-15）。

·选择 Menu bar＞Measurements＞Measure distance over surface 命令，或者单击 Toolbars＞Measurements＞"Measure distance over surface"按钮，光标变为测量尺形状，在三维模型上单击左键设定起始点，再次单击设定终点，显示测量长度，在项目管理器"Measurements"标签下保存为一个测量对象。

修改测量对象，可以进行以下操作。

·鼠标移到测量线上或两侧端点，光标变为十字形状，可以移动位置以精确测量。

·鼠标移到测量线上，单击鼠标右键，弹出右键菜单，选择删除"Delete"或隐藏"Hide"。

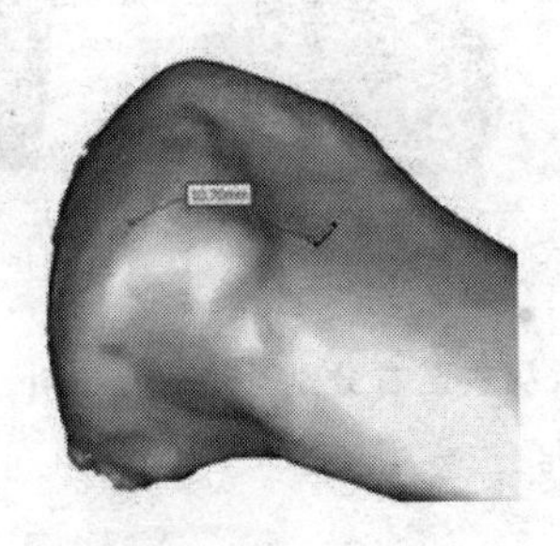

图 4-15　三维模型表面两点间最短距离测量

(二)Pore Analysis 模块孔隙分析

得益于两方面技术的进步，一是 Micro-CT 的出现，使得采集自然软骨与骨组织的微观结构成为可能，二是快速成型技术精度和材料生物相容性的提高，使得利用快速成型技术制造组织工程骨支架成为可能。因而，利用 Micro-CT 采集自然软骨与骨组织的微观三维模型，利用 CAD/CAE 技术对支架的力学特征进行分析和对支架结构进行优化，并利用快速成型技术完成支架的制造，正在成为软骨与骨组织工程的一个新的研究方向和研究热点。

组织工程支架最重要的特性是孔径和空隙率，为此，Mimics软件在12版以后增加了多孔模型的测量模块——Pore Analysis模块。

进行组织工程支架模型的孔隙分析之前，需要基于Micro-CT扫描的影像数据重建支架的三维模型，并且为了分析的方便，应该将支架三维模型剪切成标准的长方体。

对组织工程支架的三维模型进行孔隙分析，可以执行以下操作。

· 选择Menu bar>Measurements> Analyze Pores命令，或者单击Toolbars>Measurements>"Analyze Pores"按钮，弹出孔隙分析对话框(图4-16)。

· "Measurements"选择测量项目：

孔隙率(porosity)，支架中空隙的体积占支架总体积(包括孔隙与材料)的百分比

$$Porosity=\frac{Void\_Volume}{Total\_Volume};$$

平均孔径(average pore diameter)，所有孔隙拟合的最大球径——即孔隙所能容纳的最大圆球直径的均值

$$\overline{Poro\_Size}=\frac{1}{n}\sum_{i}^{n}Poro\_Size;$$

孔隙连通率(pore interconnectivity)，可以与支架表面连通的孔隙总体积占支架孔隙总体积的百分比

$$Poro\_Interconnectivity=\frac{Void\_Volume\_connected\_to\_the\_outside}{Total\_Void\_Volume};$$

支架表面积与体积比(specific surface area)，支架材料的表面积与支架材料的总体积比

$$Specific\_suface\_area=\frac{Suface\_area}{Total\_Volume};$$

孔径分布(chamber pore size distribution)，描述孔隙的孔

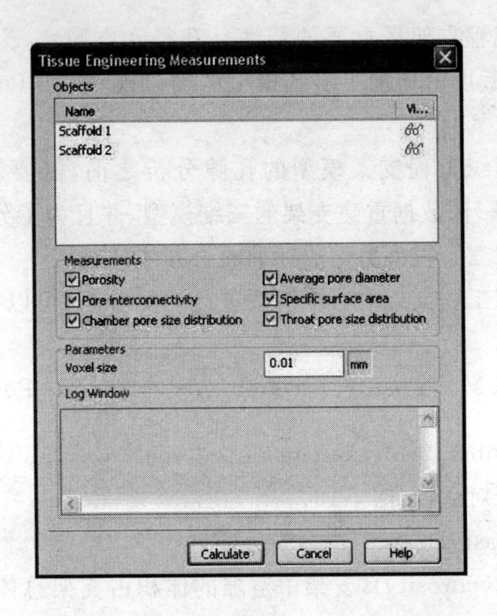

图 4-16　孔隙分析对话框,"Objects"选择测量模型,"Measurements"选择测量项目,"Parameters"设定测量参数

径——体积(体素量)分布情况,由此可以知道某一孔径的孔隙的总体积(用体素数量表示)。

有效孔径分布(throat pore size distribution),描述与支架表面连通孔隙的孔径——体积(体素量)分布情况,由此可以知道某一孔径与支架表面连通孔的总体积。在组织工程方面,由此可以估计此支架可以灌注某一直径种子细胞的量。

• "Parameters"设定测量参数:"Voxel size"体素尺寸,设定测量时的离散值,即以上所有测量的体积值均为"Voxel size"的整倍数。

• 单击〖Calculate〗按钮,完成测量,在项目管理器"Measurements"标签下保存为一个测量对象。

查看孔隙分析测量属性和输出测量结果，可以执行以下操作。

· 在项目管理器"Measurements"标签下选择孔隙分析测量对象，单击属性按钮，显示孔隙测量对象的属性(图 4-17)。

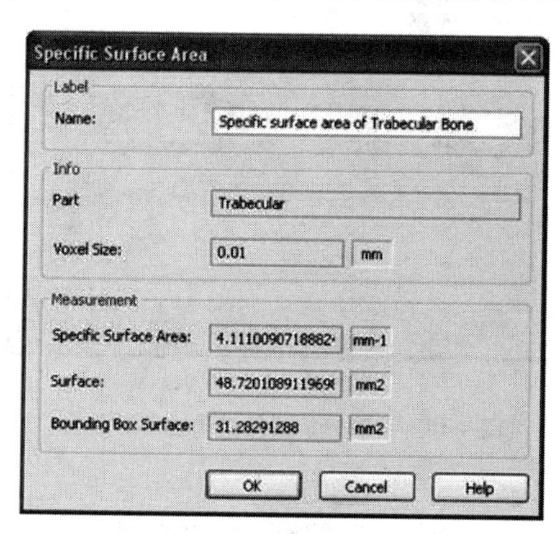

图 4-17　孔隙测量对象属性

· 输出测量结果，单击 Project Management > Measurements>"Action" > Export. txt 输出命令，弹出输出对话框(图 4-18)，选择输出的测量项目输出测量结果。

(三)文本注释(add text annotations)

用户在 2D 或者 3D 视口中对三维模型添加文本注释，可以执行以下操作。

· 选择 Menu bar>Measurements> Add Text Annotations 命令，或者单击 Toolbars>Measurements>"Add Text Annotations"按钮，弹出注释属性对话框(图 4-19)，输入相关信息，添加文本注释。

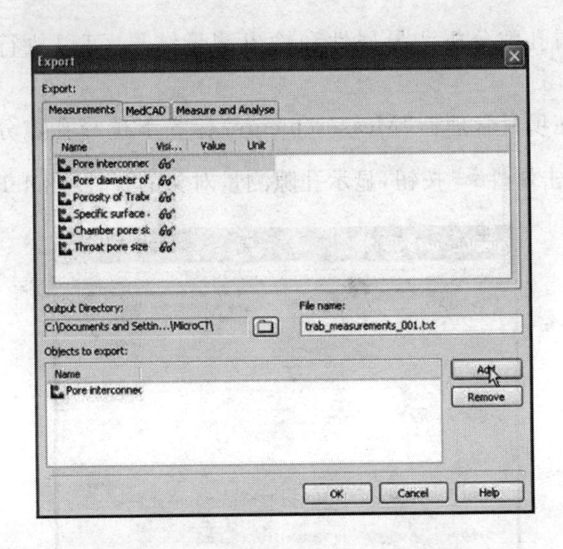

图 4-18　孔隙分析测量结果输出对话框

图 4-19　文本注释属性，包括箭头类型(arrow style)、文本方向(text rotation)、文本对齐(text alignment)及注释内容(text)

在文本注释上单击右键弹出右键菜单可以对文本注释进行删除、隐藏、修改属性等操作(图 4-20)。

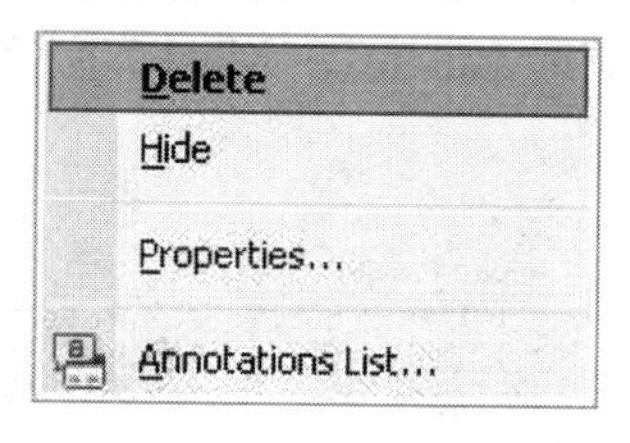

图 4-20　文本注释右键菜单,包括删除(delete)、隐藏(hide)及修改属性(properties)等

五、三维重建实例——骨盆骨骼

骨盆骨骼包括骶骨和位于两侧的髋骨,向上通过骶骨底与第 5 腰椎连续脊柱,向下通过髋关节连续下肢股骨。骨盆骨骼解剖形状复杂,位置深在,包容和保护盆腔内脏器官,与大血管和神经干关系密切。骨盆骨骼的损伤容易并发直肠、子宫和尿道等内脏器官,以及大血管和神经干的损伤,处理起来复杂,容易危及生命。对于涉及骨盆部位疾病外科治疗的医生来说,掌握和熟悉骨盆部解剖及影像学表现,对于正确制定术前计划,选择适当的手术入路都具有重要意义。

而基于三维重建的解剖模型,可以任意选择解剖结构进行组合显示,可从任意角度观察,可调整任意透明度和伪彩标注,与观察传统的解剖标本或手术视野相比,计算机三维模型不受视野与技术方法的限制,同时各解剖组织均保持正确的三维形态与位置,从而更清楚地显示了解剖结构的空间立体位置关系。

本实例利用 Mimics 软件自带髋部教程项目(默认安装路径为 c:\MedData\Hip. mcs)进行骨盆骨骼图像分割和三维重建练习,以及体验 Mimics 软件多种三维模型浏览方式的应用。

(一)骨盆骨骼三维重建

首先进行骶骨三维模型重建和优化,以下为骶骨重建优化流程。

A:读者请参照第 3 章第 4 节步骤对骶骨进行图像分割,分割完成后将分割蒙板命名为“Sacrum”。

B:在 Project Management> Masks 标签列表中,选择 Sacrum 蒙板(图 4-21)。

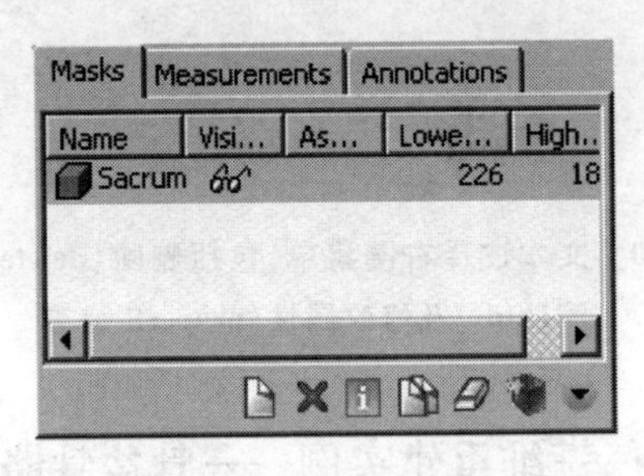

图 4-21 选择三维重建蒙板

C:单击 Project Management> Masks>“Calculate 3D”按钮,弹出重建对话框(图 4-22)。

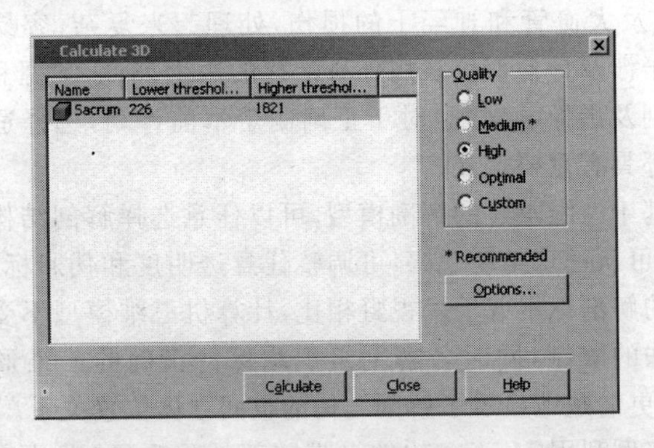

图 4-22 三维重建对话框

D:单击〖Options...〗按钮,弹出重建参数设置对话框,按图所示设置重建参数(图 4-23)。

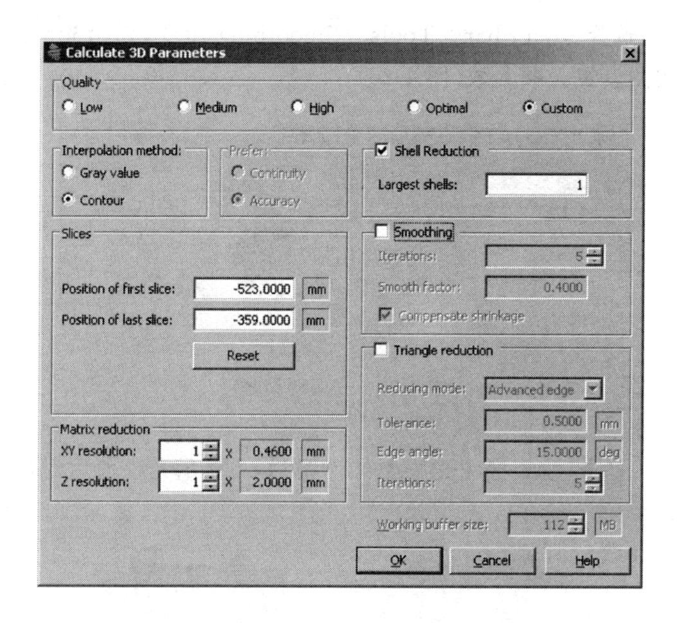

图 4-23　三维重建参数

E:单击〖OK〗按钮,返回重建对话框,单击〖Calculate〗按钮完成骶骨三维重建,在 3D 视口中显示重建的骶骨模型(图 4-24)。

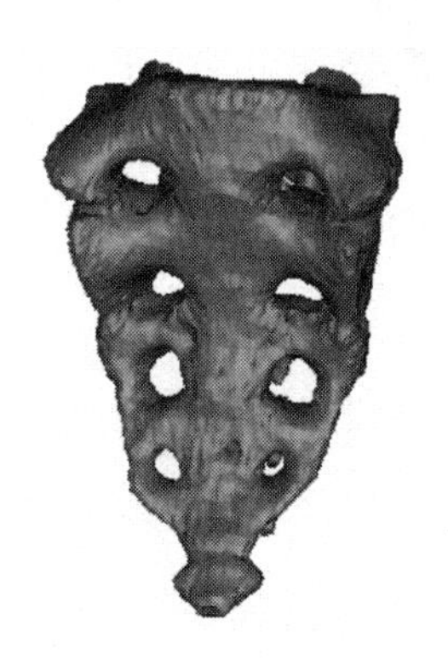

图 4-24　3D 视口显示骶骨模型

F：选择 Menu bar＞Tools＞Smoothing 命令，弹出光顺对话框，按图设置光顺参数(图 4-25)。

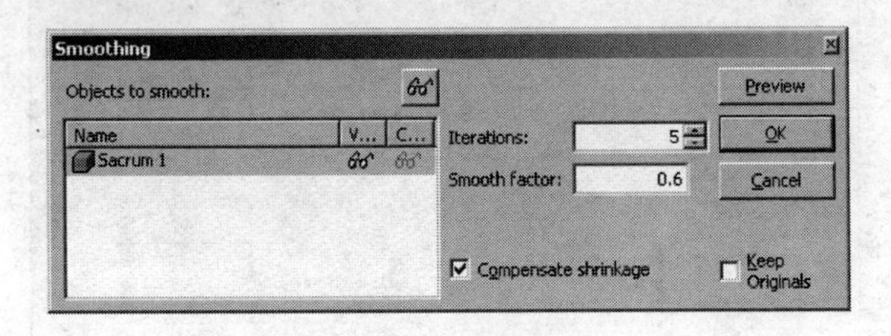

图 4-25　光顺对话框

G：单击〖OK〗按钮光顺骶骨模型，如图显示光顺前后对比(图 4-26)。

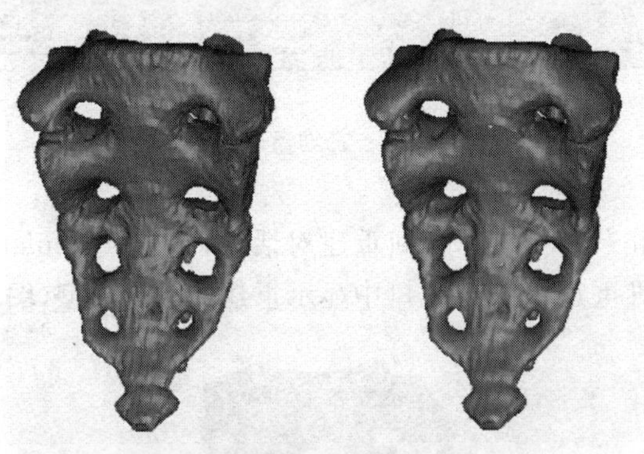

图 4-26　三维模型光顺，左为光顺前，右为光顺后

H：选择 Menu bar＞Tools＞Triangle reduction 命令，弹出三角面片缩减对话框，按图设置缩减参数(图 4-27)。

I：单击〖OK〗按钮缩减骶骨模型三角面片，在缩减前后查看模型属性(图 4-28)。

J：选择 Menu bar＞Tools＞Wrap 命令，弹出包裹对话框，按图设置包裹参数(图 4-29)。

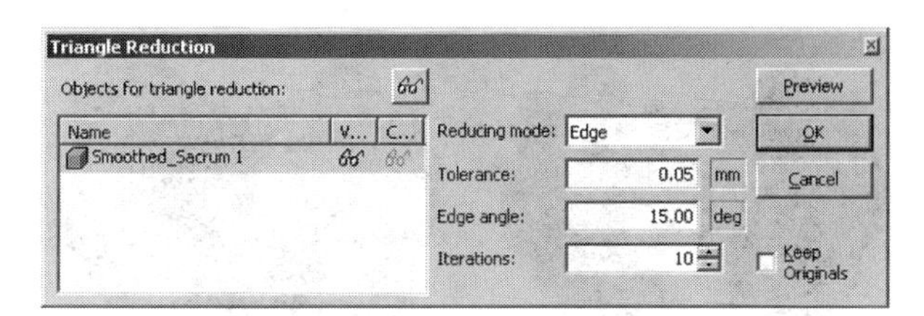

图 4-27　三角面片缩减对话框

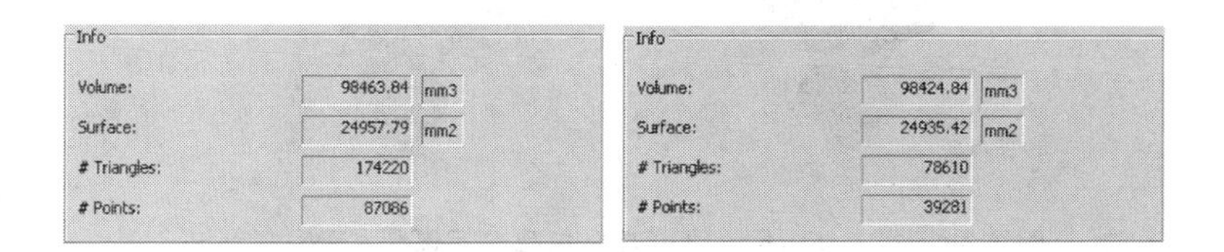

图 4-28　三维模型三角面片缩减前后比较，左为缩减前(174 220)，右为缩减后(78 610)

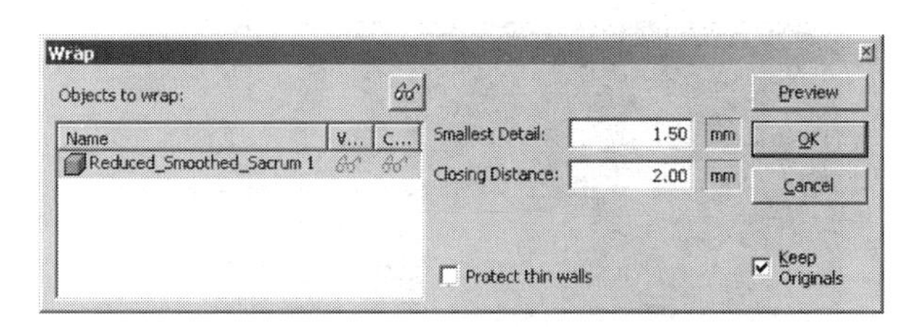

图 4-29　设置包裹参数

K：单击〖OK〗按钮包裹骶骨模型，可见包裹后三角面片形状较为统一(图 4-30)。

重建盆腔皮肤三维模型，进行以下操作。

A：阈值分割。选择 Menu bar＞Segmentation＞Thresholding 命令，弹出分割工具条，按图所示设定分割阈值(图 4-31)，单击〖Apply〗按钮，分割结果保存为“Green Yellow”蒙板，重命名为“Skin”。

B：三维重建。单击 Project Management＞ Masks＞“Calcu-

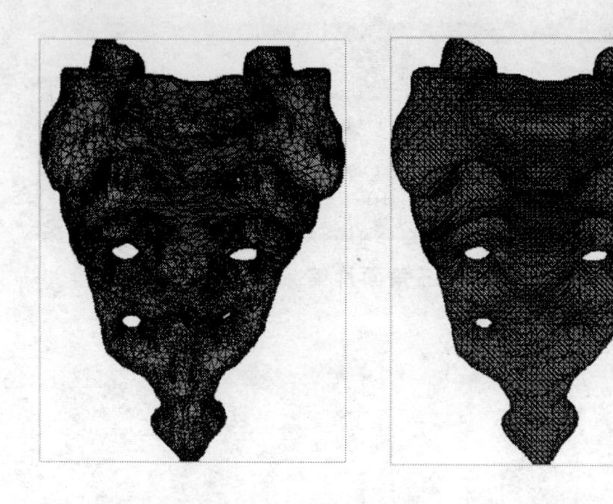

图 4-30　在 Remesh 模块中查看包裹前后骶骨模型，左为包裹前，右为包裹后，可见包裹后三角网格分布均匀，大小统一

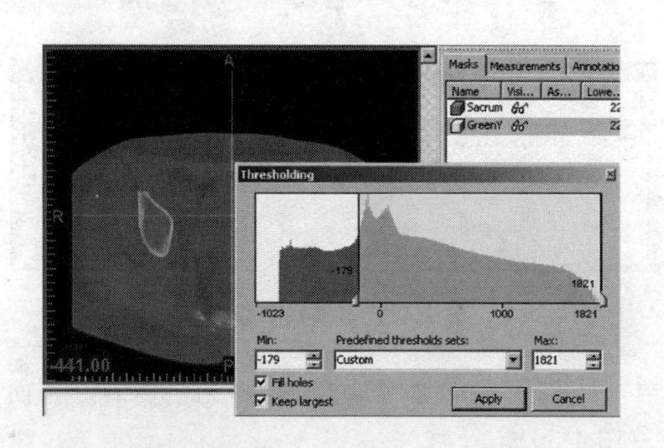

图 4-31　阈值分割，按图设定分割参数

late 3D"按钮，弹出重建对话框，选择"Skin"蒙板，选择质量参数(Quality)为"High"，单击〖Calculate〗按钮完成皮肤三维重建，在 3D 视口中显示重建的皮肤模型。在"3D Objects"标签中选择

重建的“Skin3”皮肤模型，单击属性按钮将皮肤三维模型颜色改为黄色(图 4-32)。

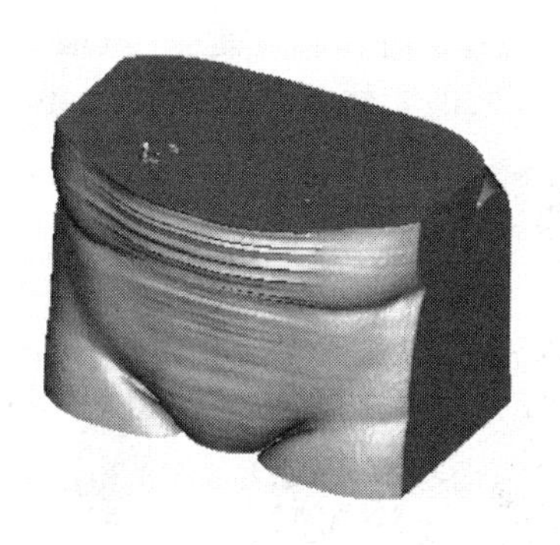

图 4-32　皮肤三维模型

重建髋骨和股骨三维模型，进行以下操作。

A：阈值分割。首先复制“Skin”蒙板为“Purple”蒙板。选择“Purple”蒙板，选择 Menu bar>Segmentation>Thresholding 命令，弹出分割工具条，按图所示设定分割阈值(图 4-33)，单击〖Apply〗按钮，分割骨组织。

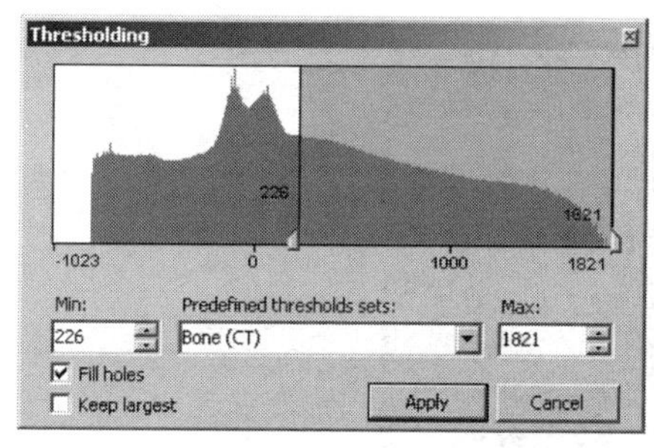

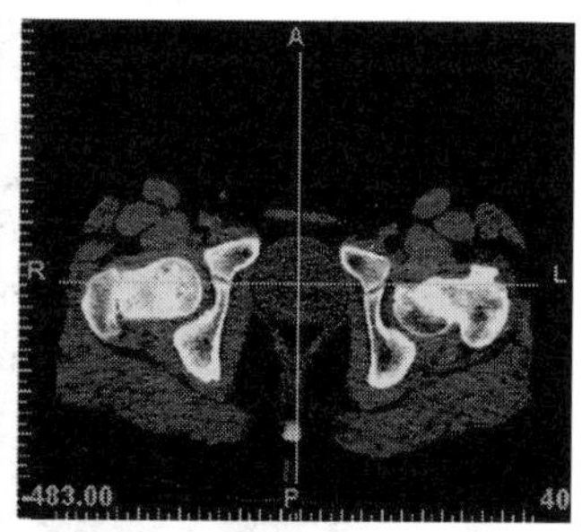

图 4-33　阈值分割，选择“Bone(CT)”阈值，勾选“Fill holes”选项，单击〖Apply〗按钮，右侧为分割蒙板

B:区域增长分割右侧髋骨和右侧股骨。选择 Menu bar>Segmentation>Region Growing 命令,弹出区域增长工具条,在"Purple"蒙板右侧髋骨部分单击左键,区域增长为"Violet"蒙板,重命名为"RightHip",即右侧髋骨蒙板(图 4-34)。

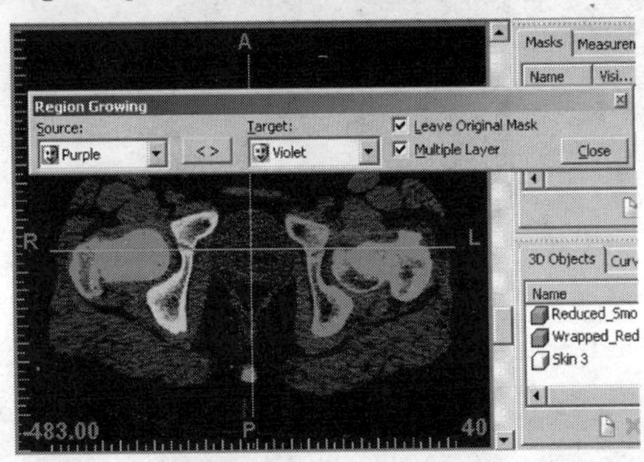

图 4-34　区域增长,在右侧髋骨上单击左键,"Purple"蒙板中髋骨区域增长为"Violet"蒙板,即右侧髋骨

在"Purple"蒙板右侧股骨部分单击左键,区域增长为"Pink"蒙板,重命名为"Right Femur",即右侧股骨蒙板(图 4-35)。

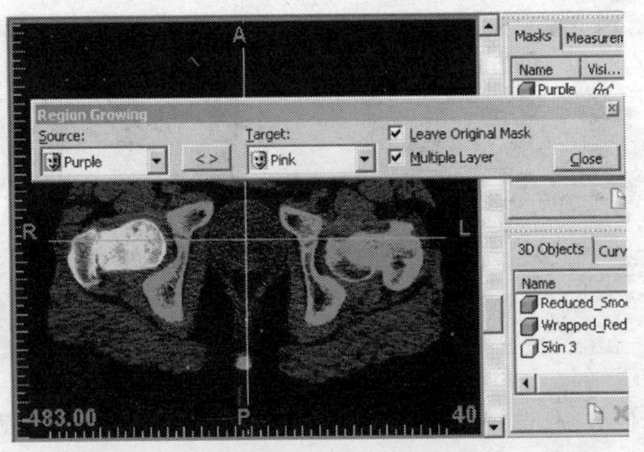

图 4-35　区域增长,在右侧股骨上单击左键,"Purple"蒙板中股骨区域增长为"Pink"蒙板,即右侧股骨

C：三维重建。单击 Project Management＞ Masks＞“Calculate 3D” 按钮，弹出重建对话框，选择“Right Hip”蒙板，选择质量参数(Quality)为“High”，单击〖Calculate〗按钮完成右侧髋骨三维重建，同样操作完成右侧股骨重建(图 4-36)。

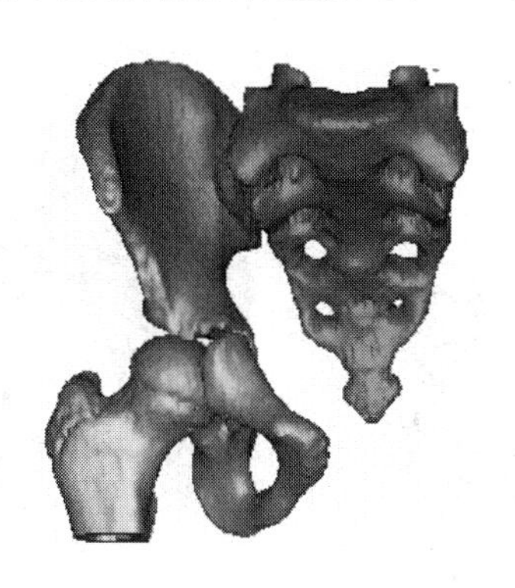

图 4-36　三维重建骶骨、髋骨和股骨三维模型

(二)骨盆骨骼模型组合显示

骨盆骨骼三维模型可以任意组合，任意透明度，任意角度观察。

将髋部皮肤透明度设为“Medium”，骨骼设为不透明，可以观察髋部骨骼在体表的投影(图 4-37)。

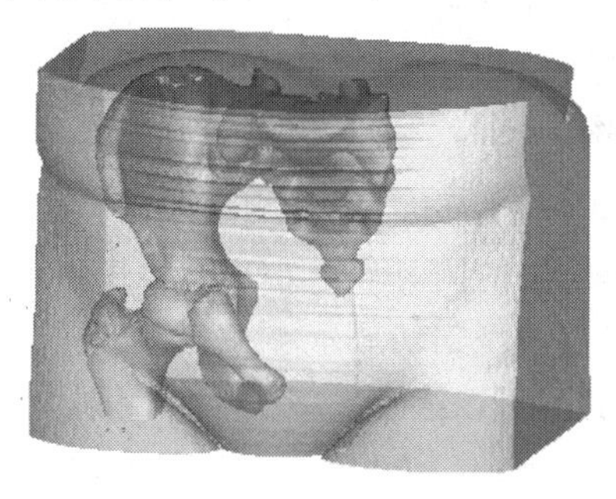

图 4-37　皮肤透明显示髋部骨骼体表投影

髋部骨骼的髂骨斜位和闭孔斜位片掌握起来较为困难，而利用髋部骨骼的三维模型可以很容易地模拟髂骨斜位和闭孔斜位X线投照，帮助掌握髂骨斜位和闭孔斜位读片方法。

模拟髂骨斜位，可以将髂骨设为透明，参照髂骨斜位示意图调整到模拟位置（图 4-38）。

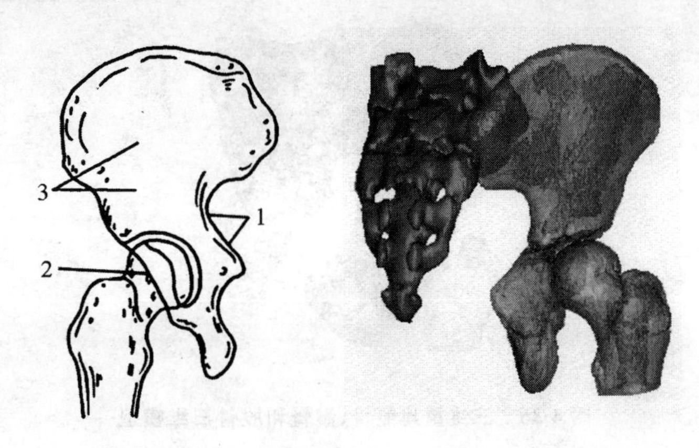

图 4-38　髂骨斜位模拟，左为示意图，右为模拟图

模拟闭孔斜位，可以将髂骨设为透明，参照闭孔斜位示意图调整到模拟位置（图 4-39）。

（三）骨盆骨骼体渲染显示

体渲染显示髋部骨骼步骤如下。

A：在项目管理器中，选择“Volume Rendering”标签，可以设置体渲染参数（图 4-40）。

B：单击“Volume rendering”按钮，3D 视口中显示体渲染，当然也可以在体渲染的同时显示 3D 模型（图 4-41）。

（四）骨盆骨骼模型剖切显示

利用剖切功能，可以组合三维模型和断面显示。髋部骨骼模型剖切显示步骤如下：

A：在项目管理器“3D Objects”标签下，将皮肤、骶骨、右侧髋

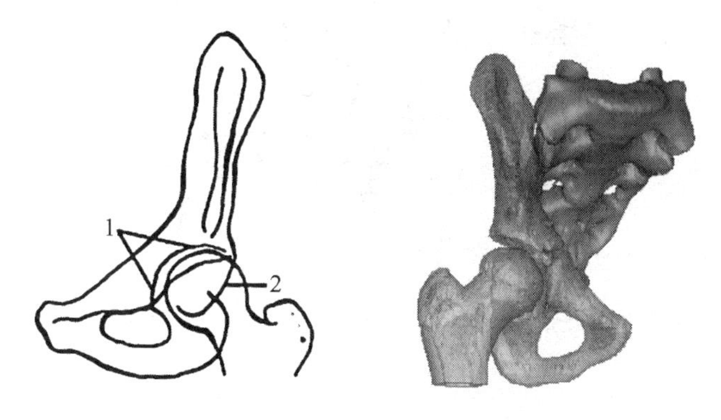

图 4-39 闭孔斜位模拟,左为示意图,右为模拟图

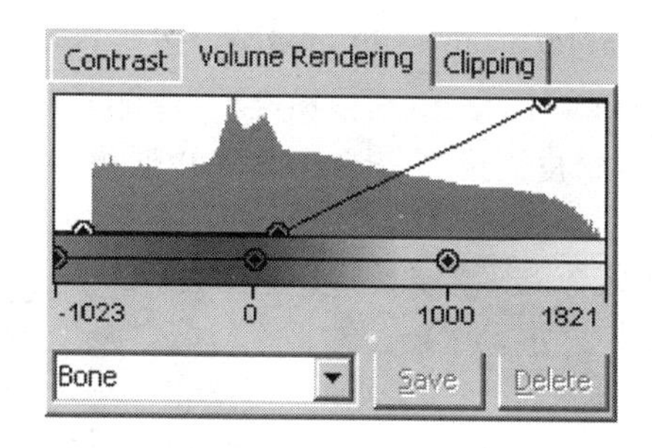

图 4-40 设置体渲染参数

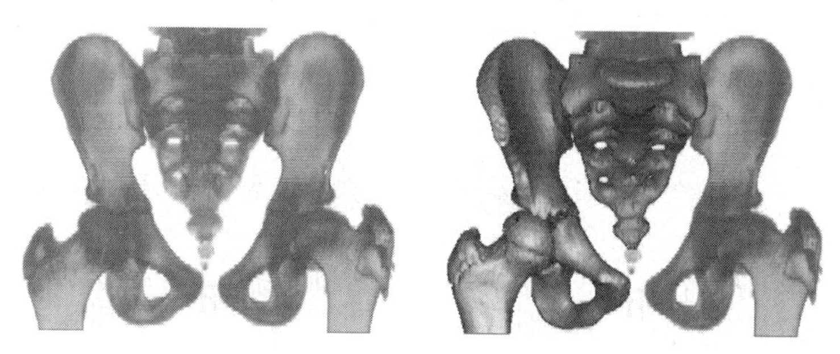

图 4-41 体渲染,右图为体渲染与 3D 模型同时显示

骨和右侧股骨选择在 3D 视口中显示(图 4-42)。

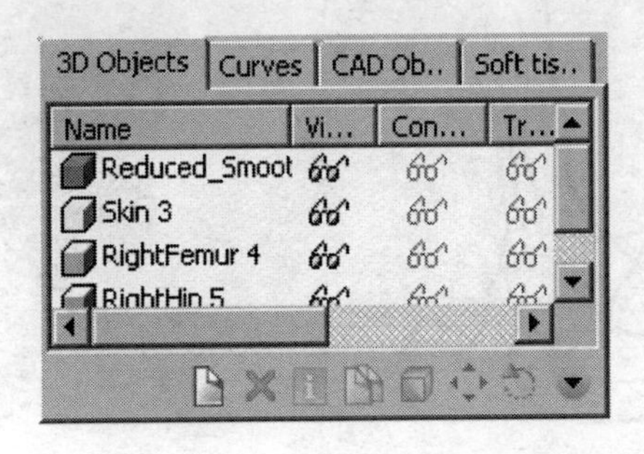

图 4-42　3D Objects 标签下选择显示髋部骨骼和皮肤模型

B:单击"Enable/disable clipping"按钮,切换到剖切显示。

C:在"Clipping"标签下,选择横断面(axial)剖切,在剖切模型下拉选择框中选择皮肤模型(skin3)显示皮肤模型(图 4-43)。

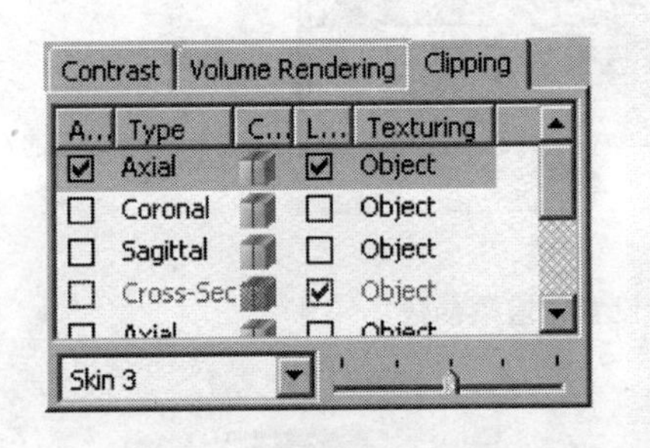

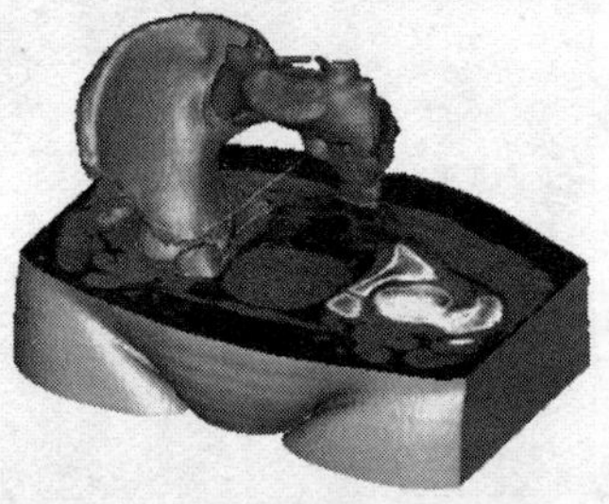

图 4-43　剖切显示皮肤,左图为"Clipping"标签设置,右图为 3D 视口显示

D:选择矢状面(sagittal)剖切,在剖切模型下拉选择框中选择骶骨模型(reduced_smoothed_sacrum1),单独对骶骨进行矢状面剖切显示。在"Locked"前取消勾选,可以移动右下方滑块改变骶骨剖切位置(图 4-44)。

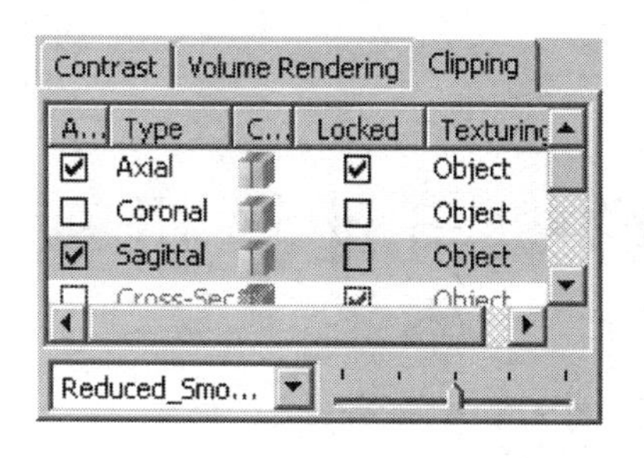

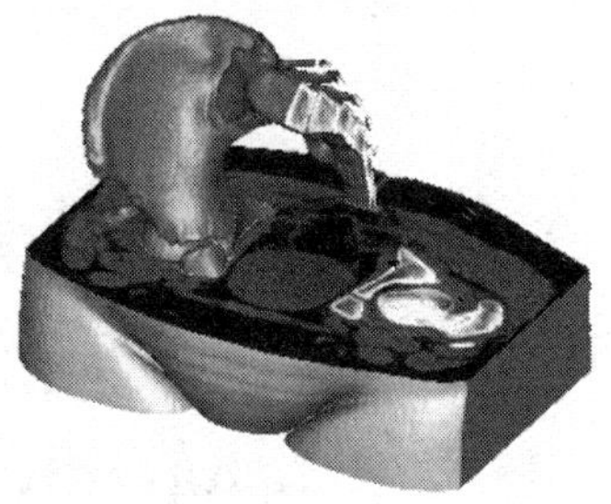

图 4-44　剖切显示骶骨,左图为"Clipping"标签设置,右图为 3D 视口显示

第 5 章 chapter 5 医学影像与计算机辅助设计之桥梁——MedCAD 模块

医学计算机辅助设计模块（MedCAD）为沟通医学影像体数据（CT 或 MRI）与计算机辅助设计（CAD）而设计。

不管哪种软件，本质上只是一个工具，在功能上各有侧重，只有在正确的软件中选择正确的工具才能事半功倍。计算机辅助手术规划，除了需要基于患者的影像数据重建病变组织及其周围毗邻解剖结构的三维模型外，还需要有内固定钢板、螺钉等外科手术器械的三维模型。基于体数据三维重建是 Mimics 软件的优势，而外科手术器械的三维建模则是 CAD 软件，诸如 UG、Pro/E 等的优势。同时，在 CAD 软件中进行个性化内固定物的设计，也需要参照患者的解剖结构信息。因此，MedCAD 在传统 CAD 软件和 Mimics 软件之间的桥梁作用就尤为重要（图 5-1）。

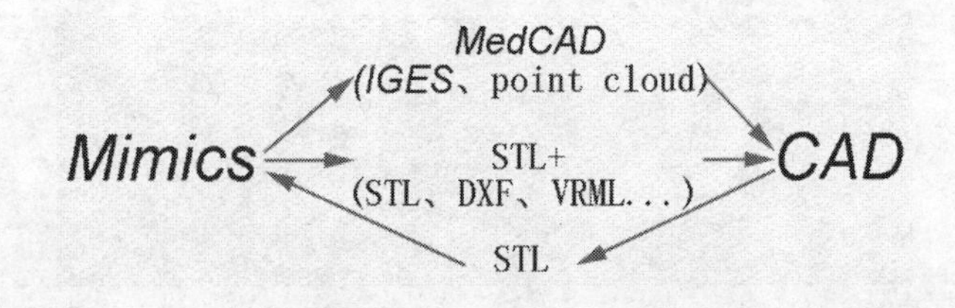

图 5-1　Mimics 与 CAD 文件交换

本章介绍基于分割蒙板计算轮廓线(polylines)的相关操作，以及 MedCAD 模块的功能。

一、轮廓线(polylines)

医学影像体数据经图像分割后存为二值蒙板，提取每层蒙板的边缘，拟合成一组平行的轮廓线，继而可以作为三维重建的中间过程，也可以基于轮廓线拟合解析几何对象(球、圆柱、平面等)以及 NURBS(曲线、曲面)等。

(一)计算轮廓线(calculate polylines)

计算轮廓线，可执行以下操作。

· 选择 Menu bar>Segmentation>Calculate polylines 命令，或者单击 Toolbars>Segmentation>"Calculate polylines" 按钮，弹出对话框(图 5-2)，选择蒙板，完成计算。

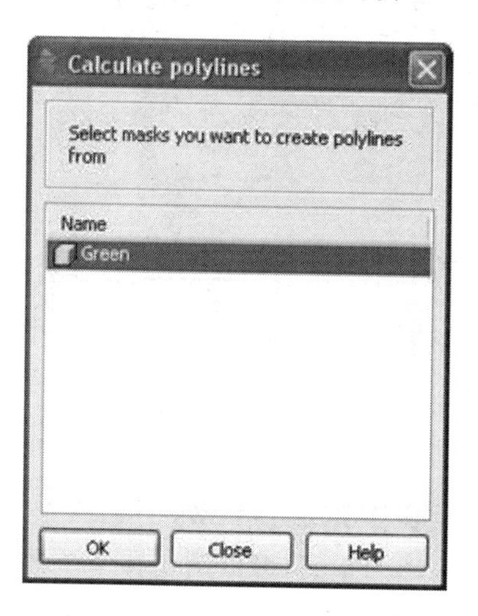

图 5-2　计算轮廓线对话框，选择蒙板，单击〖OK〗，完成计算

轮廓线的编辑是通过对来源蒙板编辑而进行的。在“Polylines”标签轮廓线文件后标明来源蒙板(based on),对单层蒙板进行编辑后,执行以下操作更新轮廓线。

· 选择 Menu bar＞Segmentation＞Update polylines 命令,或者单击 Toolbars＞Segmentation＞“Update polylines” 按钮,或者单击编辑蒙板工具栏上 按钮,更新轮廓线。

在项目管理器“Polylines”标签下可以对轮廓线对象进行新建、删除、复制、重命名、修改颜色、切换可视性等文件管理,同时动作“Actions” 下拉按钮可列出当前轮廓线可用的命令列表(图 5-3)。

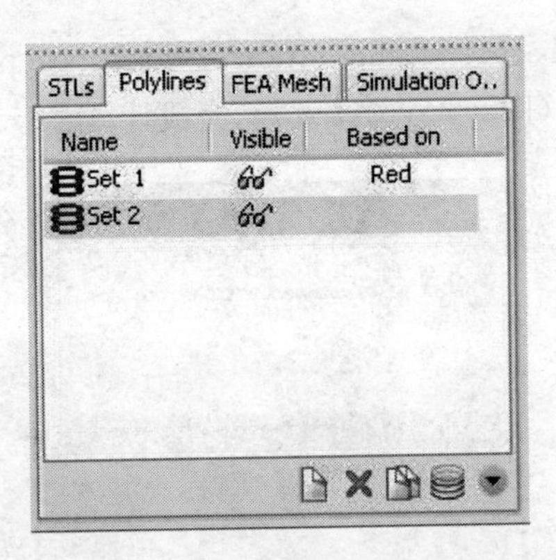

图 5-3　轮廓线标签“Polylines”

(二)轮廓线生长(Polyline Growing)

对蒙板区域内部的空洞,可以用拓扑学单连通和多连通来描述。如图 5-4a 中任意一条封闭曲线都能连续变形收缩成这个区域中的一点,称这个区域是单连通的,而图 5-4b 中绕空洞的曲线,就不能变形收缩为一点,因而不是单连通的。

基于有空洞的分割蒙板(多连通)计算的轮廓线,存在轮廓线

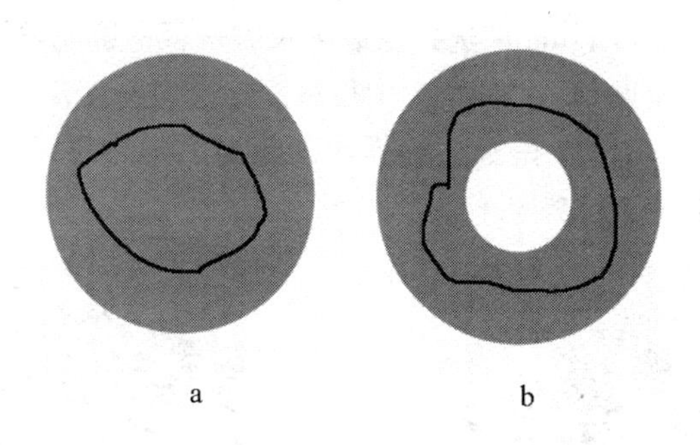

图5-4　单连通和多连通

嵌套的情况，轮廓线生长（Polyline Growing）可以去除嵌套，保留单一的轮廓。基于轮廓线生成后的轮廓计算蒙板，生成的蒙板只有单连通区域，所以也是一种去除蒙板空洞的方法。

轮廓线生长，可以执行以下操作。

・选择Menu bar>MedCAD>Polyline Growing命令，或者单击Toolbars>MedCAD>“Polyline Growing”按钮，弹出轮廓线生长工具条（图5-5）。

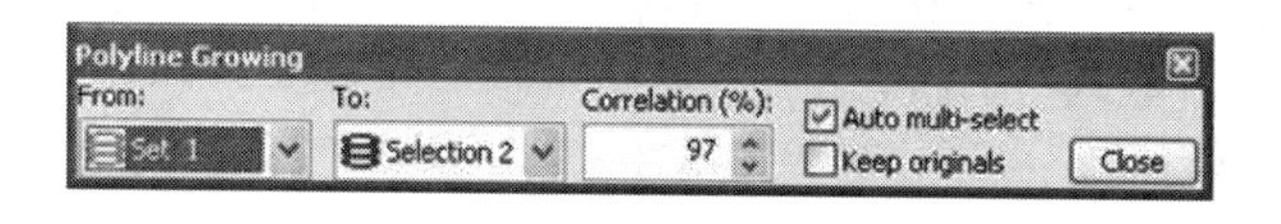

图5-5　轮廓线生长工具条

・参数设置：“From”选择来源轮廓线；“To”选择轮廓线生长结果，可加入已有轮廓线集中，或者存为新的轮廓线集；“Auto multi-select”选择在单层进行轮廓线生长还是将单层生长结果扩展到邻近层，如果选择多层，那么存在一个轮廓对应问题，可以根据相邻断层轮廓间的重叠大小（%）来衡量轮廓的对应关系，“Correlation”设置多层轮廓生长时轮廓对应的约束（轮廓重叠百分比)；“Keep Originals”选择轮廓生长时是否保留原轮廓集。

・在二维断面或3D视口中用鼠标拖曳出一个矩形选择框选择源轮廓，或者直接在所要选择的源轮廓上鼠标单击，完成轮廓线生长(图5-6)。

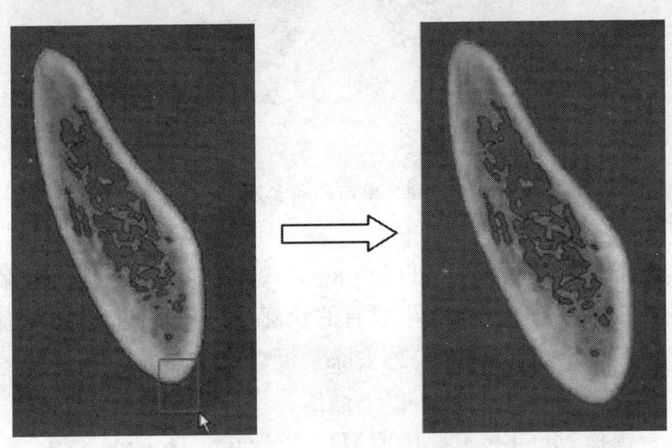

图5-6 轮廓线生长，矩形选择源轮廓线，生成新的轮廓线

(三)轮廓线导出为IGES文件

基于蒙板或轮廓线导出IGES格式的轮廓线文件，可以执行以下操作。

・选择Menu bar>Export>IGES…命令，弹出输出对话框，选择蒙板或轮廓线，完成输出。

注：输出IGES格式轮廓线文件的详细参数设置见快速成型模块。

(四)蒙板(mask)、轮廓线(polyline)和3D模型(3D object)关系

体素化与轮廓线拟合及三维重建是实现离散的体数据表示与连续的几何表示间互相转换的互逆过程，是将体视化和传统计算机图形学连接起来的纽带(图5-7)。

三者之间的转换提供了间接编辑蒙板的可能，往往能够取得

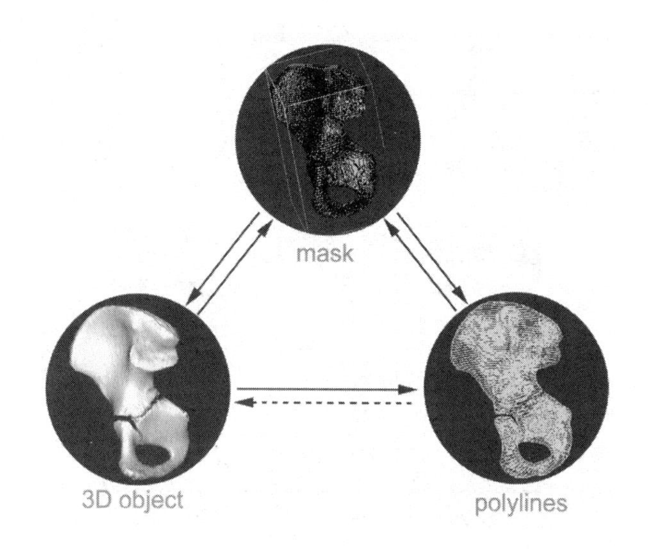

图 5-7 蒙板、轮廓线与 3D 模型关系图，在 Mimics 软件中彼此可以转换（轮廓线不能直接计算 3D 模型）

事半功倍的效果，比如对蒙板的编辑，可以先计算轮廓线或 3D 模型，然后对轮廓线或 3D 模型进行编辑后，再返回计算蒙板，达到对蒙板的间接编辑作用。

二、MedCAD 模块

MedCAD 模块允许用户以医学影像体数据的二维断层图像为参考，通过绘制、键盘输入和轮廓线拟合，创建基本的 CAD 对象——点和线段，参数对象——平面、圆、球体和圆柱体，以及 NURBS 曲线和曲面。也可以基于三维模型拟合血管中心线及进行多种流体管腔测量。所有的 CAD 对象均可以标准的 IGES 格式输出，其中拟合的中心线还可以以文本格式输出。

（一）点（Point）

有两种方法创建点，一种是直接绘制，另一种是键盘输入。

・选择 Menu bar>MedCAD>Point>Draw 命令，光标变为 ，在二维断面上单击鼠标创建点。

・选择 Menu bar>MedCAD>Point> Keyboard 命令，弹出参数输入面板(图 5-8)，输入点坐标，创建点。

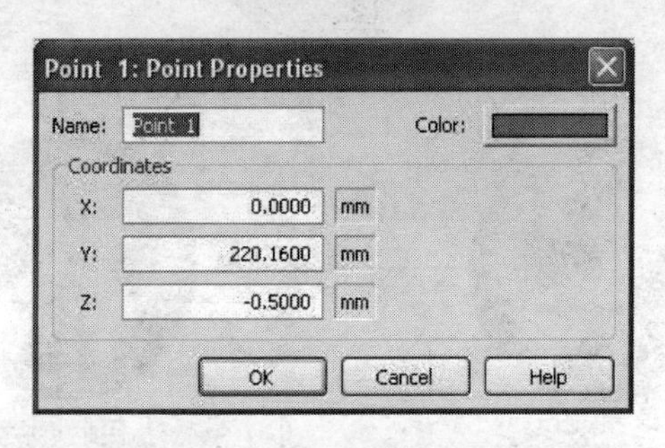

图 5-8　创建点参数面板，可输入点的坐标

(二)线(Line)

有 3 种方法创建线段，轮廓线拟合、直接绘制和键盘输入。

・选择 Menu bar>MedCAD> Line>Fit on Polylines 命令，弹出轮廓线选择对话框(图 5-9)，单击〖OK〗按钮拟合。

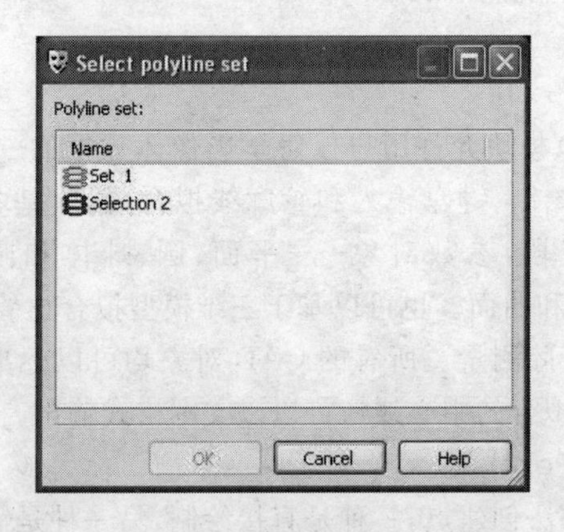

图 5-9　轮廓线选择对话框

· 选择 Menu bar>MedCAD> Line>Draw 命令,光标变为,在二维断面上单击鼠标创建线段起点和终点绘制线段,起点和终点可以不在同一层断面上。

· 选择 Menu bar>MedCAD> Line> Keyboard 命令,弹出参数输入面板(图 5-10),输入起点和终点坐标,创建线段。

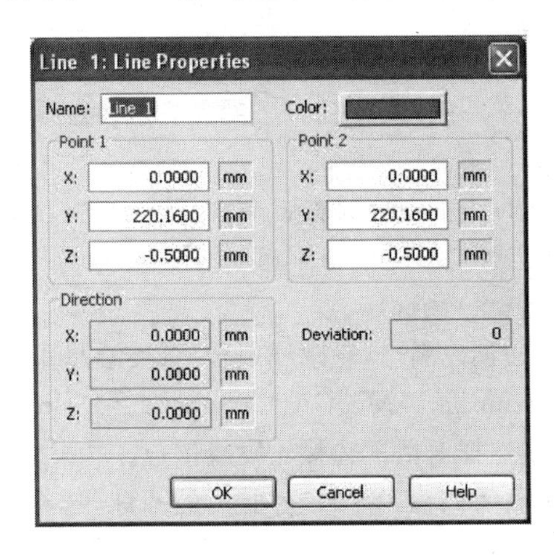

图 5-10　创建线段参数面板,可输入起点和终点的坐标

(三)圆(Circle)

有 3 种方法创建圆,轮廓线拟合、直接绘制和键盘输入。

· 选择 Menu bar>MedCAD> Circle >Fit on Polylines 命令,弹出轮廓线选择对话框,选择轮廓线拟合。

· 过不在同一直线上的三点可以决定唯一的圆,选择 Menu bar>MedCAD> Circle >Draw 命令,光标变为,在二维断面上单击鼠标创建 3 个点绘制圆,三点可以不在同一层断面上。

· 选择 Menu bar>MedCAD> Circle >Keyboard 命令,弹出参数输入面板(图 5-11),输入圆心坐标,半径创建圆。

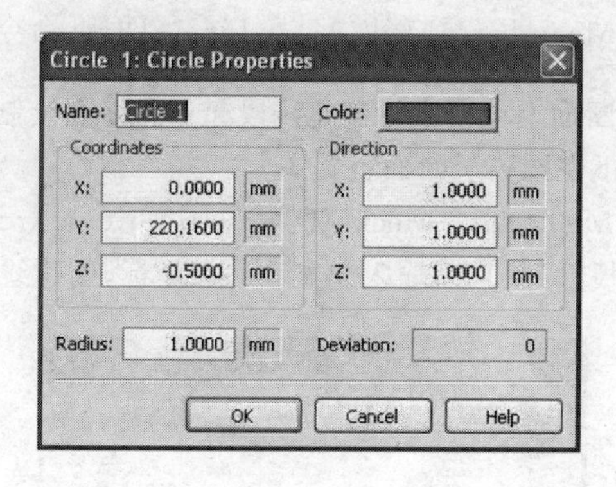

图 5-11　创建圆参数面板，可输入圆心坐标和半径

（四）圆球（Sphere）

有 3 种方法创建圆球，轮廓线拟合、直接绘制和键盘输入。

·选择 Menu bar>MedCAD>Sphere >Fit on Polylines 命令，弹出轮廓线选择对话框选择轮廓线拟合。

·过不共面的四点可以决定唯一的圆球，选择 Menu bar>MedCAD>Sphere >Draw 命令，光标变为 ，在二维断面上单击鼠标创建 4 个点绘制圆球，四点可以不在同一层断面上。

·选择 Menu bar>MedCAD>Sphere >Keyboard 命令，弹出参数输入面板（图 5-12），输入圆心坐标、半径创建圆球。

（五）平面（Plane）

有 3 种方法创建平面，轮廓线拟合、直接绘制和键盘输入。

·选择 Menu bar>MedCAD> Plane>Fit on Polylines，弹出轮廓线选择对话框选择轮廓线拟合。

·过不共线的三点可以决定唯一的平面，选择 Menu bar>MedCAD> Plane>Draw 命令，光标变为 ，在二维断面上单击鼠标创建 3 个点绘制平面，三点可以不在同一层断面上。

·过直线上一点并与直线垂直可确定唯一的平面，垂直与平

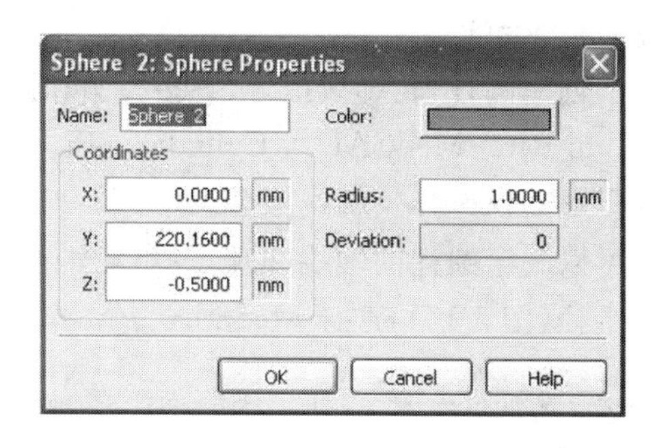

图 5-12　创建圆球参数面板，可输入圆心坐标和半径

面的直线为平面的法线，选择 Menu bar＞MedCAD＞ Plane＞ Keyboard 命令，弹出参数输入面板(图 5-13)，输入平面上一点的坐标和通过这个点的平面法线上另一点的坐标，创建平面。

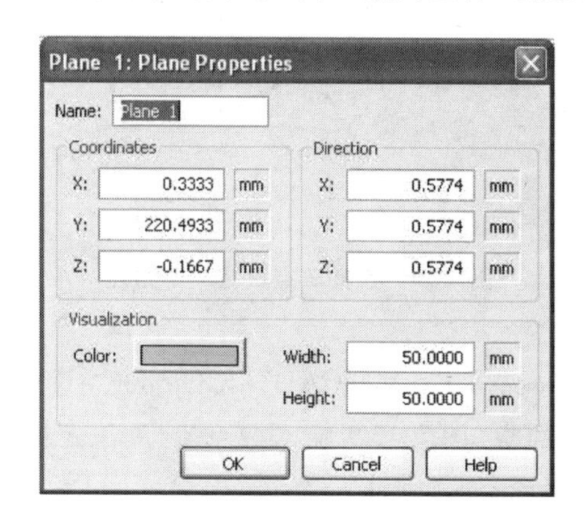

图 5-13　创建平面参数面板，可输入平面上一点的坐标(coordinates)，和过这点的法线(direction)

(六)圆柱(Cylinder)

有 3 种方法创建圆柱,轮廓线拟合、直接绘制和键盘输入。

· 选择 Menu bar>MedCAD> Cylinder>Fit on Polylines,弹出轮廓线选择对话框选择轮廓线拟合。

· 过两点可以决定圆柱的轴线和高,过不在轴线上的一点可以决定圆柱的半径(图 5-14),选择 Menu bar>MedCAD> Cylinder> Draw 命令,光标变为 ,在二维断面上单击鼠标创建 3 个点绘制圆柱,三点可以不在同一层断面上。

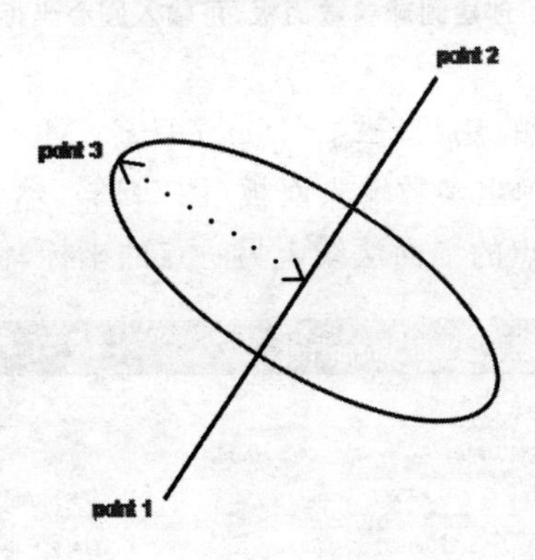

图 5-14 空间三点决定一个圆柱

· 选择 Menu bar>MedCAD> Cylinder>Keyboard 命令,弹出参数输入面板(图 5-15),输入两点坐标,决定圆柱的轴线和高,输入圆柱半径,创建圆柱。

(七)NURBS 曲线(freeform curves)

NURBS 曲线(非均匀有理数 B-样条线),是一种常用的计算机曲线表示和绘制方法。

有两种方法创建 NURBS 曲线,轮廓线拟合、直接绘制。

· 选择 Menu bar>MedCAD>Freeform Curves>Fit on Polylines 命令,弹出轮廓线选择对话框(图 5-16),设定参数,单击

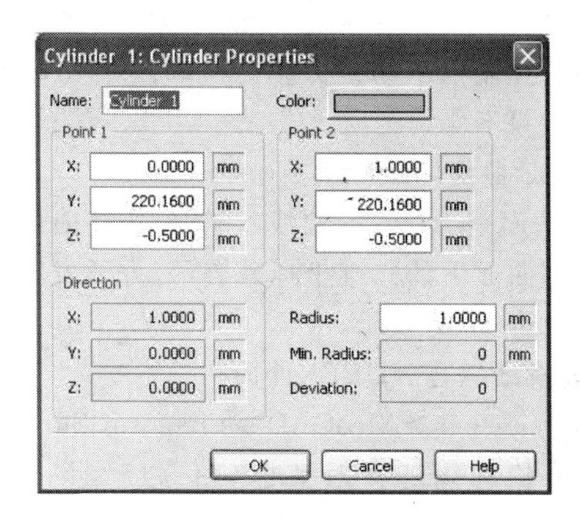

图 5-15　创建圆柱参数面板，可输入两点决定圆柱高和轴线，输入半径创建圆柱

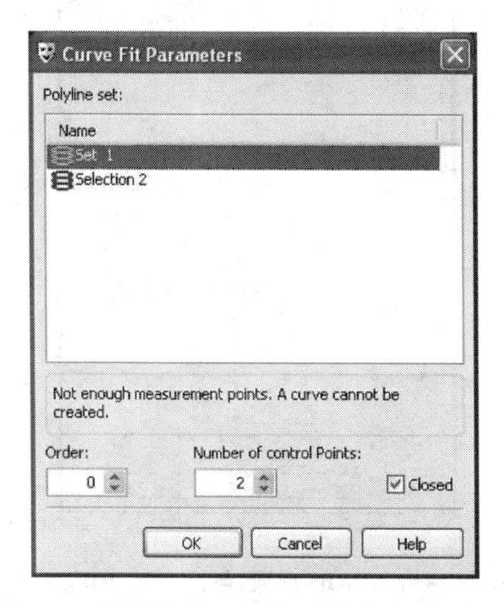

图 5-16　拟合 NURBS 曲线，"Order"设定拟合多项式，一般设为三项式(Order=3)或四项式，"Number of control Points"设定拟合控制点的个数，"Closed"设定曲线是否闭合

〖OK〗按钮拟合。

注意:拟合控制点不易设太多,太多时 NURBS 曲线有波动的趋势,拟合效果不佳。

(八)NURBS 曲面(freeform surfaces)

NURBS 曲面是 NURBS 曲线的扩张,描述曲面上控制点的位置,可以使用曲面上的二维坐标来表示,为了表示与系统坐标系的不同,用字母 U、V 表示。

可通过轮廓线拟合 NURBS 曲面。

· 选择 Menu bar>MedCAD>Freeform Surfaces>Fit on Polylines,弹出轮廓线选择对话框(图 5-17),设定参数,单击〖OK〗按钮拟合。

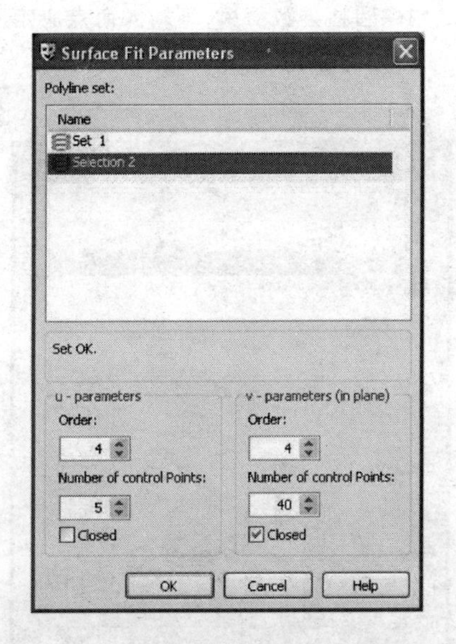

图 5-17 拟合 NURBS 曲面,与拟合 NURBS 曲线不同的是需要设定 UV 坐标两个参数

注意:UV 参数的“Closed”选项只能选择一个,选择两个拟合平面出现扭曲。

(九)中心线(freeform tree)

可以拟合血管、神经等有分支的管状结构的 3D 模型中心线。

· 选择 Menu bar > MedCAD > Freeform Tree > Fit on Polylines 命令,弹出 3D 模型选择对话框(图 5-18),设定参数,单击〖OK〗按钮拟合。

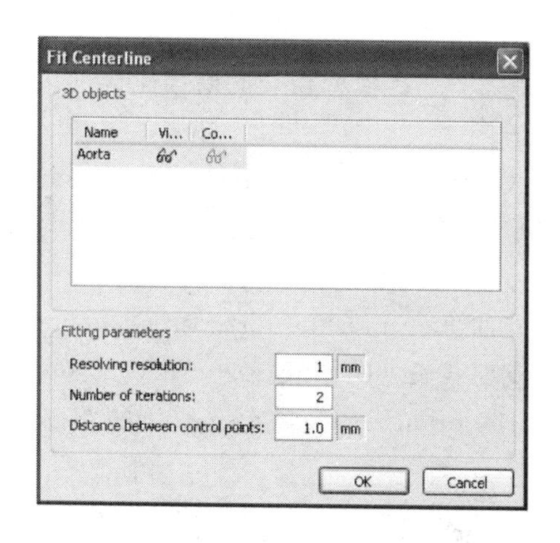

图 5-18　拟合 3D 模型中心线,“Resolving resolution”:拟合长度大于设定值的分支中心线,“Number of iteration”:设定拟合迭代次数,“Distance between control points”设定拟合中心线(NURBS 曲线)控制点的间隔

(十)查看和导出中心线及相关参数

3D 模型拟合的中心曲线(NURBS 曲线)属性,可以用以下一些参数来描述。

控制点坐标(coordinates of the control points),NURBS 曲

线控制点的坐标，用 Px、Py 和 Pz 表示。

控制点法线(normal)，NURBS 曲线控制点的法线，用 Nx，Ny 和 Nz 表示。

曲率(centerline curvature)，控制点曲线的曲率，反映中心线局部的弯曲程度，用 Rc 表示。

中心线最匹配直径(centerline best fit diameter)，过控制点垂直于中心线的平面与 3D 模型相交的断面轮廓，拟合圆的最匹配直径，用 Dfit 表示。

中心线最小直径(centerline minimal diameter)，过控制点垂直于中心线的平面与 3D 模型相交的断面轮廓的内切圆直径，用 Dmin 表示。

中心线最大直径(centerline maximal diameter)，过控制点垂直于中心线的平面与 3D 模型相交的断面轮廓的外接圆直径，用 Dmax 表示。

中心线分支曲度(centerline tortuosity)，拟合中心线分支的直线长度与分支曲线长度的比值{tortuosity＝1-(linear distance/distance along the branch)}，反映分支整体的弯曲程度，用 T 表示。

中心线水压直径(centerline hydraulic diameter)，过控制点垂直于中心线的平面与 3D 模型相交的断面面积与断面轮廓周长的比值{hydraulic diameter＝(surface X-section)/(circumference X-section)}，假设 3D 模型是软的水管，此值的大小反映水压的大小，用 Dh 表示。

中心线水压比率(centerline hydraulic ratio)，水压直径与内切圆直径的比值{hydraulic ratio＝(hydraulic diameter)/(subscribing diameter of X-section)}，反映管腔的形状，用 Xh 表示。

查看拟合中心线的属性，可以在项目管理器“CAD Objects”标签下选择拟合的中心线，单击“Properties” i 按钮查看属性(图 5-19)。

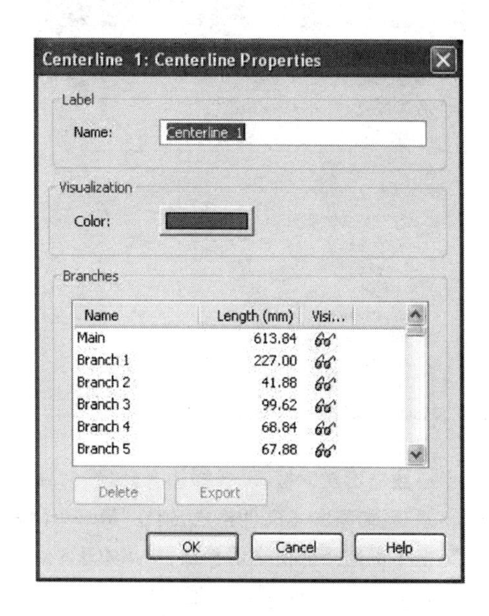

图 5-19　中心线属性，显示分支管道中心线的主干(main)及分支(branch)的长度

在属性对话框中，可以选择要输出的中心线主干和分支，单击〖Export〗按钮，弹出输出对话框(图 5-20)。

(十一)3D 视口中标注中心线测量参数

在 3D 视口中标注中心线测量参数，可以选择 Menu bar>Measurements 菜单，选择需要标注的中心线测量项目，光标变为，在 3D 视口中心线上需要测量的位置单击鼠标左键，相应测量值标注在 3D 视口的中心线上，可以鼠标拖曳改变文字标签的位置(图 5-21)。同时在项目管理器"Measurements"标签下存为一个测量项目。

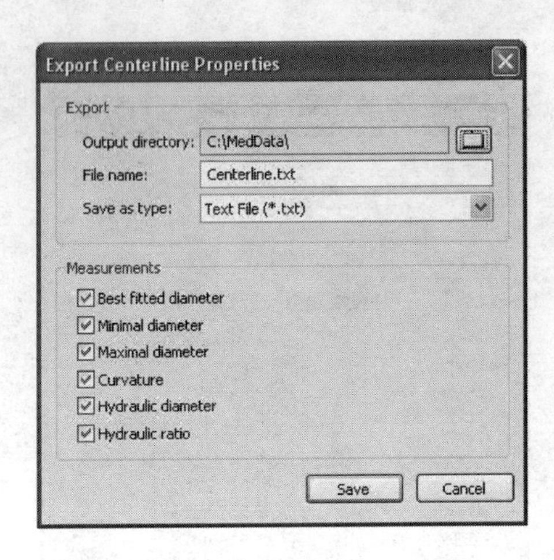

图 5-20　中心线输出对话框，可选择输入路径、文件名、文件格式等，如果文本文件格式，则在“Measurements”选择框中可选择输出全部参数，如果 IGES 格式输出，则在“Measurements”选择框中只可输出“Best fitted diameter”“Minimal diameter”和“Maximal diameter” 3 个参数

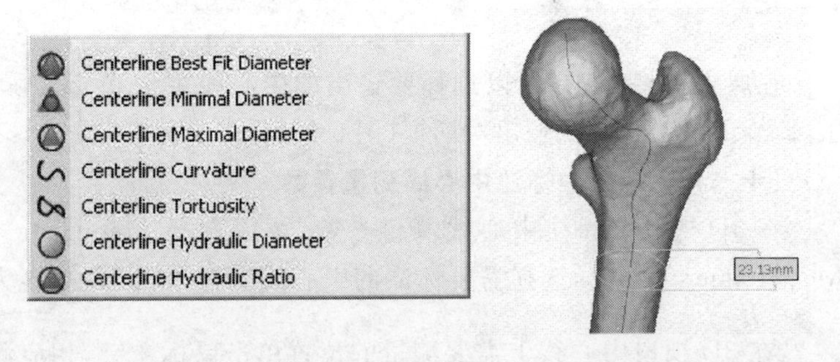

图 5-21　标注中心线测量值，选择“Centerline Best Fit Diameter”测量项目(左图)，在 3D 视口中股骨中心线测量位置单击鼠标左键，标注测量值(右图)

(十二)修剪中心线末端(cut centerline ending)

3D 模型拟合中心线时,在中心线的末端的截面不一定是垂直于中心线的截面,可以修剪末端截面为垂直于中心线的截面,以作为液体力学分析时的出口/入口平面,修剪中心线末端,可以执行以下操作。

• Project Management＞ CAD Objects＞“Actions” 按钮,选择“Cut Centerline Ending”命令,修剪中心线末端(图 5-22)。

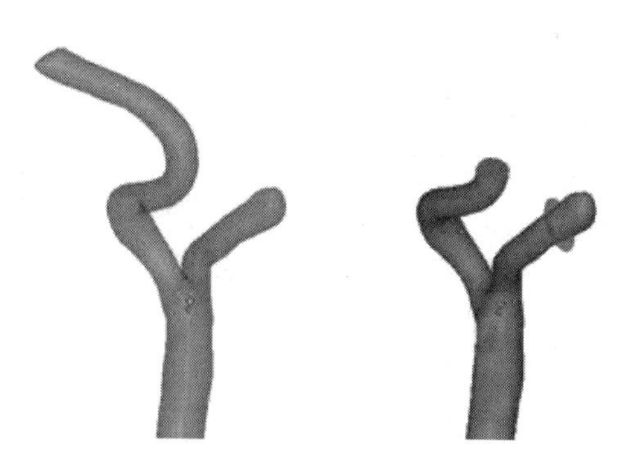

图 5-22　修剪中心线末端,左图为修剪前,右图为修剪后

(十三)CAD 模型文件管理

在项目管理器“CAD Objects”标签下可以对 CAD 对象进行新建、删除、复制、重命名、修改颜色、切换可视性和查看属性等文件管理。单击“Locate” 按钮,可以将视口导航到当前 CAD 对象所在位置。同时动作“Actions” 下拉按钮可列出当前 CAD 可用的命令列表(图 5-23)。

CAD 对象编辑,只有可以通过绘制创建的 CAD 对象可以进行编辑,在二维视口或三维视口中将光标移至 CAD 对象的控制点上,鼠标拖曳改变控制点的位置。

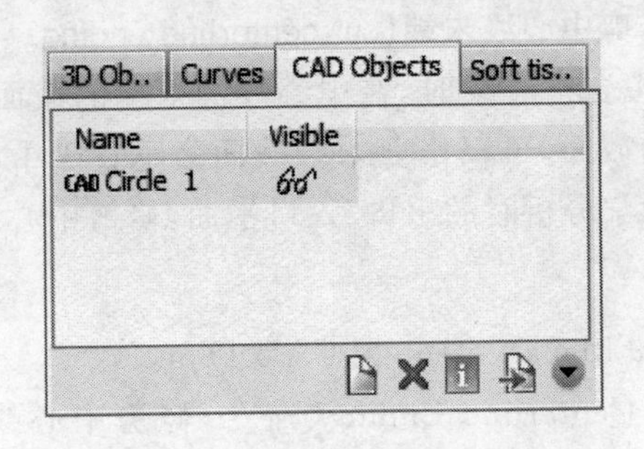

图 5-23　项目管理标签“CAD Objects”

(十四)CAD 对象导出为 IGES 文件

导出 CAD 对象,可以执行以下操作。

· 选择 Menu bar>Export>IGES…命令,弹出导出对话框,弹出输出对话框,选择三维模型和储存路径,完成输出。

第6章 chapter 6 虚拟手术规划与解剖学测量——Simulation模块

个性化、精确化、微创化与远程化是21世纪医学发展的四大方向。随着计算机性能的飞速发展，以及医学影像技术的进步，计算机辅助外科手术的精确性已经有了很大的发展。术前获得手术部位准确的结构信息是手术成功的重要保证，严格的术前计划对手术的精确来说是非常重要的一步。虚拟手术可以演习真实手术的每一步骤，评价虚拟手术结果，反复修正手术规划以获得最优的手术效果。

在真实的外科手术中，外科医生和助手始终进行着两个重要的活动，一是对物体进行目测或借助一些工具进行几何测量，比如选择内固定的尺寸、截骨的角度或钻孔的深度，二是把物体放在准确的角度和位置，如操作手术器械、调整患者体位等。这两个活动虽然重要，但和走路一样，已习以为常了。但是在计算机中用鼠标测量各种所需几何参数，操控三维模型的位置时，如果未经训练就会像在太空行走一样，无依无凭，不知所之，四处乱飘。所以进行虚拟手术首先要在计算机中熟悉测量三维模型相关几何参数的方法，熟练操控三维模型的空间角度和位置。

Mimics软件的Simulation模块最初是为模拟颌面外科手术而设计的，所以有为颌面外科虚拟手术设计的一些“step by step”功能模块，也有为颌面外科设计的手术器械三维模型库，用户不需要太多了解软件的原理,只需按照提示一步步操作即可完成这些特定的虚拟手术规划。同时,Simulation 模块也可以应用在骨科、整形科及神经外科等涉及骨骼等硬组织的虚拟手术规划中。虽然计算机模拟软组织变形的难题限制了虚拟手术在其他外科专业中的应用,但是外科医生需要在三维空间中了解手术区域局部解剖毗邻和测量相关几何参数是所有外科手术的共性,所以,Mimics 软件的 Simulation 模块为外科医生进行虚拟手术规划提供了广阔的想像和发展空间。

本章简要介绍三维测量和三维模型几何变换的基础知识,然后介绍 Mimics 软件的 Simulation 模块,最后以虚拟手术实例来体会 Mimics 软件的虚拟手术功能。

一、空间解析几何基础知识

进行虚拟手术,需要熟练地掌握三维模型在计算机三维坐标系中改变位置、旋转角度以及三维测量的方法。Mimics 软件中的相关工具是以空间解析几何为知识基础的,了解一些相关知识,有助于更好地理解和掌握这些工具。为了让有医学背景的用户更好地掌握这些工具,本节简要介绍一些涉及的空间解析几何知识,如果想进一步准确全面了解这些知识可以查阅相关专业书籍。

(一)三维模型的刚体变换

三维模型在坐标系中只有位置改变而没有自身大小形状的改变,即模型上任意两点间的距离在变换前后保持不变,称为等距变换或刚体变换。

三维模型经刚体变换后,模型上一点 P,在变换前的坐标(x, y, z)和变换后的坐标(x^*, y^*, z^*),有

$$\begin{cases} x^* = a_1 + a_{11}x + a_{21}y + a_{31}z, \\ y^* = a_2 + a_{12}x + a_{22}y + a_{32}z, \\ z^* = a_3 + a_{13}x + a_{23}y + a_{33}z. \end{cases} \tag{6.1}$$

其中，矩阵 $\begin{bmatrix} a_{11} & a_{12} & a_{13} \\ a_{21} & a_{22} & a_{23} \\ a_{31} & a_{32} & a_{33} \end{bmatrix}$ 是行列式值为 1 的正交矩阵。

借用初等数学的语言，如果已知三维模型在空间中变换前后的位置，就可以求出方程(6.1)的 12 个系数(变换矩阵)来；反之，如果知道方程(6.1)的所有系数(变换矩阵)，则可以根据三维模型变换前任一点 P 的坐标 (x,y,z)，求出变换后的坐标 (x^*,y^*,z^*) 来。

刚体变换可以分解为平移和旋转，也就是说在空间坐标系中三维模型位置的改变可以通过一系列平移和旋转过程来实现。

如果三维模型只有平移，则模型上一点 P，在变换前的坐标 (x,y,z) 和变换后的坐标 (x^*,y^*,z^*)，有

$$x^* = a_1 + x, y^* = a_2 + y, z^* = a_3 + z. \tag{6.2}$$

这个公式称为平移公式，由公式(6.2)可知，a_1 为三维模型沿 x 轴平移的值，a_2 为三维模型沿 y 轴平移的值，a_3 为三维模型沿 z 轴平移的值。

如果三维模型只有围绕一个不动点的旋转，则这个刚体变换也称为正交变换，取这个不动点为坐标系的原点，则模型上一点 P，在变换前的坐标 (x,y,z) 和变换后的坐标 (x^*,y^*,z^*)，有

$$\begin{cases} x^* = a_{11}x + a_{21}y + a_{31}z, \\ y^* = a_{12}x + a_{22}y + a_{32}z, \\ z^* = a_{13}x + a_{23}y + a_{33}z. \end{cases} \tag{6.3}$$

其中，矩阵 $\begin{bmatrix} a_{11} & a_{12} & a_{13} \\ a_{21} & a_{22} & a_{23} \\ a_{31} & a_{32} & a_{33} \end{bmatrix}$ 为旋转变换矩阵。

在坐标系中对三维模型的旋转，一般都是通过围绕旋转轴旋转一定角度而实现的。因此，旋转也可用围绕坐标轴的 3 个旋转角度 ψ、θ、φ 来定义，其中，ψ、θ、φ 分别为围绕 x、y、z 轴逆时针旋转

的角度(Euler 角),同时有

$$\begin{bmatrix} a_{11} & a_{12} & a_{13} \\ a_{21} & a_{22} & a_{23} \\ a_{31} & a_{32} & a_{33} \end{bmatrix} = \begin{bmatrix} \cos\psi & \sin\psi & 0 \\ -\sin\psi & \cos\psi & 0 \\ 0 & 0 & 1 \end{bmatrix} \begin{bmatrix} \cos\theta & 0 & -\sin\theta \\ 0 & 1 & 0 \\ \sin\theta & 0 & \cos\theta \end{bmatrix} \begin{bmatrix} 1 & 0 & 0 \\ 0 & \cos\varphi & \sin\varphi \\ 0 & -\sin\varphi & \cos\varphi \end{bmatrix} \tag{6.4}$$

(二)平面方程

中学时学过,一切平面的方程为

$$Ax + By + Cz + D = 0 \tag{6.5}$$

其中,A、B、C 是不全为零的实数,D 也是实数,满足方程(6.5)的点(x,y,z)在一张平面上。

同时知道,不共线的三点决定一个平面,已知三点(x_1, y_1, z_1),(x_2, y_2, z_2)和(x_3, y_3, z_3),则过这 3 个点的平面方程为

$$\begin{vmatrix} x_2 - x_1 & y_2 - y_1 & z_2 - z_1 \\ x_3 - x_1 & y_3 - y_1 & z_3 - z_1 \\ x - x_1 & y - y_1 & z - z_1 \end{vmatrix} = 0 \tag{6.6}$$

(三)直线方程

两张相交平面的交线是一条直线,所以直线的方程为

$$\begin{cases} A_1 x + B_1 y + C_1 z + D_1 = 0 \\ A_2 x + B_2 y + C_2 z + D_2 = 0 \end{cases} \tag{6.7}$$

同时知道,两点决定一条直线,已知两点(x_1, y_1, z_1)和(x_2, y_2, z_2),过两点的点向式方程为

$$\frac{x - x_1}{x_2 - x_1} = \frac{y - y_1}{y_2 - y_1} = \frac{z - z_1}{z_2 - z_1} \tag{6.8}$$

二、解剖学测量分析

前面已经介绍过测量两点间距离、三点间角度以及三维模型

表面两点间最短距离的方法。同时查看三维模型的属性，可以获得三维模型体积、表面积以及三维尺度等。同时利用 MedCAD 模块的拟合功能可以测量管腔中心线等参数。现介绍 Mimics 软件解剖学测量和分析(measure and analyse)工具。

测量和分析工具除了可以测量以上参数外，还可进一步测量点到面的距离、两直线的夹角、两平面的夹角和四点围成的体积等参数。更重要的一点是，测量和分析工具可以把一个测量项目保存为一个测量模板(analysis template)，非常方便进行重复测量研究以及与同行交流。

直线和面都可以由点来产生，因此，对使用测量和分析工具进行测量来说，最重要的是确定测量点。在进行测量之前，要有一个详细的测量规划，以保证重复测量的信度和效度。本节以股骨颈干角和前倾角的测量为例，介绍解剖学测量和分析工具的功能。

(一)股骨颈颈干角和前倾角测量规划

股骨颈(femoral neck)平均长 5cm，股骨头和股骨体之间夹角称为颈干角(angle of inclination)，此角增加了髋关节的运动范围，使下肢能够不受骨盆的阻碍而自由摆动。股骨颈相对于股骨体而言向外旋转的角度称为前倾角(angle of anteversion)，前倾角具有某些种族差异。颈干角和前倾角较好地描述了股骨颈的特征，有一定的临床解剖学意义。现准备测量股骨颈长度、颈干角和前倾角 3 个解剖参数。

文献报道许多测量方法，一般可以用信度和效度来评价测量方法好坏。测量方法定义的不明确常常是造成测量质量下降的因素。因此首先对测量参数进行定义。本节的定义方法仅作为学习解剖学测量分析模块的练习。

股骨颈轴线，定义为股骨颈与股骨干的分叉点和股骨头的中点连线，其长度定义为股骨颈长度。

股骨轴线，定义为股骨颈与股骨干的分叉点和股骨远端中点连线。

颈干角,定义为股骨颈轴线与股骨轴线的夹角。

股骨远端横径,定义为股骨远端的水平中心线。

股骨体平面,定义为过股骨远端横径平行于股骨轴的平面。

股骨颈外旋平面,定义为过股骨颈轴线和股骨轴线的平面。

前倾角,定义为股骨体平面和股骨颈外旋平面的夹角。

由以上可知,需要确定5个测量点,分别为股骨头中点、股骨颈与干分叉点、股骨远端中点、股骨远端横径的两个端点。这些点,正如MedCAD模块创建点一样,可以由用户绘制和键盘输入。由用户绘制的点很难保证重复测量的信度和效度。下面介绍利用前面所学知识,比较精确地获得这些点坐标值的方法,同时也可以作为MedCAD模块的练习。在开始之前,保证您已经安装了Mimics软件光盘中的教程数据(TutorialData.exe),打开Femur.mcs股骨项目文件(默认安装路径为C:\MedData\Femur.mcs)。

(1)股骨头中点

· 打开Femur.mcs项目,三维重建股骨三维模型和计算轮廓线。

· 利用轮廓线生长(polyline growing)工具,将股骨头部分的轮廓生长为一个新的轮廓线集(图6-1)。

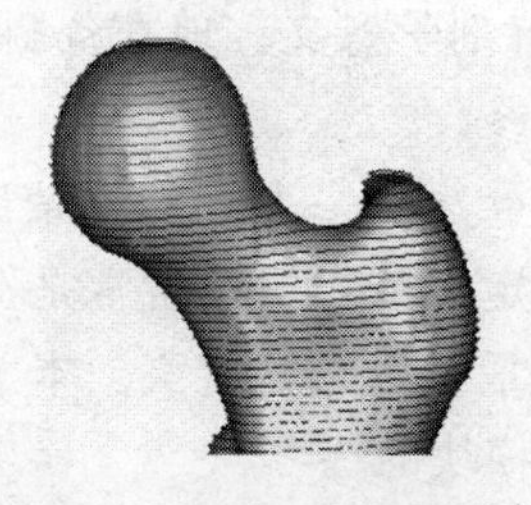

图6-1 股骨头轮廓线集

注意：股骨头轮廓线选择的标准是在横断面上观察股骨头皮质明显不对称时停止轮廓线生长（图 6-2）。

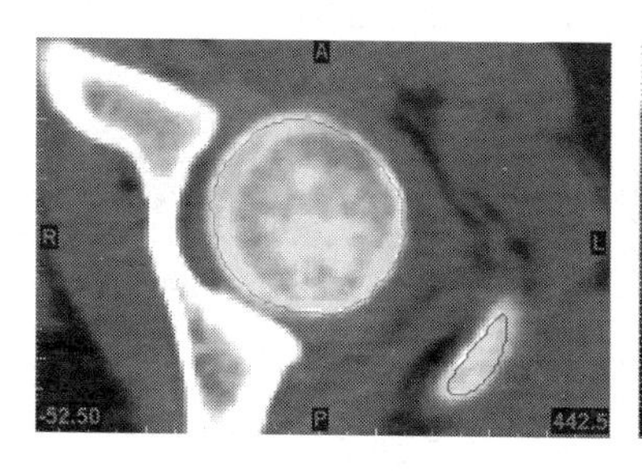

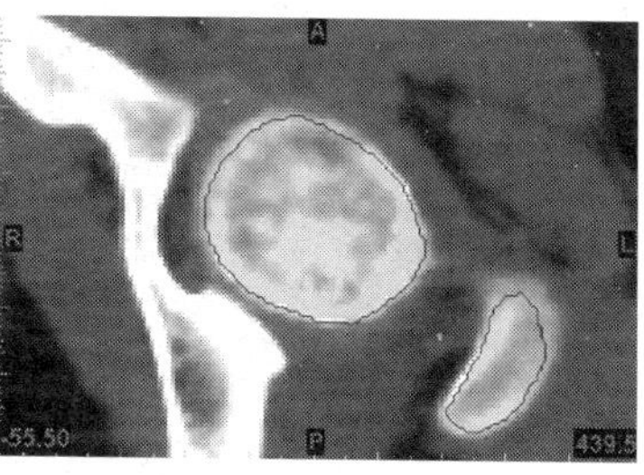

图 6-2　股骨头轮廓线生长，在横断面上观察左侧股骨头皮质对称，生长为股骨头轮廓，右侧下一张横断面上股骨头皮质不对称，停止轮廓生长

・选择 Menu bar>MedCAD>Sphere>Fit on Polylines 命令，将股骨头轮廓线拟合为球体，查看球体属性，获得球心坐标和半径（图 6-3）。

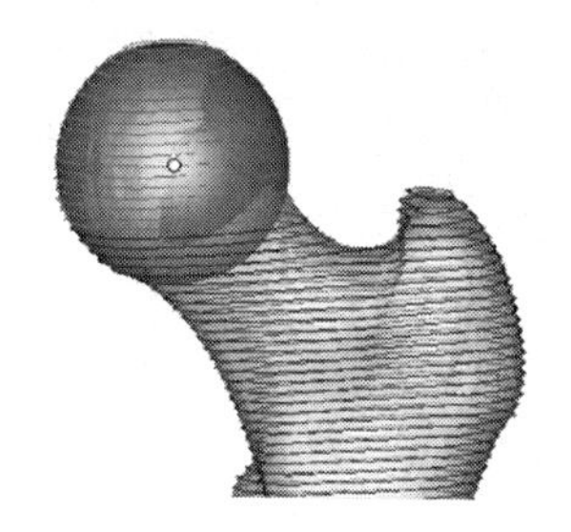
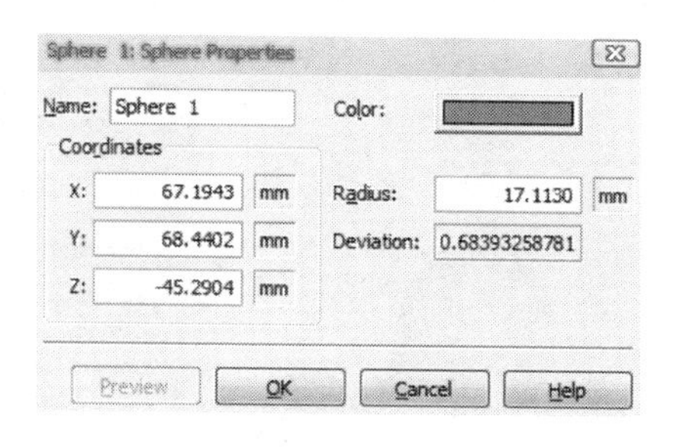

图 6-3　股骨头拟合球体（左），查看属性（右），可知球心坐标为（67.2，68.4，−45），股骨头半径为 17.1mm

（2）股骨颈与干分叉点

・选择 Menu bar>MedCAD>Freeform Tree>Fit on Polylines 命令，弹出 3D 模型选择对话框（图 6-4），设定参数，单击

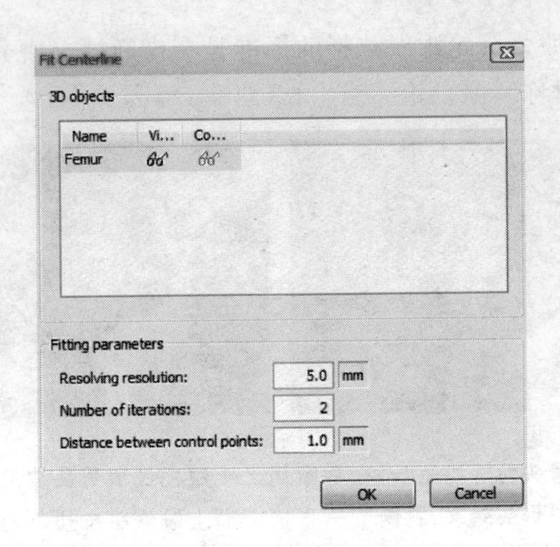

图 6-4　拟合股骨中心线

〖OK〗拟合。

· 将股骨模型设为透明,检查中心线。查看中心线属性,对每个分支可以隐藏和显示,选择股骨颈分支(图 6-5)。

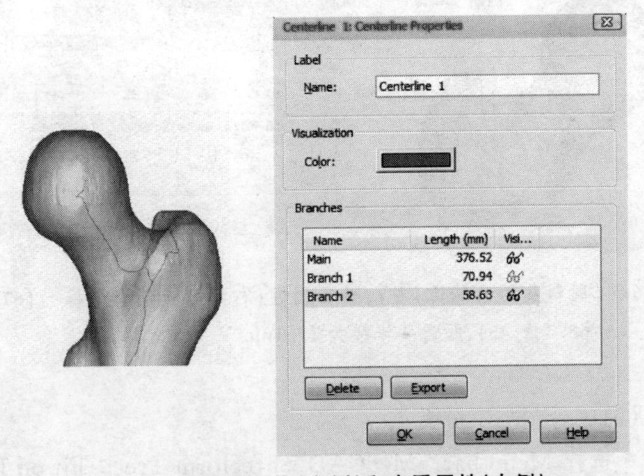

图 6-5　检查中心线(左侧)和查看属性(右侧)

・在属性对话框中选择股骨颈分支，单击〖Export〗按钮，弹出导出对话框(图 6-6)，在弹出对话框中单击〖Save〗按钮，以文本格式导出股骨颈分支坐标。

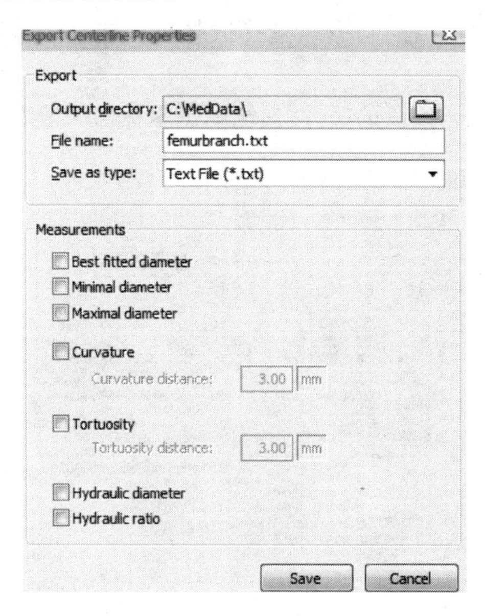

图 6-6　导出股骨颈分支坐标

・打开股骨颈分支坐标文档：

Legend

======

Px,Py,Pz:　　coordinates of point P on the centerline

……

Branch 2

Px	Py	Pz
90.960 5	86.022 9	−73.822 3
……		
69.949 9	53.068 5	−46.350 1

选择起点坐标及为分叉点坐标(90.9,86.0,－73.8)。

(3)股骨远端中点

・选择 Menu bar＞MedCAD＞Line＞Fit on Polylines 命令,弹出轮廓线选择对话框,选择股骨轮廓线,单击〖OK〗按钮拟合。

・查看拟合线段的属性,远端端点坐标即为股骨远端中点坐标(图 6-7)。

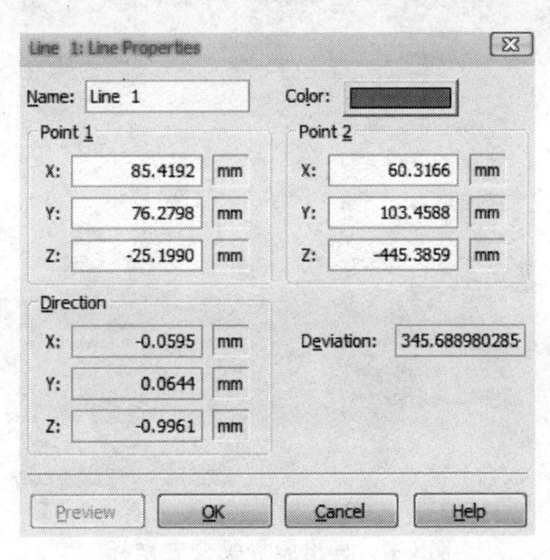

图 6-7　查看拟合线段属性,股骨远端中点坐标为(60.3,103.5,-445.7)

(4)股骨远端横径的两个端点

・利用轮廓线生长(polyline growing)工具,将股骨远端的轮廓生长为一个新的轮廓线集(图 6-8)。

注意:股骨远端轮廓线选择的标准是选择包含股骨髁的轮廓线。

・选择 Menu bar＞MedCAD＞Line＞Fit on Polylines 命令,弹出轮廓线选择对话框,选择股骨远端轮廓线,单击〖OK〗按钮拟合。

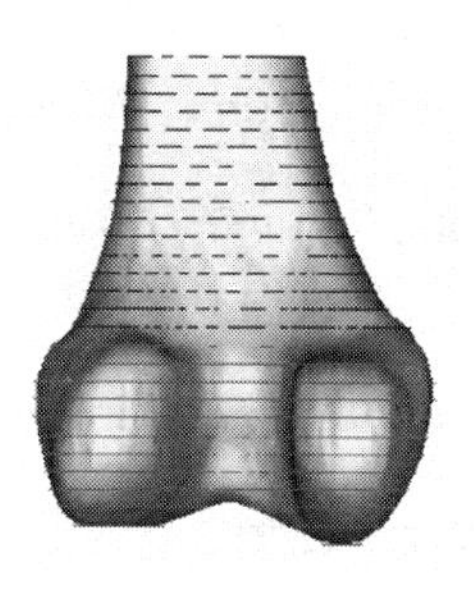

图 6-8　股骨远端轮廓线集(红色)

· 查看拟合线段的属性，两个端点坐标即为股骨远端横径的两个端点坐标(图 6-9)。

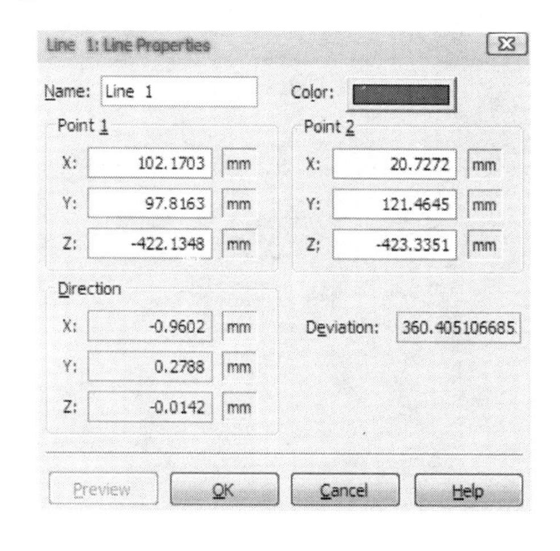

图 6-9　查看拟合线段属性，股骨远端横径的两个端点坐标为(102.2,97.8,－422.1)和(20.7,121.5,－423.3)

(二)创建测量模板(creating a new template)

在 Mimics 软件中创建股骨颈长度、颈干角和前倾角 3 个解剖参数的测量模板，可以执行以下操作。

・选择 Menu bar＞Simulation＞Measure and Analyse 命令，或者单击 Toolbars＞Simulation＞“Measure and Analyse”按钮，弹出解剖测量和分析窗口（图 6-10）。

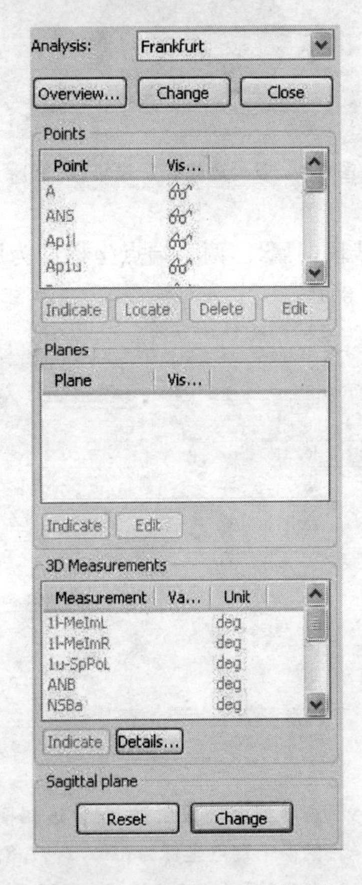

图 6-10 测量和分析窗口

・在解剖测量和分析窗口单击〖Overview〗按钮，弹出测量模板选择对话框（图 6-11），对话框中所列的为软件自带的测量与分析模板，用户可以选择一个已经存在的模板对其进行复制(copy)、修改(change)、删除(delete)等操作，也可以单击〖import Points〗按钮，将其他模板中的点导入到所选择的模板中。

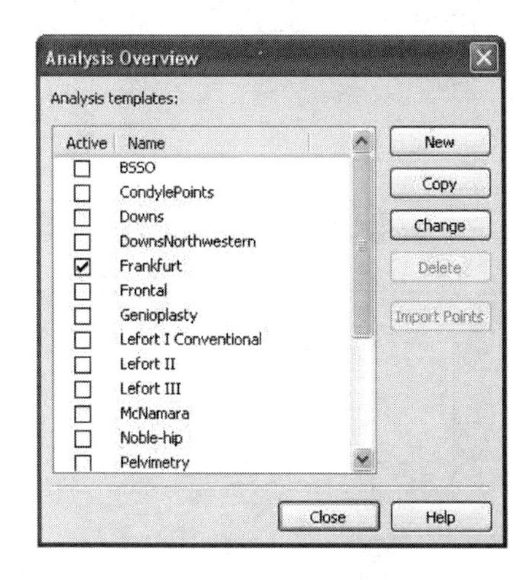

图 6-11　测量和分析模板选择对话框，用户可以选择一个模板对其进行复制、修改、删除或从其他模板导入点的操作

· 在上述测量和分析模板选择对话框中单击〖New〗按钮，弹出创建模板对话框(图 6-12)，现在开始创建股骨颈测量和分析模板，在“Analysis:”文本框中输入模板名字“股骨颈测量”。

· 创建点，在“Points:”下单击〖New〗按钮，弹出创建点对话框，输入所要创建点的名称、颜色和简短描述。创建的点可以进行复制、编辑和删除。现在创建股骨颈测量的 5 个点：股骨头中点(P1)、股骨颈与干分叉点(P2)、股骨远端中点(P3)、股骨远端横径的两个端点(P4，P5)(图 6-13)。

· 创建面，在“Planes:”下单击〖New〗按钮，弹出创建面对话框，输入所要创建面的名称、颜色和简短描述以及创建面的方式。

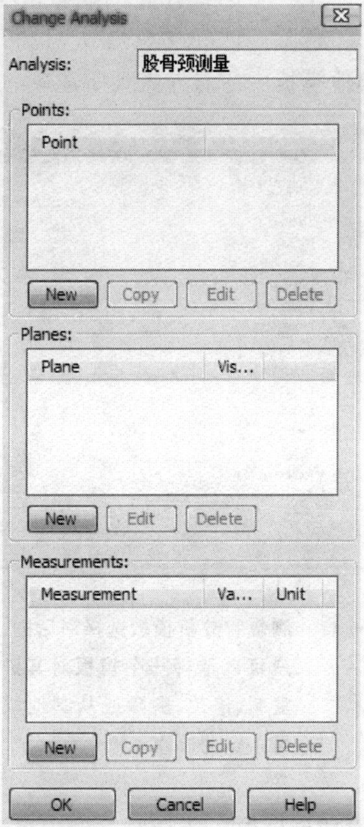

Change Analysis

Analysis: 股骨颈测量

Points:

Point

New　Copy　Edit　Delete

Planes:

Plane　Vis...

New　Edit　Delete

Measurements:

Measurement　Va...　Unit

New　Copy　Edit　Delete

OK　Cancel　Help

图 6-12　创建"股骨颈测量"模板

创建的面可以进行编辑和删除。

股骨颈外旋平面，定义为过股骨颈轴线和股骨轴线的平面，即过点 P1、P2、P3 的平面(图 6-14)。

股骨体平面，定义为过股骨远端横径平行于股骨轴的平面。由于创建平面的方式中没有过两点平行于一条直线的选项，但是有过两点垂直于一个平面的选项。所以，可以先选择"Through 2

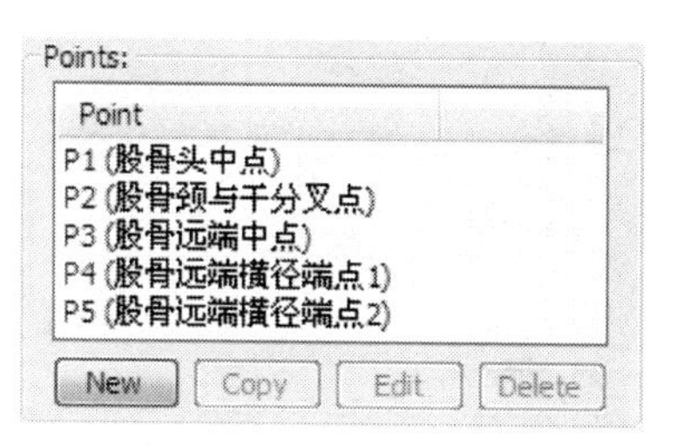

图 6-13 股骨测量模板测量点:股骨头中点(P1)、股骨颈与干分叉点(P2)、股骨远端中点(P3)、股骨远端横径的两个端点(P4,P5)

图 6-14 股骨颈外旋平面

Points,Normal to 1 Plane"选项,创建过股骨轴两点(P2,P3)与股骨颈外旋平面垂直的面(π2),然后,可以选择"Throught 1 Point,Normal to 2 Planes"选项,创建过股骨头中点与平面 π1 和 π2 垂直的平面 π3,最后,选择"Through 2 Points,Normal to 1 Plane"选项,创建过股骨远端横径(P4,P5)垂直于 π3 的平面 π4。由于 π4、π1、π2 同时垂直于平面 π3,所以 π4 一定和 π1、π2 的交线(股骨轴)平行(图 6-15)。

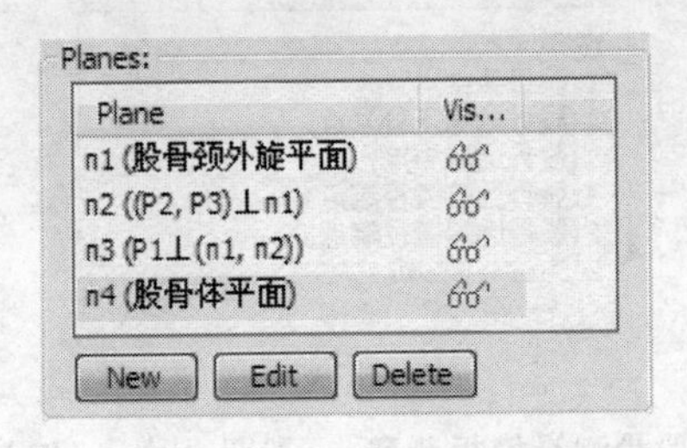

图 6-15 股骨测量模板测量面,股骨颈外旋平面 π1 和股骨体平面 π4

· 创建测量参数,在“3D Measurements:”下单击〖New〗按钮,弹出创建测量参数对话框,输入所要创建测量参数的名称、颜色和简短描述以及创建的方式。创建的测量参数可以进行复制、编辑和删除。

现在创建股骨颈测量参数(图 6-16)。

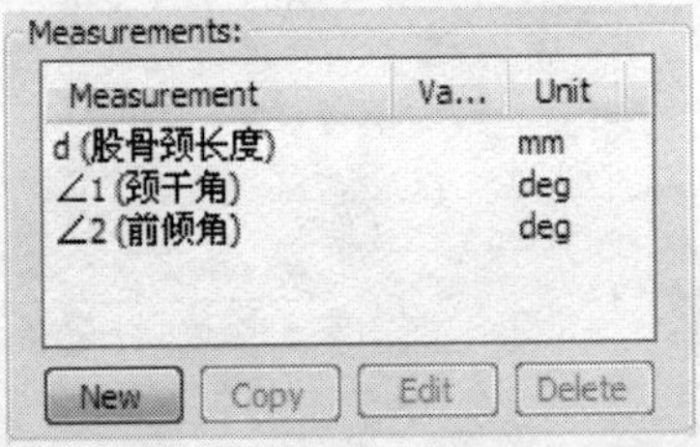

Measurements:

Measurement	Va...	Unit
d (股骨颈长度)		mm
∠1 (颈干角)		deg
∠2 (前倾角)		deg

New　Copy　Edit　Delete

图 6-16 股骨测量模板测量参数,股骨颈长度 d,颈干角∠1,前倾角∠2

股骨颈长度,股骨颈与股骨干的分叉点和股骨头的中点连线长度,即点 P1,P2 之间距离。

颈干角,股骨颈轴线与股骨轴线的夹角,即点 P1、P2、P3 夹角。

前倾角，股骨体平面和股骨颈外旋平面的夹角，即平面 $\pi4$、$\pi1$ 之间夹角。

・单击创建模板对话框下方〖OK〗按钮，完成股骨测量模板创建。

（三）开始测量(getting started)

解剖学测量和分析工具可以非常容易的根据定义好的测量模板进行测量和分析。其中最重要的一步是在 2D 或 3D 视口中准确定位测量点。用户可以在视口中交互式绘制、编辑和删除测量点，也可以键盘输入测量点的坐标值。

开始股骨颈测量，可以进行以下操作步骤。

A：选择测量模板

・选择 Menu bar>Simulation>Measure and Analyse 命令，弹出解剖学测量和分析窗口，在“Analysis：”下拉式选择框中选择前面创建的“股骨颈测量”模板（图 6-17）。

B：定位测量点

・定位测量点，类似 MedCAD 模块中点的绘制方法，在“Points”列表窗口中选择所要定位的点，单击〖Indicate〗按钮，光标变为 ，同时弹出测量点的信息提示框（图 6-18），用户可以根据提示位置在 2D 或 3D 视口中绘制测量点，也可对绘制的点进行拖曳调整位置。单击〖Locate〗按钮，视口导航到测量点的位置。单击〖Delete〗按钮，在视口中删除绘制的测量点。

・编辑测量点，在“Points”列表窗口中选择所要编辑的点（已经绘制的点），单击〖Edit〗按钮，弹出测量点属性对话框（图 6-19），可以修改点的颜色，键盘输入点的坐标值。

依次重复上述绘制和编辑测量点的步骤，参照股骨颈颈干角和前倾角测量规划中拟合点的坐标值，输入测量点的坐标，完成测量点定位。

C：定位测量平面

・定位测量平面，在“Planes”列表窗口中选择所要定位的面，

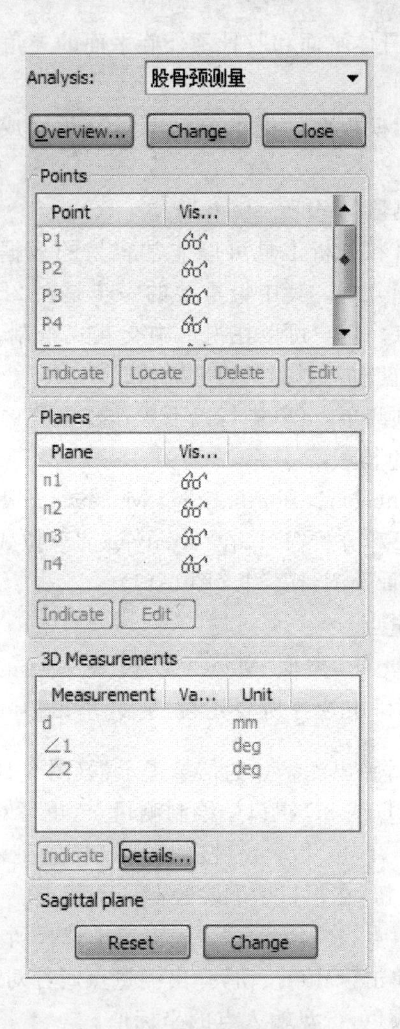

图 6-17 股骨颈测量模板

如果所选择的面已经由测量点唯一定义，那么〖Indicate〗按钮不可选择；如果所选择的面还未完全定义的测量点，单击〖Indicate〗按钮，光标变为✏，同时弹出测量点的信息提示框，用户可以根据

图 6-18　点 P1 信息提示框

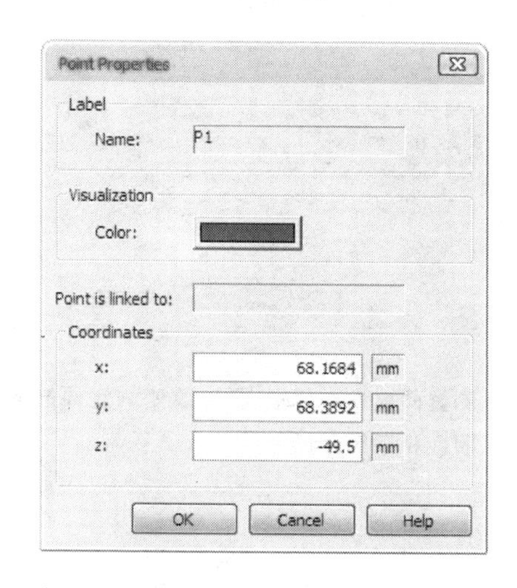

图 6-19　测量点属性对话框，可以键盘输入测量点的坐标值

提示位置在 2D 或 3D 视口中绘制测量点，也可对绘制的点进行拖曳调整位置。

・编辑测量面，在“Planes”列表窗口中选择所要编辑的面，单击〖Edit〗按钮，弹出测量面属性对话框(图 6-20)，可以修改面的颜色，显示方式和三维尺度。

D:测量参数

当完成测量点的输入后，在“3D Measurements:”列表窗口下即显示测量参数的值(图 6-21)。〖Indicate〗按钮功能同上。

单击〖Details〗按钮，显示测量参数的详细信息。

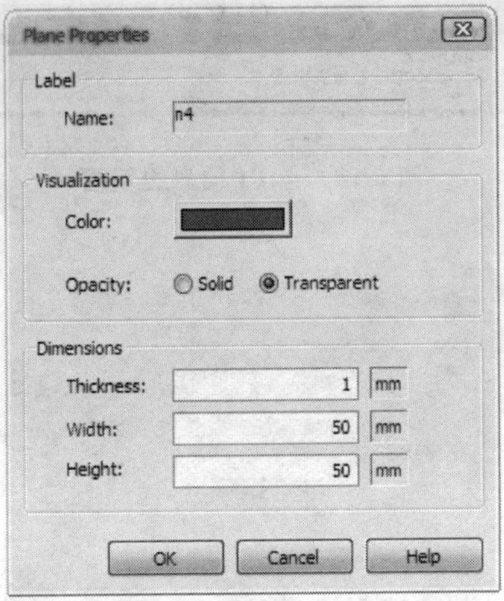

图 6-20　测量面属性对话框,可以改变测量面的颜色、透明度和三维尺度

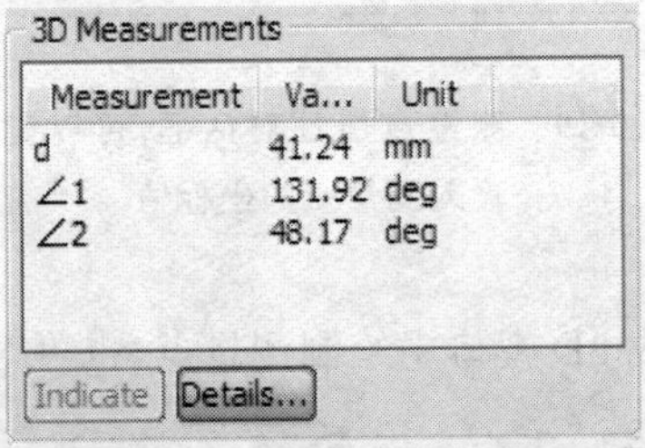

图 6-21　测量参数,显示股骨长度为 41.2mm,颈干角为 131.9°,前倾角为 48.2°

三、三维模型的坐标变换

物体在空间中位置的任意改变,都可以通过一系列的平移和旋转来实现。如果用数学语言表达,则称为刚体变换。本节的目的是让读者在 Mimics 软件的虚拟三维空间中和在真实空间中一样可以熟练地把物体精确地移动到计划中的位置。

在 Mimics 软件中，可以对三维模型位置进行调整的工具如下。

- 平移和旋转按钮（move and rotate button）。
- 变换矩阵命令“Transform”。
- 配准菜单“Registration Menu”。
- 重定位命令“Reposition”。

（一）三维模型刚体变换的交互式实现

不论哪一种三维软件，在三维视口中对三维模型进行位置和角度的调整都是一项基本功。如果知道变换的准确参数（变换矩阵），那么只需要在相应的输入框中键盘输入变换矩阵即可。但是，在许多情况下，需要通过一系列的平移和旋转交互式调整三维模型的位置。在虚拟的空间中改变模型的位置，正如在真实的空间中一样，需要有参照物，否则既不知前后左右，三维模型也不知何去何从了。现在介绍几种常用参照物。

系统坐标系参照物，以系统坐标作为三维模型交互式变换时的参照物。

平移，三维模型可以沿平行于系统坐标系某一坐标轴（x、y 或 z）方向平移，或者限定在平行于系统坐标系某一坐标平面（xy、yz 或 xz）内平移。

旋转，三维模型可以绕平行于系统坐标系某一坐标轴（x、y 或 z）方向旋转。旋转点（不动点）一般是三维模型的中心，用户也可以自定义旋转点。

屏幕坐标系参照物，以屏幕平面作为三维模型交互式变换时的参照物，将三维视口屏幕作为坐标系，x 轴为屏幕的水平方向，y 轴为屏幕的垂直方向，z 轴为屏幕的深度方向。

平移，三维模型可以沿平行于屏幕坐标系某一坐标轴（x、y 或 z）方向平移，或者限定在平行于屏幕坐标系某一坐标平面（xy、yz 或 xz）内平移。

旋转，三维模型可以绕平行于屏幕坐标系某一坐标轴（x、y 或 z）方向旋转。旋转点（不动点）一般是三维模型的中心，用户也可以自定义旋转点。

自定义参照物，用户可以自定义上述的一个旋转点，或自定义一个局部坐标系。用户也可以自定义一条直线，三维模型沿这条直线平移或绕这条直线旋转。用户也可以定义一个平面，三维模型限定在平面内平移。

配准，参照已有的三维模型进行变换。在三维模型上和所要移动到的位置上选择三对对应的定位点，正如直升飞机的起落架对应于升降坪的降落标志一样，可以直接把三维模型移动到所需的位置。

(二)平移和旋转(move and rotate)

注册仿真（simulation）模块后，项目管理器（project management）中“3D objects”标签和“STLs”标签下添加“Move”和“Rotate”按钮（图 6-22）。

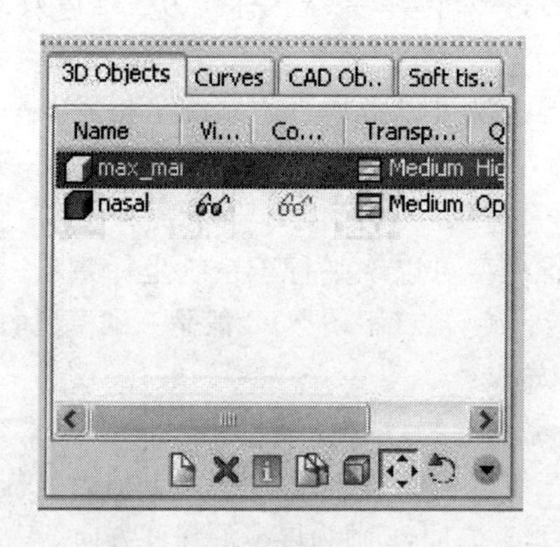

图 6-22　平移和旋转按钮

旋转(rotate)功能

在“3D objects”标签和“STLs”标签下选择三维模型，单击“Rotate”按钮，在3D视口和3个2D视口中围绕三维模型，出现旋转控制柄(图6-23)。

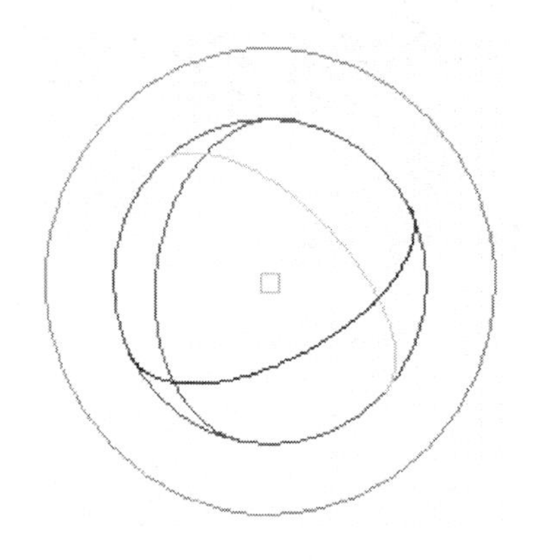

图6-23 旋转控制柄，内部红、蓝和绿3个控制圆环分别代表围绕平行于*x*、*y*或*z*轴方向旋转，外部浅蓝色控制圆环代表围绕垂直于屏幕平面的轴旋转，中间黄色方框为旋转中心

用户可以在2D视口或3D视口中将光标移动到相当的控制圆环或旋转中心上，圆环激活变为黄色，按下鼠标左键拖曳即可旋转三维模型或改变旋转点位置(图6-24)。

在弹出的旋转对话框(图6-25)中，“Rotate along:”下拉选框可以设置旋转轴为平行于系统坐标轴(views)、惯性轴(inertia axis)或用户自定义轴(defined axis)，“Pivot point:”下拉选框可以设置旋转中心点为可移动中心(selected point)、三维模型的重心(mass center)或用户自定义点(center bounding box)，“Offset”输入框中，用户可以通过键盘输入围绕平行于x、y或z轴方向旋转的度数，单击“Apply”按钮对三维模型按输入值进行旋转。

注：惯性轴(inertia)，指依据三维模型自身几何构型拟合的

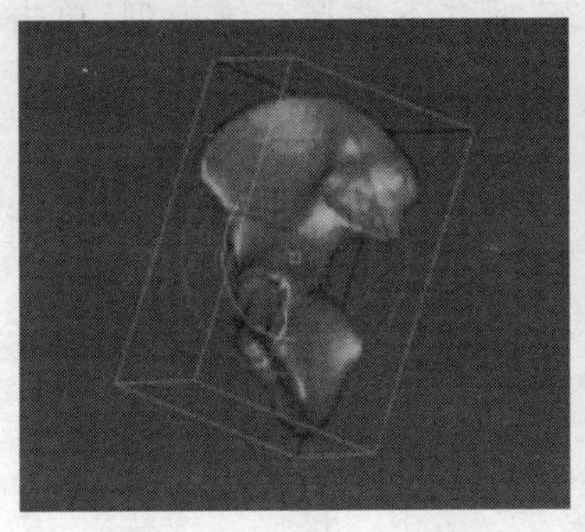
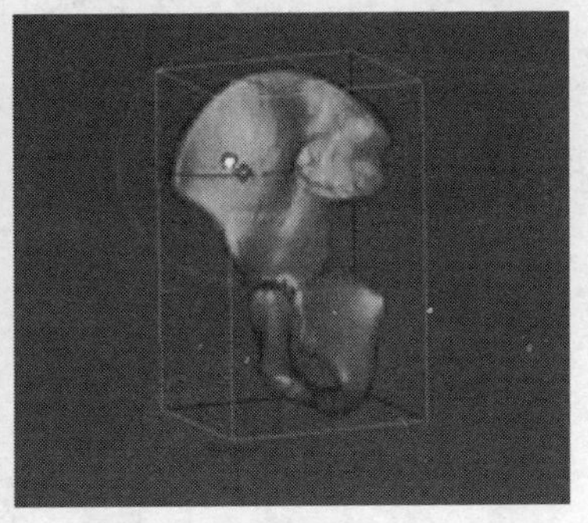

图 6-24 旋转三维模型(左)和改变旋转点位置(右)

轴，比如不管人体在系统坐标系中位置如何，自身的惯性轴都是上下、左右、前后。

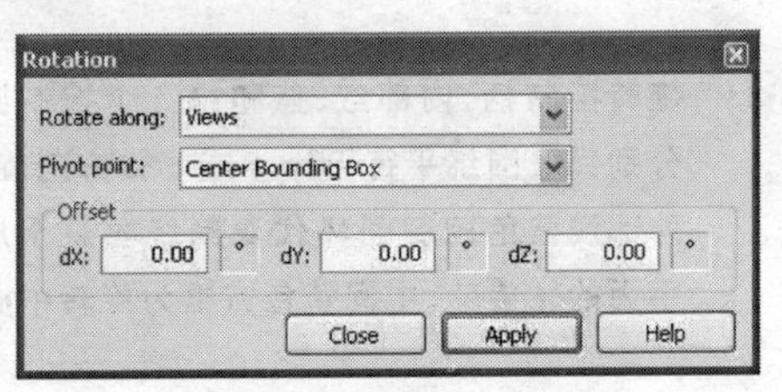

图 6-25 旋转对话框

平移(Move)

在“3D objects”标签和“STLs”标签下选择三维模型，单击“Move”按钮，在 3D 视口和三个 2D 视口中围绕三维模型，出现平移控制柄(图 6-26)。

用户可以在 2D 视口或 3D 视口中将光标移动到相当的平移控制柄上，控制柄激活变为黄色，按下鼠标左键拖曳即可沿平行于 x、y 或 z 轴方向平移三维模型；用户也可以将光标移动到中心黄色方框上，按下鼠标左键拖曳即可在屏幕平面内平移三维模型(图 6-27)。

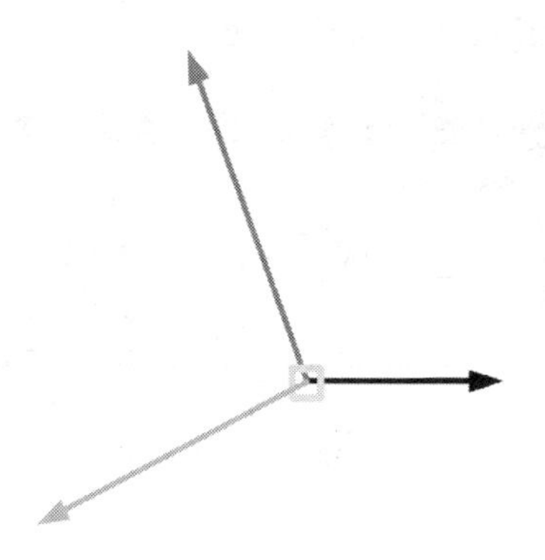

图 6-26　平移控制柄，内部红、蓝和绿 3 个控制柄分别代表平行于 x、y 或 z 轴方向平移，中间黄色方框为中心点

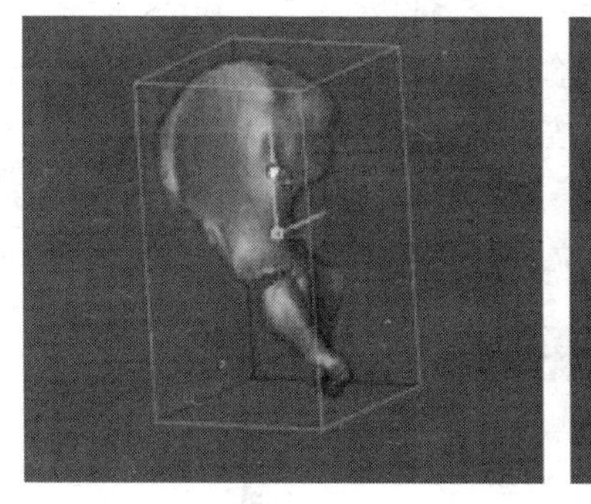

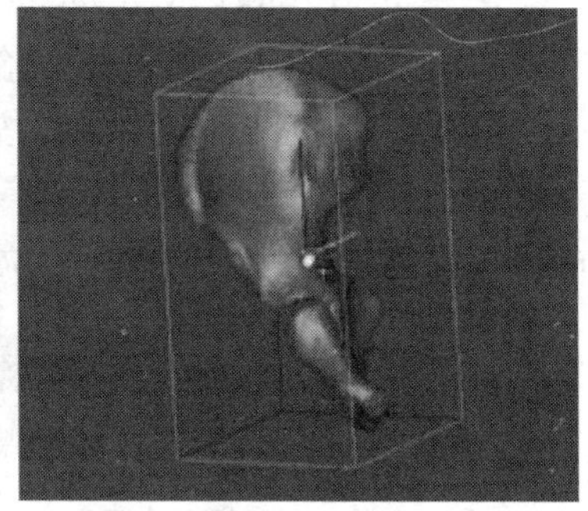

图 6-27　沿平行于 x、y 或 z 轴方向平移三维模型(左)和在屏幕平面内平移三维模型(右)

在弹出的平移对话框(图 6-28)中，“Move along:”下拉选框可以设置平移方向为平行于系统坐标系(views)、惯性轴(inertia axis)或用户自定义轴(user defined axis)，“Offset”输入框中，用户可以通过键盘沿平行于 x、y 或 z 轴方向平移值，单击“Apply”

按钮对三维模型按输入值进行平移。

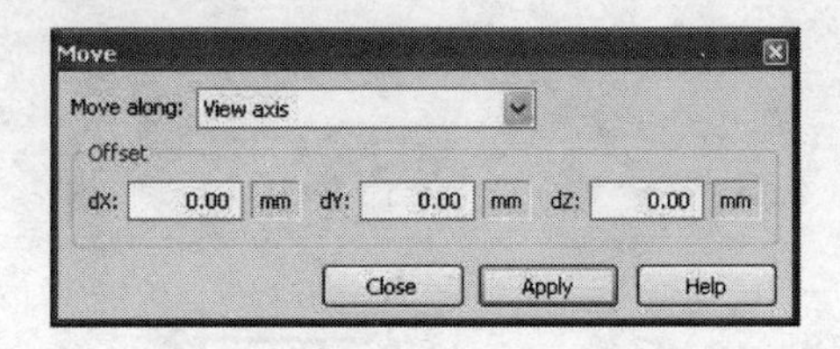

图 6-28　平移对话框

(三)变换矩阵(transform)

如果已知三维模型变换的准确参数(变换矩阵),那么只需要在相应的输入框中键盘输入变换矩阵即可,导入 STL 模型后输入变换矩阵,可以执行以下操作。

· 单击 Project Management > STLs > "Actions" > Transform 命令,弹出变换矩阵输入框(图 6-29),用户可以直接输入变换矩阵;也可单击〖Load〗按钮加载变换矩阵;也可以单击〖Invert〗按钮,将当前输入的变换矩阵逆转(即将 A 位置→B 位置的变换矩阵逆转为 B 位置→A 位置的变换矩阵)。

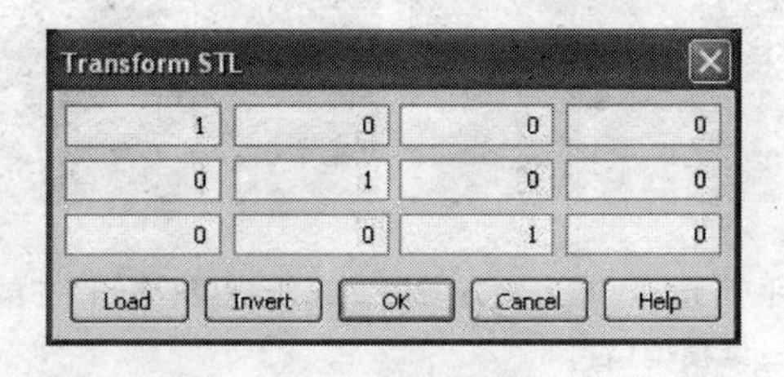

图 6-29　变换矩阵输入框

Mimics 软件在重新切割项目(reslice project)、裁剪项目(cropping project)或 STL 模型配准(STL registration)时,可以输出项目的变换矩阵文件,储存在项目文件路径下。利用这些文件可以准确记录项目坐标系的改变。

(四)配准(registration)

配准是一种空间变换(本书只讨论刚体变换),包括图像配准和三维模型配准。配准的目的,是将一幅图像与另一幅参照图像,或者一个三维模型与另一个参照三维模型的对应点达到空间上的一致。配准的结果应使两幅图像上或两个三维模型上所有的解剖点,或至少是所有具有诊断意义的点及手术感兴趣的点都达到匹配。

在做医学图像分析时,经常要将同一患者的几幅图像放在一起分析,从而得到该患者的多方面的综合信息,提高医学诊断和治疗的水平。医学图像的配准主要有2种,同源图像的配准问题,比如对同一断层的CT成像与MRI成像的融合与配准,对同一切片不同角度不同时间拍摄的图像,希望拼结成一幅图像时的配准;序列图像的配准问题,诸如CT、MRI等断层扫描图像及时序图像的配准。

在进行虚拟手术规划时,经常需要参照一个三维模型将另一个三维模型调整到合适的位置进行分析,比如将骨折碎片依据解剖对应点拼接到主要骨干上,将内固定器械或关节假体依据骨骼结构放置在合适的位置,将手术前后的三维模型放置在一块研究术前术后结构的改变等。

Mimics软件提供四种配准方法,分别为对应点配准(Point Registration)、整体配准(global registration)、STL配准(STL registration)和图像配准(image registration)。

对应点配准(Point Registration)

用户可以在要移动的STL模型上选择3个点,然后与这3个点一一对应再定义3个定位点,这3个定位点可以在3D模型、STL模型或者断层图像上定义,Mimics软件将依据这三对点拟合STL模型的变换矩阵,依据拟合的最佳变换矩阵,将STL模型变换到目的位置。

注意：为何是拟合而不是精确计算变换矩阵，因为只有 3 个对应点组成的两个三角形全等时，才能精确计算变换矩阵，而实际上交互式选择的 3 个对应点组成的两个三角形不可能全等。

进行对应点配准，可以执行以下操作。

· 选择 Menu bar＞File＞Load STL 命令，加载需要变换的 STL 模型。

· 选择 Menu bar＞Registration＞Point Registration 命令，弹出对应点配准对话框（图 6-30）。

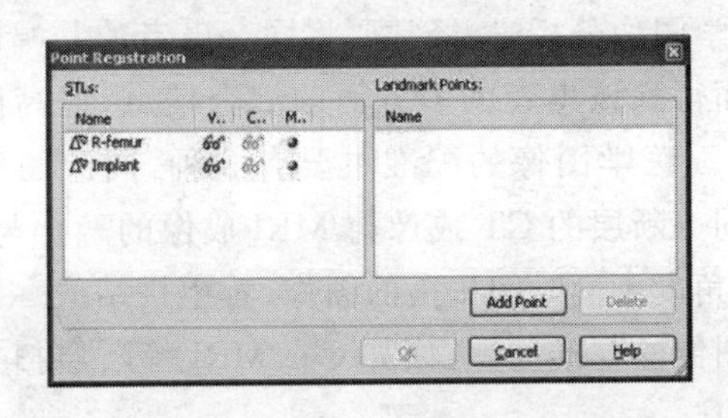

图 6-30　对应点配准对话框

· 在“STLs:”列表中选择所要配准的 STL 模型，如果在其他模型后点选“Move”选项，则可以按照拟合的变换矩阵将其一块进行变换。

· 单击〖Add Point〗按钮添加配准点：首先在要移动的 STL 模型上选择一个配准点，然后在 3D 模型、STL 模型或者断层图像上定义相应的定位点。重复以上步骤，添加三对配准点时，单击〖OK〗按钮完成配准（图 6-31）。

整体配准（global registration）

整体配准与对应点配准类似，只不过由计算机在两个几何构型相近的 STL 模型上自动选择多个对应点拟合变换矩阵，同时进行多次迭代运算，使配准后的两个 STL 模型上对应点之间有最小的距离。其结果是把两个模型重叠到一起，使两个模型有最

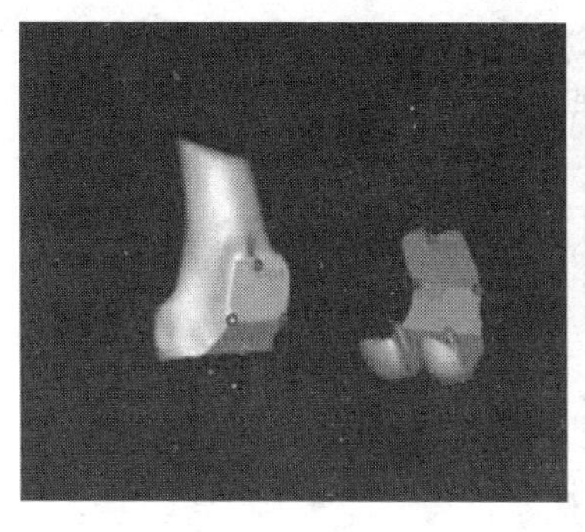
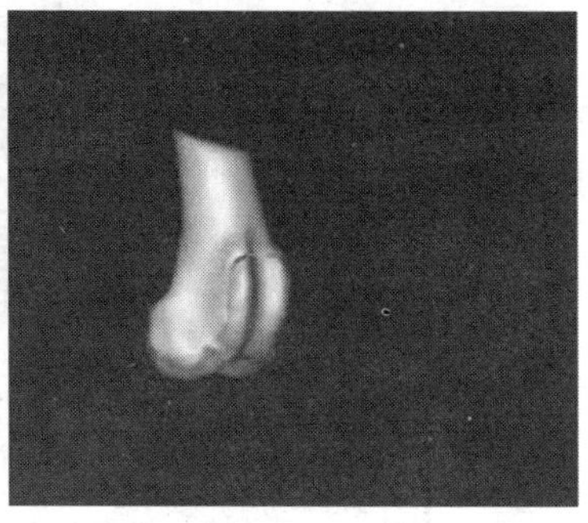

图 6-31　对应点配准，在膝关节假体 STL 模型和股骨截骨面上定义三对配准点（左），单击〖OK〗按钮，假体移动到目标位置，完成配准（右）

大的重叠部分，以此可以更好地观察两个模型之间几何构型的改变，比如矫形前后的骨骼模型。

进行整体配准，可以执行以下操作。

· 选择 Menu bar>Registration>Global Registration 命令，弹出整体配准对话框（图 6-32）。

· 注意在“Movable Part：”列表和“Fixed Part：”列表中所列三维模型是一样的，用户可以在“Movable Part：”列表中选择需要配准的三维模型，同样通过“Move”复选项，可以按照拟合的变换矩阵将多个 STL 模型进行变换，在“Fixed Part：”列表中选择作为配准参照物而不动的三维模型。

· “Settings”设置配准参数：“Distance threshold method：”选择设置距离阈值的方法，“Automatic”由计算机自动设置，“manual”允许用户在“Distance threshold：”中输入距离阈值，距离阈值决定计算机选取的对应点——当对应点之间的距离大于设定值时，计算机将不使用这些点；“Number of iterations：”设置迭代次数；“Subsample percentage：”设置取样点的比例，取样点越多，结果越精确而运算时间越长。

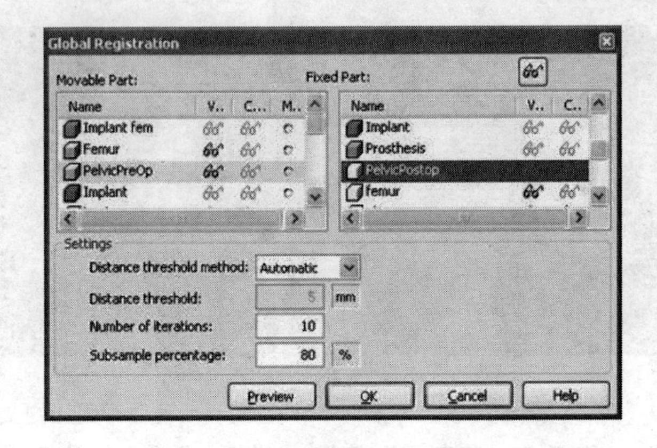

图 6-32　整体配准对话框

STL 配准(STL registration)

STL 配准可以依据 STL 模型与三维蒙板(mask)的匹配程度对 STL 模型进行配准,我们知道可以根据蒙板计算三维模型,所以 STL 配准与整体配准类似,要求要配准的 STL 模型与蒙板几何构型相近,且进行配准前,STL 模型的位置要尽可能手工移动到与蒙板重合的位置。同时,利用蒙板与三维模型可逆计算,用户也可以交互利用整体配准和 STL 配准方法。

进行 STL 配准,可以执行以下操作。

• 选择 Menu bar＞Registration＞STL Registration 命令,弹出 STL 配准对话框(图 6-33)。

• 在"STLs:"列表中选择要配准的 STL 三维模型;在"Masks:"列表中选择参照蒙板。

• "Settings"设置配准参数:"Global registration:"选择全局配准,将基于整个 STL 模型进行配准,"Minimal point distance filter:"设置取样配准点最小点距,只有对应点距离大于设置值的点才会用来运算;"Local registration:"选择局部配准,与全局配准相反,"Maximal distance to mask border filter:"设置取样配准

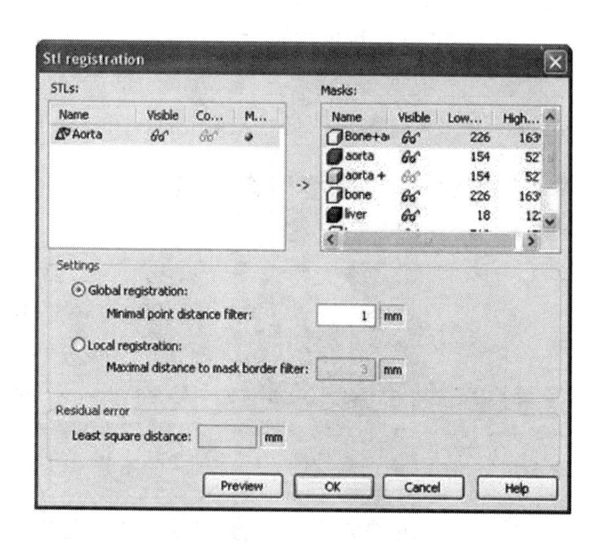

图 6-33　STL 配准对话框

点最大点距，只有对应点距离小于设置值的点才会用来运算。因此，一般可以先进行全局配准，然后进行局部配准，以使配准结果更精确。

· “Residual error”残差值，用最小平方距离（least square distance）表示。残差值为定性指标，反映相对于蒙板 STL 模型的位置情况，改变不同的配准参数，单击〖Preview〗按钮预览，通过残差值可以对配准结果进行对比。

注意：STL 配准时的变换矩阵以文本格式保存在同一项目的文件夹中。

图像配准（image registration）

图像配准允许用户将同一个患者不同时期的影像数据或者同一个患者不同来源的影像数据融合为一个数据集进行分析，比如同一患者术前和术后的 CT 扫描数据或者同一患者的 CT 扫描数据和 MRI 扫描数据。

进行图像配准，可以执行以下操作。

·首先打开一个数据集，然后选择 Menu bar＞Registration＞Image Registration 命令，弹出图像配准对话框（图 6-34）。

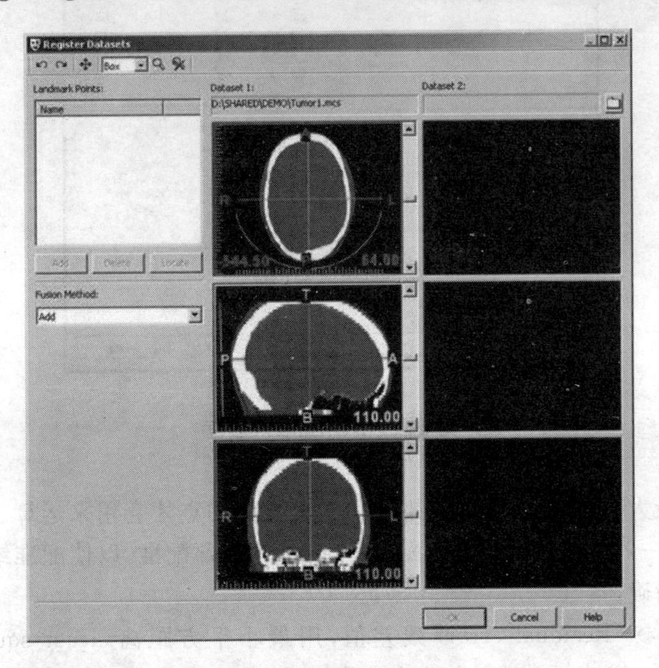

图 6-34　图像配准对话框

·加载第二个数据集，“Dataset 2：”下单击文件夹浏览按钮，选择第二个数据集并打开，第二个数据集在右侧显示（图 6-35），两个数据集都可以像在主视口中一样，在图像配准对话框中进行平移、缩放以及调整窗宽窗位等浏览。

·添加配准定位点，“Landmark Points：”下单击〖Add〗按钮，依次在第一个数据集和第二个数据集相对应的位置定义一对配准定位点，然后再重复单击〖Add〗按钮，添加第二对、第三对配准定位点，至少需要三对定位点进行配准。

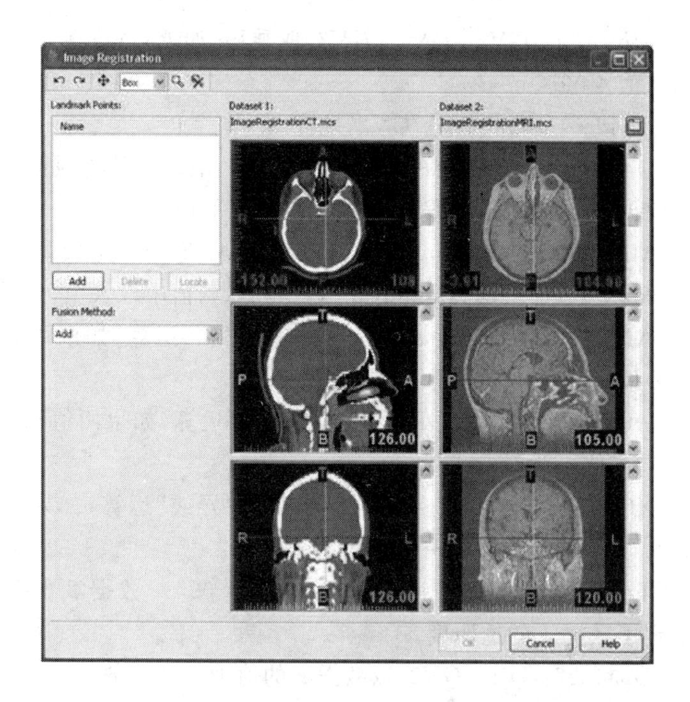

图 6-35　图像配准对话框，打开第二个数据集

用户可以通过拖曳、删除(Delete)对定位点进行编辑，也可以选择定位点后单击〖Locate〗按钮将当前视口导航到定位点视口。

・选择融合方法，选择两幅图像的融合方法，实质上是选择两幅图像矩阵的运算方法，设 GVr 代表融合后图像矩阵元素值，GV1 代表融合第一个数据集的图像矩阵元素值，GV2 代表融合第二个数据集的图像矩阵元素值，则“Fusion Method:”下拉选择框选择相应的方法。

“Add”：GVr＝GV1＋GV2，取和，如果 GVr 值＞4 095GV，取值 4 095。

“Subtract”：GVr＝GV1－GV2，取差，如果 GVr 值＜0GV，取值 0。

“Multiply”：GVr＝GV1×GV2，取乘积，如果 GVr 值>4 095 GV，取值 4 095。

“Divide”：GVr＝GV1/GV2，取商。

“Difference”：GVr＝Abs(GV1－GV2)，取差值的绝对值。

“Average”：GVr＝(GV1＋GV2)/2，取平均值。

“Min”：GVr＝Minimum(GV1，GV2)，两值中取小值。

“Max”：GVr＝Maximum(GV1，GV2)，两值中取大值。

“AND”：GVr＝GV1 AND GV2，逻辑“和”运算，如果两值都不为 0 取 1，有一值为 0 取 0。

“OR”：GVr＝GV1 OR GV2，逻辑“或”运算，如果两值都为 0 取 0，有一值不为 0 取 1。

“XOR”：GVr＝GV1 XOR GV2，逻辑“异或”运算，如果两值都为 0 或都不为 0 取 0，有一值不为 0 取 1。

“Transparent”：GVr＝GV1×(GV2/4 095)，数据 2 的灰度值决定了数据 1 的透明度。

“Opaque”：GVr＝GV2，取数据 2 的值为融合后的值。

• 进行配准，单击〖OK〗按钮进行配准，数据 2 融合到数据 1 的项目中，融合后的项目大小等于数据 1 项目的大小，数据 2 多余的部分被裁剪掉。

(五)重定位(reposition)

重定位命令整合了多种便捷的三维模型变换工具，其中最主要的功能是结合解剖学测量和分析(measure and analyse)工具，用户可以自定义一个旋转点；或者自定义一条平移或旋转轴线，三维模型沿这条直线平移或绕这条直线旋转；或者定义一个平面，三维模型限定在平面内平移。同时，可以保存变换前后的位置，给出变换分析结果。

进行重定位，可以执行以下操作。

• 选择 Menu bar>Simulation>Reposition 命令，弹出重定位对话框(图 6-36)。

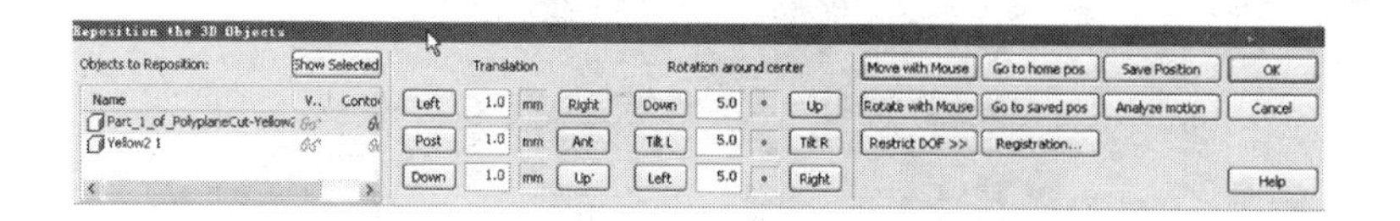

图 6-36　重定位对话框

·“Objects to Reposition:”列表，选择需要重定位的三维模型。

·“Translation”和“Rotation around center”输入框，可输入平移或旋转增量，然后对三维模型位置进行微调。

·“Move with Mouse”和“Rotate with Mouse”按钮，与前述平移和旋转按钮功能相同(图 6-37)。

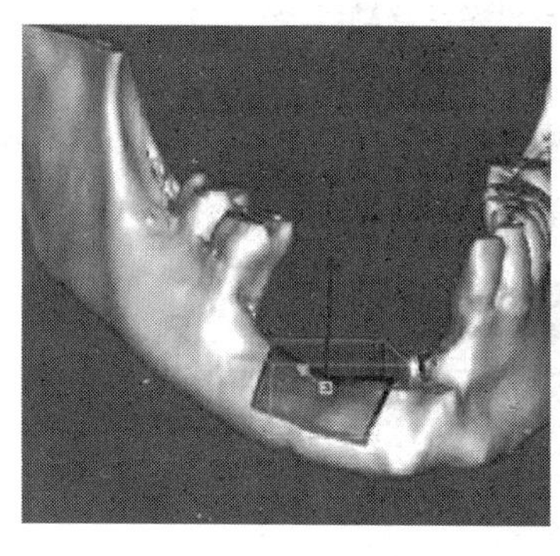

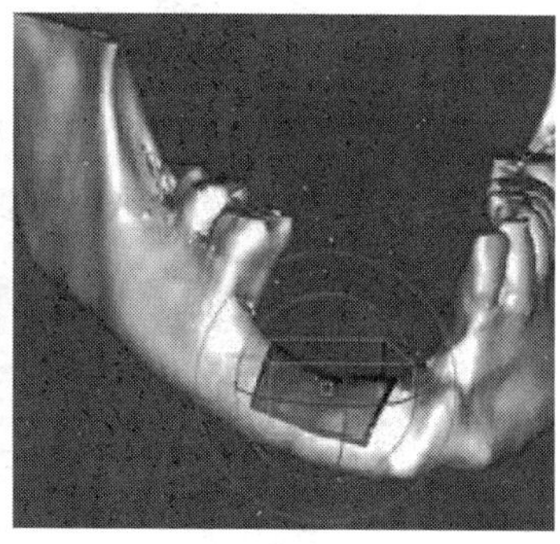

图 6-37　用鼠标平移或旋转

·“Restrict DOF＞＞”自由度约束选择菜单，用户可以选择利用解剖学测量和分析(measure and analyse)工具设定的点、线、面，对平移和旋转进行约束，然后进行前述平移或旋转操作。单击〖Restrict DOF＞＞〗按钮，弹出选择子菜单。

“No Restrictions”，默认选项，不进行约束；

“Translation Along Axis”将平移限定在选定直线上，选择后

弹出对话框(图 6-38),选择两点定义平移轴线;

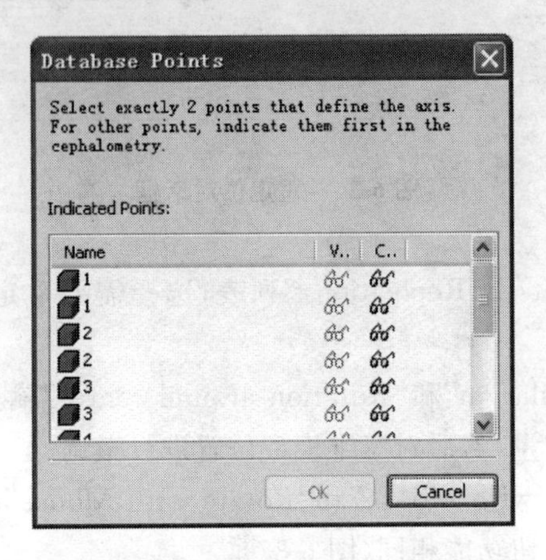

图 6-38　选择两点设定平移轴线

“Translation In Plane”将平移限定在选定平面上,选择后弹出对话框(图 6-39),选择平移平面;

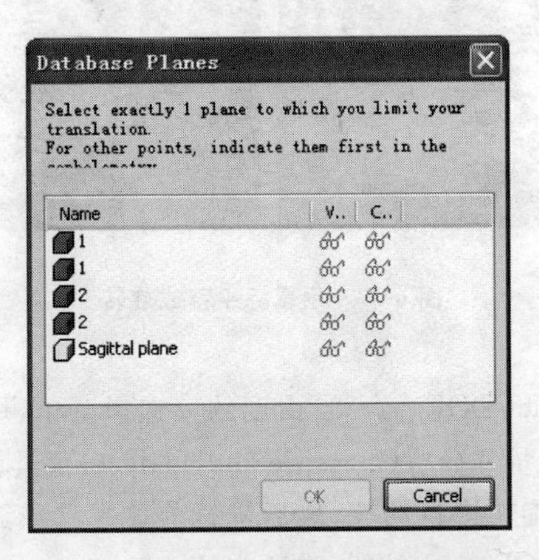

图 6-39　选择平移平面

“Rotation Around Point”限定旋转点，选择后弹出对话框，选择旋转点；

“Rotation Around Axis”将旋转限定在选定直线上，选择后弹出对话框，选择两点定义平移轴线。

· “Registration”配准按钮，用户可以通过移动解剖学测量和分析(measure and analyse)工具设定的点，来移动三维模型。单击〖Registration〗按钮，弹出定位点选择列表(图 6-40)，选择点。

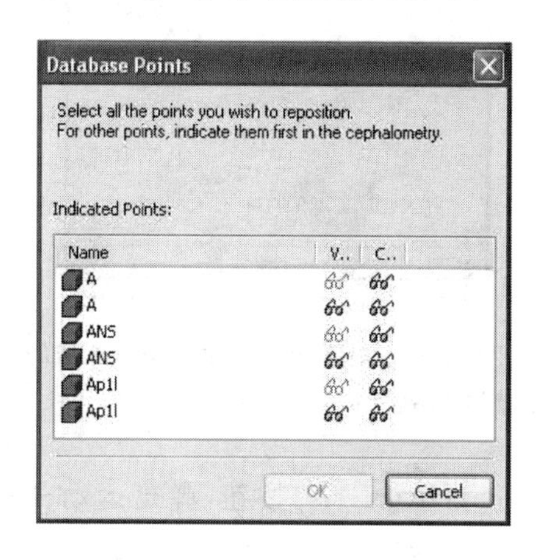

图 6-40　选择重定位点

选择定位点后，单击〖OK〗按钮，每个定位点均弹出平移点输入对话框(图 6-41)，输入沿每一坐标轴的平移值，单击〖OK〗按钮，完成平移。

注意：重定位中的〖Registration〗按钮功能与“Registration”菜单的功能不同，要注意体会区分。

· “Save Position”按钮。当通过反复使用上述重定位方法，将三维模型移动到满意位置后，可以单击〖Save Position〗按钮保存当前模型的位置，单击〖Go to Home Position〗按钮，模型回到原始位置，单击〖Go to Saved Position〗按钮，模型回到保存的位置。

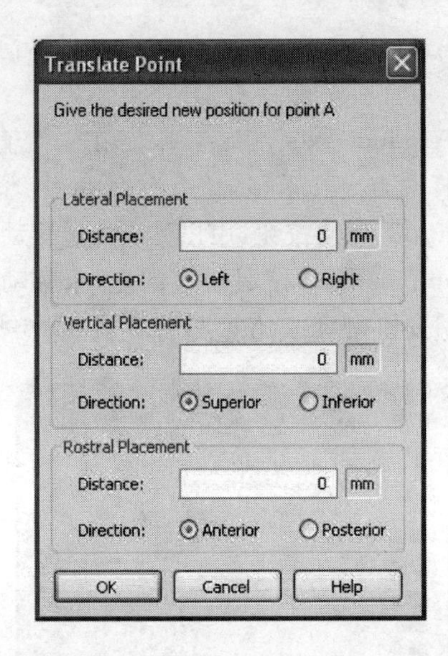

图 6-41 平移点输入对话框，可以键盘输入相应的平移值，点〖OK〗确定

・单击〖Motion Analysis〗按钮，弹出运动分析面板（图 6-42），可以显示重定位位置相对于原始位置的改变值。

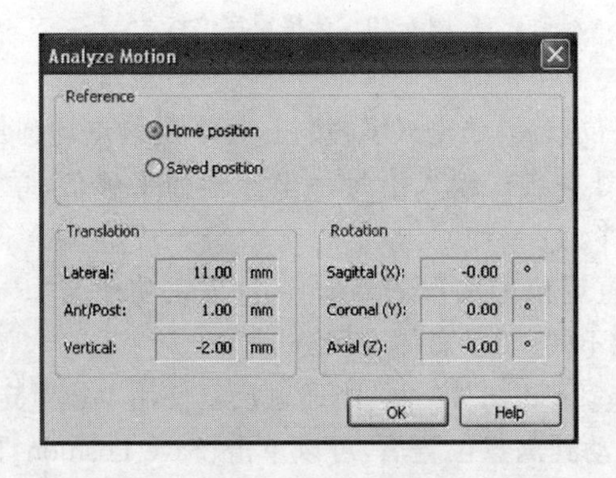

图 6-42 运动分析面板

·单击〖OK〗按钮，保存重定位结果退出，或者单击“Cancel”按钮，不保存重定位结果退出。

四、三维模型的编辑修改

“Simulation”菜单中提供一套三维模型编辑工具，包括以下几方面。

·切割(cut)，提供三种切割方式，类似手术中的刀、锯和凿等工具，可以对三维模型进行交互式切割操作。

·合并和分离(merge and split)，一个蒙板可以包含几个不连通的部分，同样一个三维模型也可以包含多个不连续的部分(壳体)，合并可以将几个部分当成一个三维模型来操作，分离可以把包含多个部分的三维模型分成多个三维模型来操作。

·镜像(mirror)，人体为左右对称结构，在临床中经常拍摄健侧的 X 线片作为分析患侧病理表现的参照，同样也可以利用镜像工具将健侧正常解剖结构的三维模型镜像，为分析患侧病理结构的参考。

·布尔(boolean)，允许在 Mimics 重建的三维模型、导入的 STL 模型、MedCAD 模型之间进行并、减、交等布尔操作。布尔并(unite)与合并(merge)不同，合并只能把两个模型当成一个整体，整体中仍包含两个壳体，而布尔并可以将两个模型合并为一个单一壳体模型。布尔减(minus)与切割工具(cut)不同，切割工具只能实现手工切割，随意性较大，而布尔减可以结合 STL/MedCAD 模型对骨骼模型进行精确截骨等操作。因此灵活应用布尔工具可以实现许多虚拟手术目的。

·缩放(rescale)，又称比例变换，可对三维模型的形状和大小进行缩放。

(一)切割(cut)

有三种切割工具可供选择，分别为面切割(cut with polyplane)、线切割(cut with curve)和垂直屏幕切割(cut orthogonal to screen)。

面切割(Cut With Polyplane)

面切割的基本思想为沿三维物体表面定义一系列点，由点连成的折线定义切割路径，沿路径生成垂直于路径方向的一定深度和厚度的切割体，三维模型上与切割体相交部分被切割掉。其过程类似于手术中用骨凿从骨板中凿下一块骨来。

对三维模型进行面切割，可以执行以下操作。

・选择 Menu bar>Simulation>Cut>with Polyplane 命令，光标变为 ，弹出面切割对话框(图 6-43)。

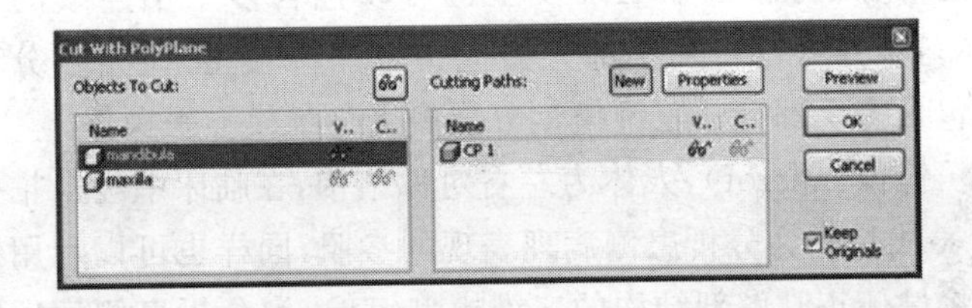

图 6-43　面切割对话框，"Objects To Cut:"列表中选择要切割的三维模型，"Cutting Paths:"切割路径列表

・在三维模型表面或 2D 断面上单击鼠标左键绘制路径节点，双击鼠标左键完成创建切割路径(图 6-44)，在项目管理器"Simulation"标签下保存为一个切割对象。

・查看和修改切割路径属性，可以在"Cutting Paths:"切割路径列表中选择路径，单击"Properties"按钮，弹出属性对话框(图 6-45)，可以修改切割路径的名称、颜色以及维度属性。

・调整路径位置和方向，创建切割路径后，可以将光标移动到路径节点上按下鼠标左键拖曳改变节点位置，也可以将光标移动到路径折线上按下鼠标左键拖曳改变整体路径的位置，也可以将光标移动到方向箭头上按下鼠标左键拖曳改变路径切割方向。

・完成切割，通过上述调整路径属性和路径位置方向，确保

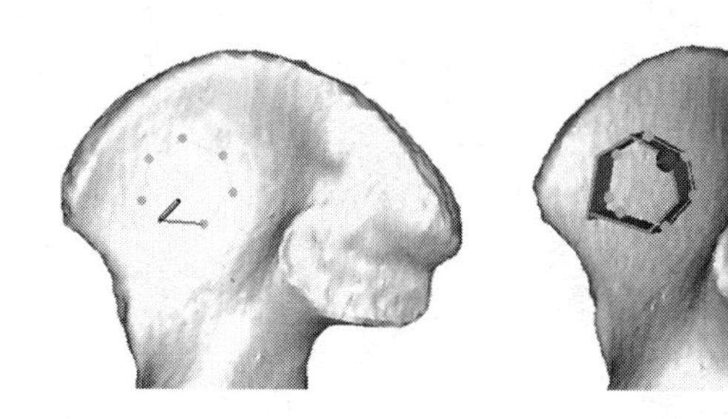

图 6-44　绘制切割路径，在三维模型表面绘制路径节点（左），最后一个节点双击左键完成切割体创建（右）

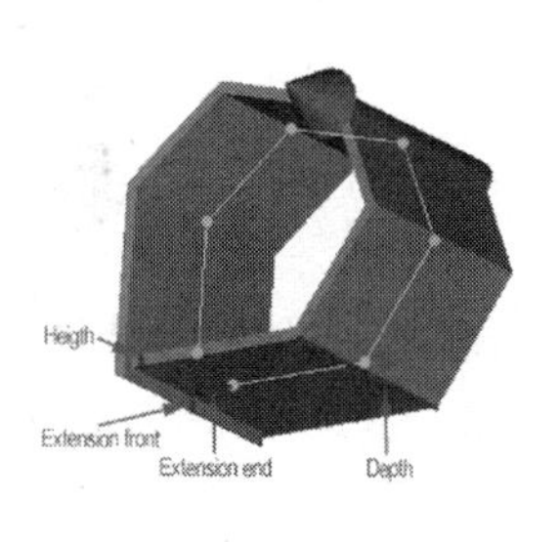

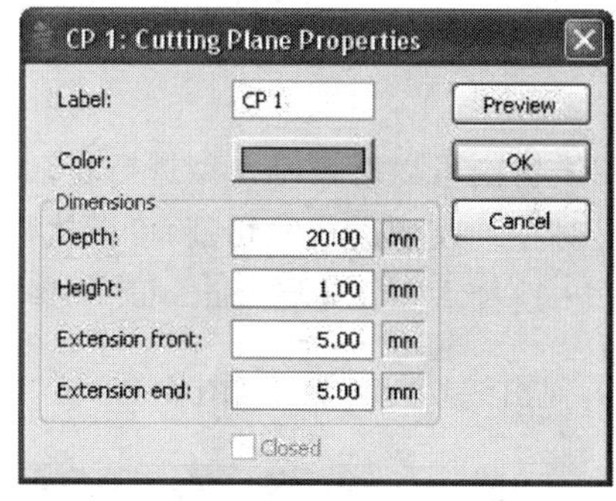

图 6-45　切割路径（左）及属性对话框（右），可以修改切割路径的深度（depth）、厚度（height）、起点延伸值（extension front）和终点延伸值（extension end）

位置正确且切割体切透模型，单击〖OK〗按钮完成切割（图 6-46）。

线切割（cut with curve）

线切割的基本思想为绕三维模型表面定义一系列点，由点连成闭合切割折线，闭合折线定义一个切割平面，将三维模型从平面上下分为 2 部分。其过程类似于手术中用线锯将骨锯为两半。

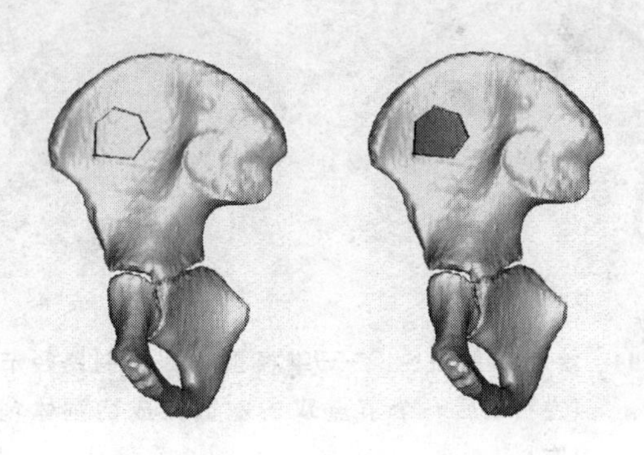

图 6-46　完成面切割，将三维模型分为两部分（左），应用“Split”命令分离两部分显示（右）

应用线切割可以对三维模型进行复杂的切割操作。

对三维模型进行线切割，可以执行以下操作。

· 选择 Menu bar＞Simulation＞Cut＞Curve 命令，光标变为 ，弹出线切割对话框（图 6-47）。

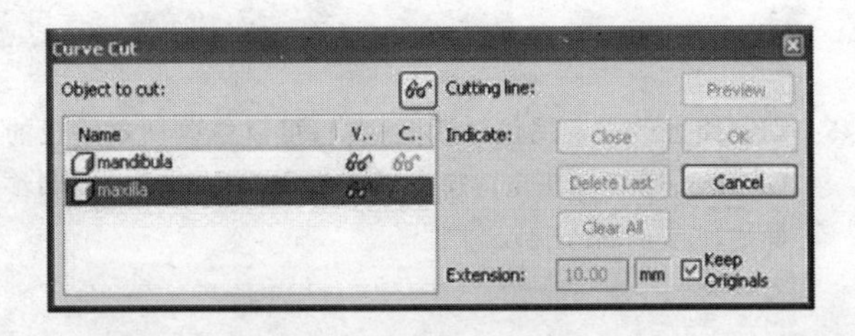

图 6-47　线切割对话框，“Objects To Cut:”列表中选择要切割的三维模型

· 在围绕三维模型表面单击鼠标左键绘制路径节点，生成红色的切割路径（图 6-48）。

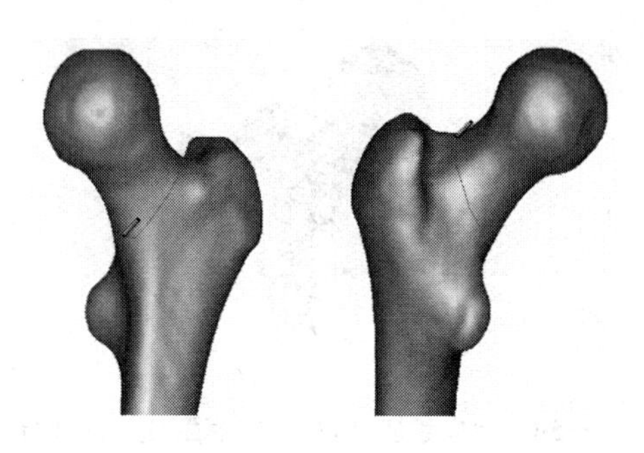

图 6-48　绘制线切割路径，围绕三维模型表面单击鼠标左键绘制红色路径

·双击鼠标左键或单击右键完成创建切割路径，随之红色切割路径外侧出现黄色线(图 6-49)，代表切割路径的延伸。

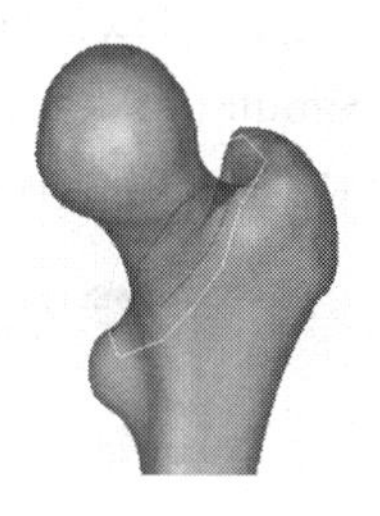

图 6-49　线切割平面

·调整路径位置和设定延伸参数，创建切割路径后，可以将光标移动到路径节点上按下鼠标左键拖曳改变节点位置。在线切割对话框中设定“Extension”值，代表黄线到红线的距离。

·完成切割，通过上述调整路径位置和延伸参数，确保黄色延伸线与模型没有交叉，单击〖OK〗按钮，软件将模型切割成 2 部分，并自动应用“Split”命令分离两部分显示(图 6-50)。

垂直屏幕切割(cut orthogonal to screen)

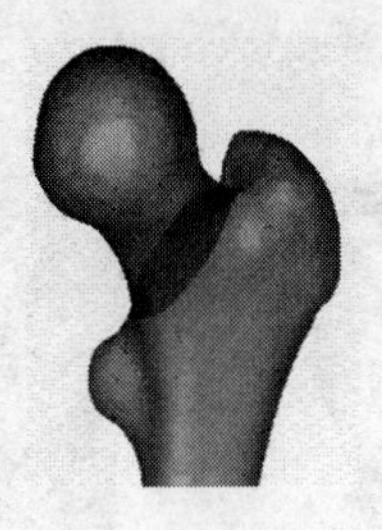

图 6-50　完成线切割，将三维模型分为两部分

垂直屏幕切割的基本思想为在屏幕平面绘制闭合切割折线，垂直于屏幕平面包含在闭合折线范围内的三维模型部分被从三维模型上切割下来。垂直屏幕切割是比较容易理解掌握的一种切割方法。

对三维模型进行屏幕切割，可以执行以下操作。

· 选择 Menu bar>Simulation>Cut>Orthogonal to Screen 命令，弹出垂直屏幕切割对话框(图 6-51)。

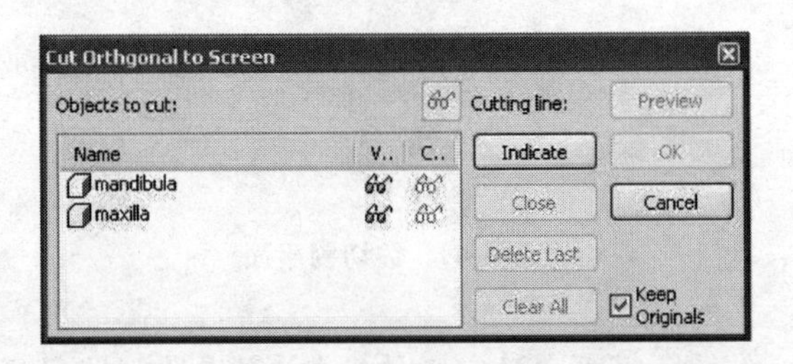

图 6-51　垂直屏幕切割对话框

· 在“Objects to cut:”列表中选择要切割的模型，在屏幕上单击鼠标左键绘制路径节点，围绕所要切割的部分，单击〖Close〗按钮闭合路径，单击〖OK〗按钮完成切割(图 6-52)。

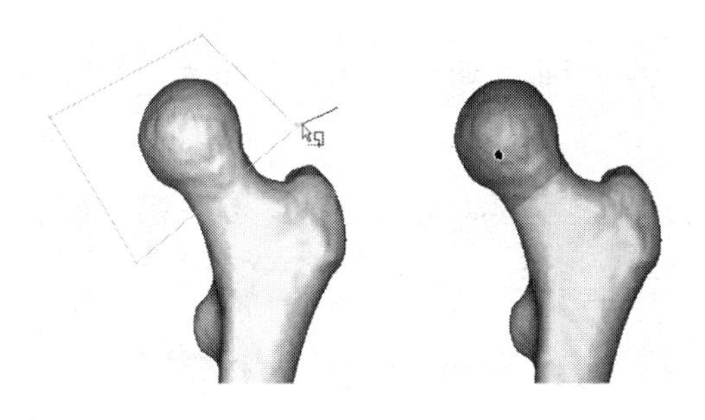

图 6-52　垂直屏幕切割，绘制线切割路径（左），单击〖Close〗按钮闭合路径，单击〖OK〗按钮完成切割

（二）合并（Merge）

将多个三维模型合并为一个模型，可以执行以下操作。

・选择 Menu bar＞Simulation＞Merge 命令，弹出合并对话框（图 6-53）。

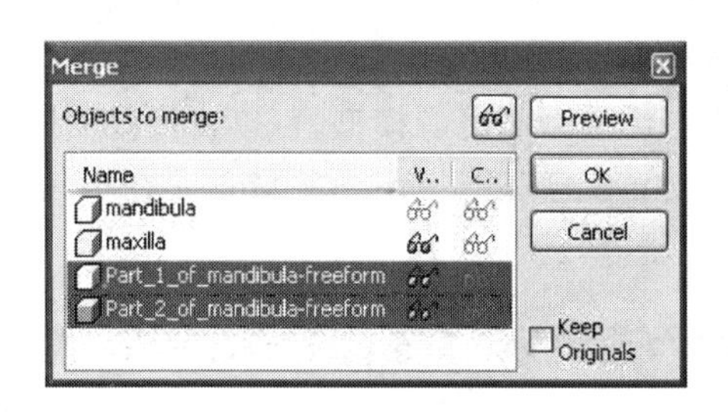

图 6-53　合并对话框

・在“Objects to Merge:”列表中选择要合并的模型，单击〖OK〗按钮完成合并。

（三）分离（Split）

将一个三维模型包含的多个不连续部分分离成多个模型，可以执行以下操作。

・选择 Menu bar＞Simulation＞Split 命令，弹出分离对话框（图 6-54）。

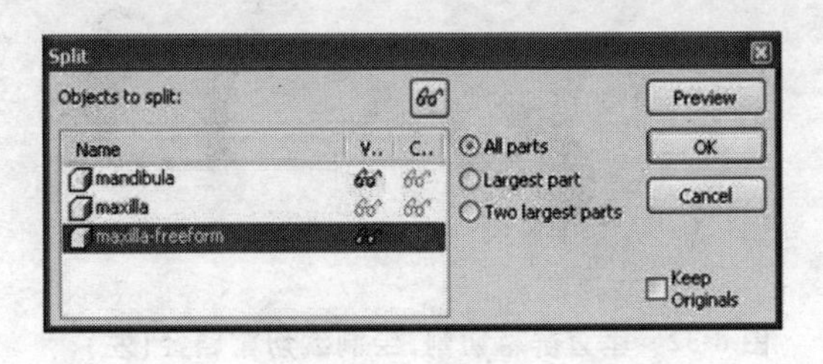

图 6-54　分离对话框

・在“Objects to split:”列表中选择要分离的模型，设定分离参数：“All parts”选项将模型包含的所有不连续的部分分离成单独的模型；“Largest part”选项设定分离后的模型只包含体积最大的一个部分；“Two largest parts”选项设定分离后的模型只包含两个体积最大的部分，单击〖OK〗按钮完成分离。

（四）镜像（Mirror）

创建一个三维模型的镜像模型，可以执行以下操作。

・选择 Menu bar＞Simulation＞Mirror 命令，弹出镜像对话框（图 6-55）。

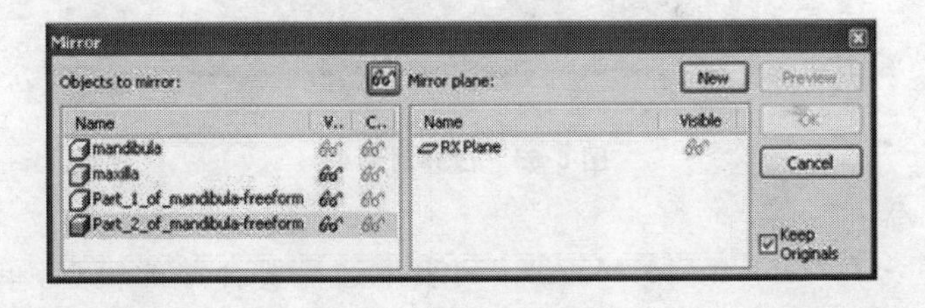

图 6-55　镜像对话框

·在“Objects to split:”列表中选择要镜像的模型，在“Mirror plane:”列表中选择镜像平面。单击〖OK〗按钮创建镜像。

软件默认的镜像平面为正中矢状面，用户也可以单击〖New〗按钮，在 2D 视口或 3D 视口连续单击 3 次，过三点自定义一个镜像平面，将光标移动到平面点上按下鼠标左键拖曳改变平面位置。同时也可以利用解剖学测量分析模块创建的面作为镜像平面。

(五)布尔(Boolean)

对两个模型进行布尔运算，可以执行以下操作。

·选择 Menu bar>Simulation>Boolean 命令，弹出布尔对话框(图 6-56)。

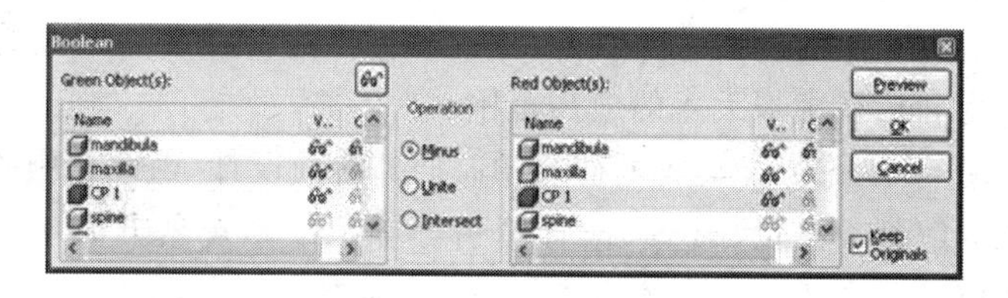

图 6-56　布尔对话框

·在“Green Object(s):”列表中选择一个模型，在“Red Object(s):”列表中选择另一个模型，“Operation”选择布尔减“Minus”、并“Unite”或交“Intersect”，单击〖OK〗按钮执行布尔操作。

(六)缩放(Rescale)

对模型进行缩放运算，可以执行以下操作。

·选择 Menu bar>Simulation>Rescale 命令，弹出缩放对话框(图 6-57)。

·在“Objects to rescale:”列表中选择要缩放的模型，设置缩放参数:“Factor:”输入框可输入沿 x、y 或 z 轴的缩放比例；“Size:”输入框可输入 x、y 或 z 轴的缩放尺寸，“Uniform”设定缩放时沿 x、y 或 z 轴缩放比例相同，单击〖OK〗按钮执行缩放操作。

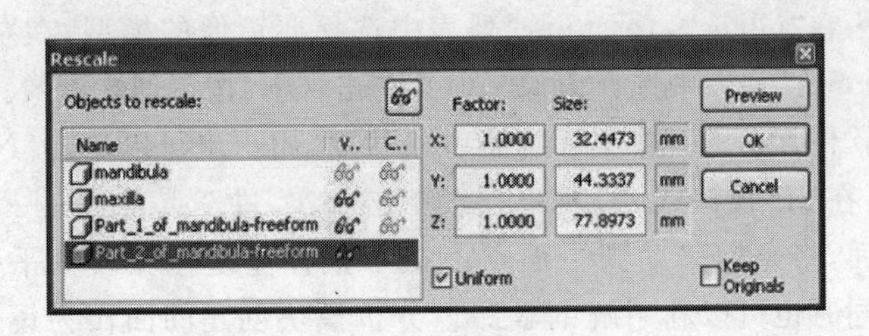

图 6-57　缩放对话框

五、颅颌面截骨牵引虚拟手术规划

真实的手术种类繁多,任何一个虚拟手术软件都不可能囊括外科所有专业的所有术式。最终用户与软件设计者的互动将不断丰富和拓展虚拟手术的应用范围。

Mimics 的仿真模块最初为颅颌面外科而设计,因此在颅颌面外科的解剖学测量、截骨、截骨牵引等虚拟手术规划方面应用也最为成熟。主要体现在 4 个方面:一是提供了颅颌面外科手术和解剖学测量模板库;二是提供了截骨牵引术中牵引器的三维模型库;三是提供了模拟截骨牵引术后软组织的变形模块——“Soft tissue”模块;四是为一些常用的颅颌面外科截骨和截骨牵引术提供了“Step by step”虚拟手术模块——“Wizard”模块,用户只需选择术式按照提示一步步操作即可完成虚拟手术规划。

当然用户也可以根据特定手术的需要,创建自己的解剖学测量模板、手术器械和内固定器械的三维模型库,以及设计完整的虚拟手术流程。

本节介绍颅颌面截骨牵引虚拟手术和术后面部整形效果模拟,从中仔细体会测量、定位、切割在虚拟手术中的基础作用,为用户设计自己的虚拟手术流程提供借鉴。

(一)截骨

进行牵引术前,首先需要截骨,截骨方法可参照上一节相关内容(图 6-58)。

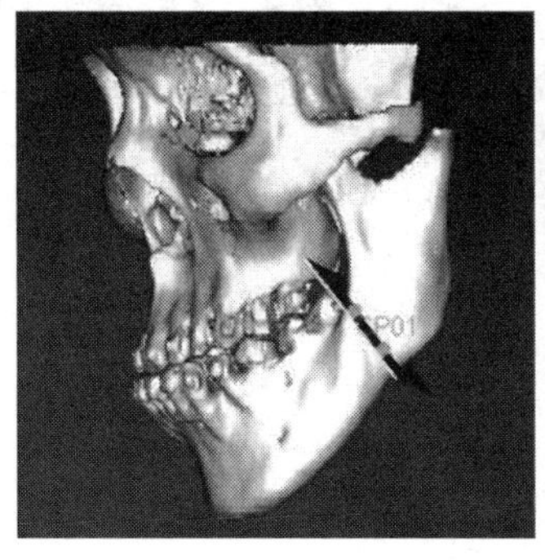

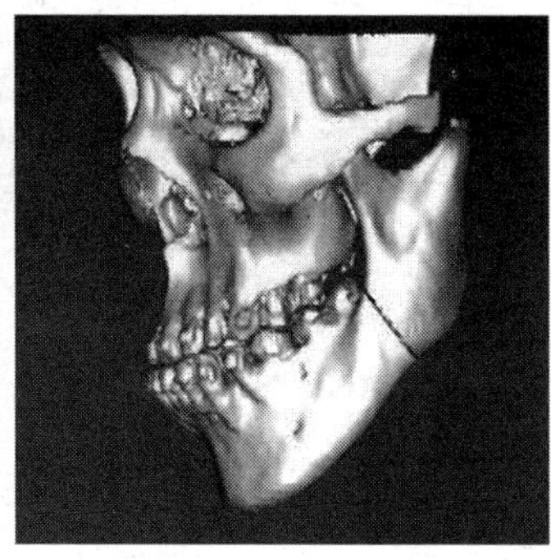

6-58　下颌骨截骨,选择面切割方法(左),将下颌骨截成两部分(右)

(二)放置牵引器(place distractor)

放置牵引器,可执行以下操作。

· 选择 Menu bar＞Simulation＞Distractor＞Place Distractor 命令,弹出放置牵引器对话框(图 6-59)。

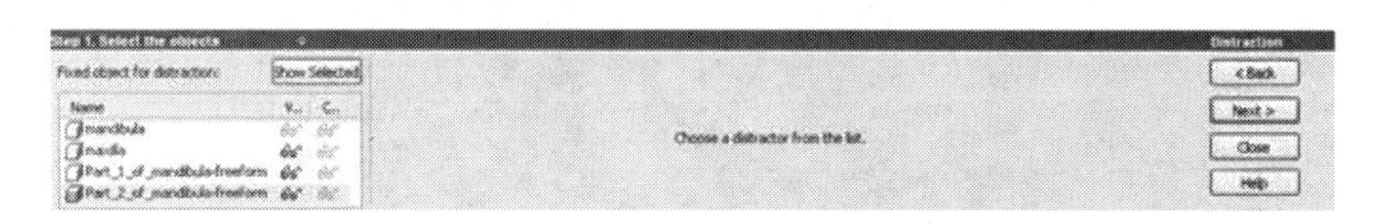

图 6-59　放置牵引器对话框

· 在此步骤中主要选择牵引器要固定在下颌骨的哪个部分,在“Fixed object for distractor”列表中选择相应的三维模型,单击〖Next〗按钮,打开牵引器三维模型库(图 6-60)。

· 在牵引器三维模型库中选择适合的牵引器,勾选“Show preview”可以预览牵引器三维模型,单击〖OK〗按钮,返回 3D 视口,在上颌骨三维模型上通过单击两次鼠标左键,第一次在牵引时固定不动的模型上单击,第二次在牵引时移动的模型上单击,

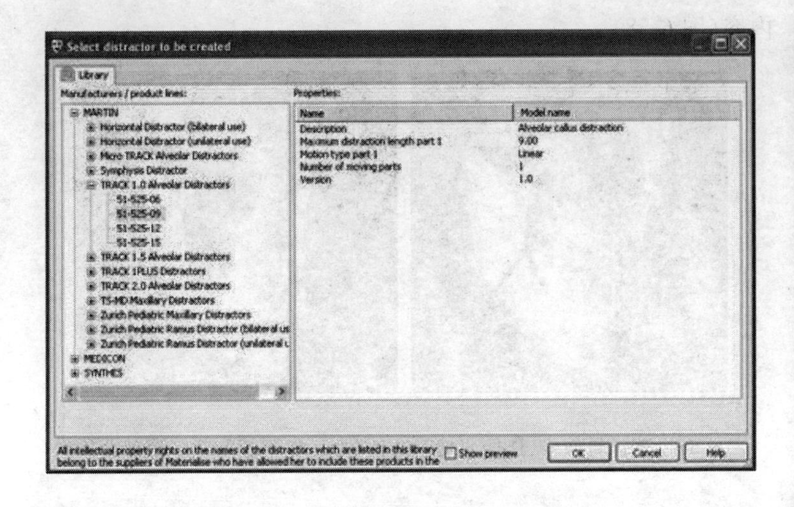

图 6-60　牵引器三维模型库

定位牵引器位置(图 6-61)。

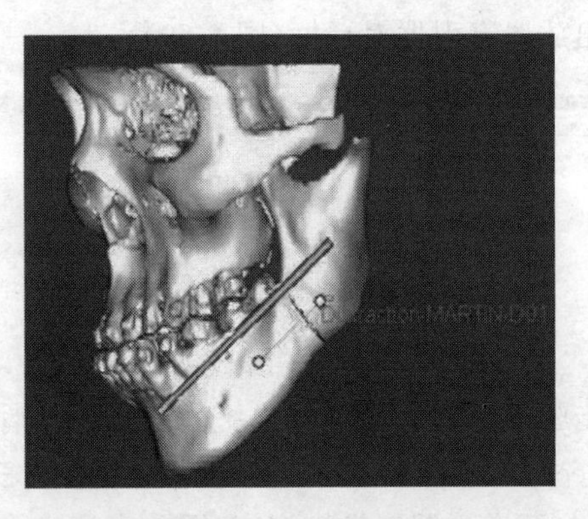

图 6-61　通过两次单击鼠标左键定位牵引器位置

・定位牵引器位置后,弹出牵引器位置调整对话框(图 6-62),可以对牵引器位置进行调整,用户也可以将光标移到牵引器定位点上按下鼠标左键拖曳调整牵引器位置。

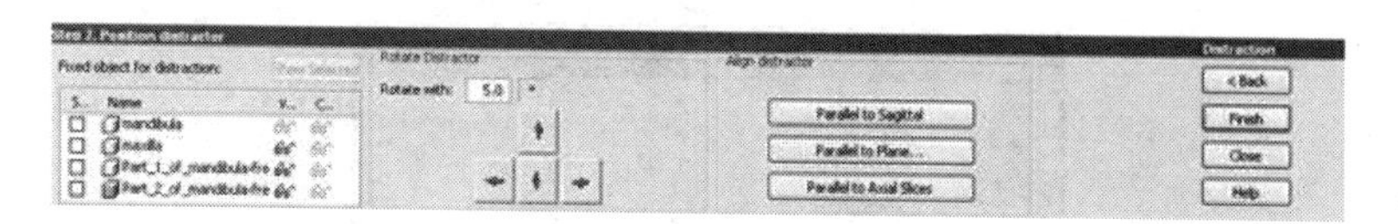

图 6-62　调整牵引器位置对话框

(三)使用牵引器(reposition with distractor)

使用牵引器进行牵引，可执行以下操作。

·选择 Menu bar>Simulation>Distractor>Reposition Distractor 命令，弹出牵引器牵引对话框(图 6-63)。

图 6-63　牵引器牵引对话框

·使用牵引器进行牵引。在“Objects to Reposition:”列表中相应三维模型前打勾选择被牵引的三维模型；在“Translate distractor”下，单击〖+〗或〖-〗按钮沿牵引器牵引方向牵引三维模型，用户可在〖+〗和〖-〗按钮之间输入框中输入每次移动的步长，移动的总步长在下方显示(注意总步长不应超过牵引器所能牵引的最大距离)；单击〖Save Position〗按钮，保存牵引后三维模型的位置，用户可以非常方便地通过单击〖Go to home position〗和〖Go to saved position〗按钮在原始位置和保存位置间切换。

进行牵引结果分析，可以单击〖Analyze Motion〗按钮，弹出牵引结果分析面板(图 6-64)，可以看到三维模型的坐标变换情况。

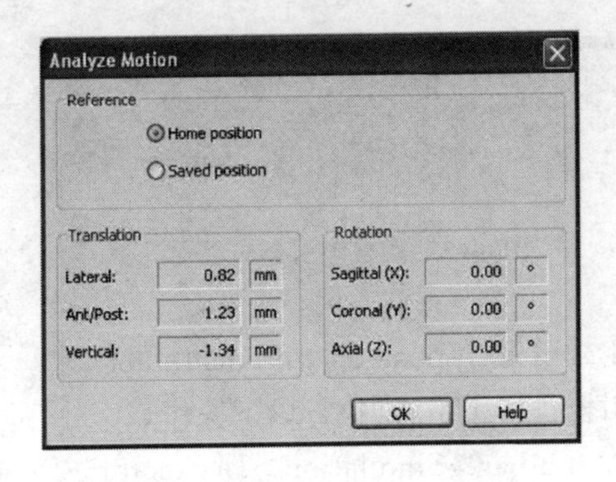

图 6-64 牵引结果分析面板

(四)软组织形变模拟(soft tissue)

当进行完截骨牵引等骨骼整形后,可以通过"Soft tissue"模块来模拟面部软组织的整形效果,进行软组织形变模拟,可执行以下操作。

· 选择 Menu bar＞Simulation＞Soft tissue＞New 命令,弹出模型选择对话框,同时将 3D 视口中显示的三维模型隐藏(图 6-65)。

· 首先在"Select post-operative hard tissue fragments"列表中勾选术后硬组织的三维模型,勾选的三维模型同时在 3D 视口中显示(图 6-66)。

· 其次,在"Select pre-operative soft tissue "列表中勾选术前软组织三维模型,勾选的三维模型同时在 3D 视口中显示(图 6-67)。

· 单击〖Next〗按钮,开始进行软组织形变模拟运算,运算完毕弹出软组织形变过程演示控制条,单击〖Play〗按钮观看软组织形变动画。

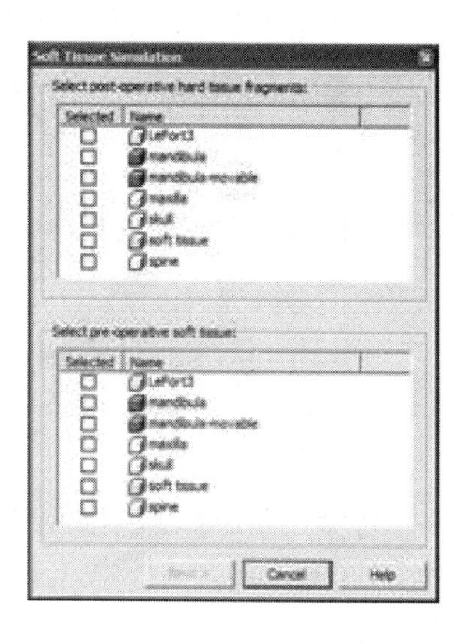

图 6-65　三维模型选择对话框

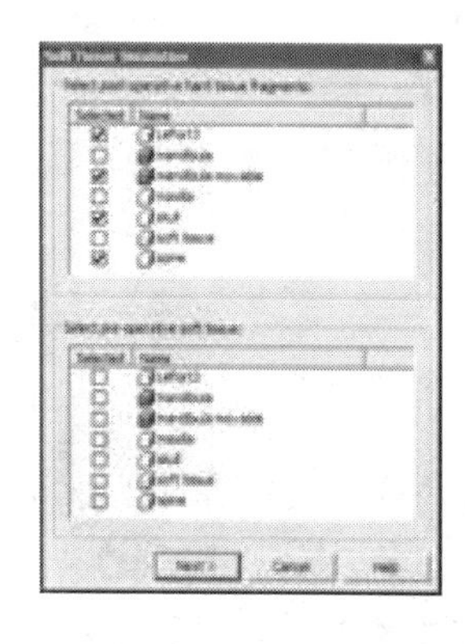

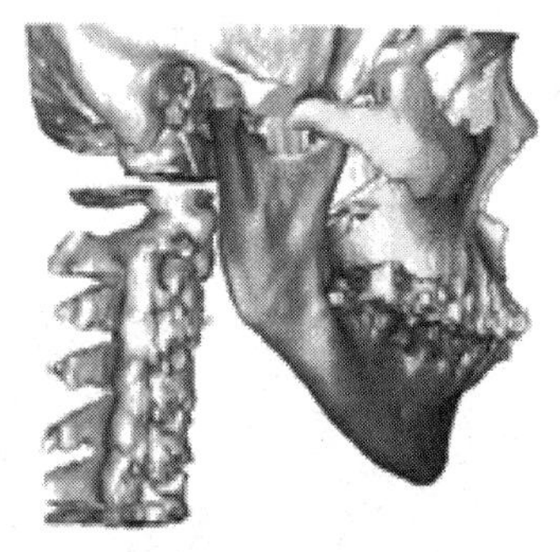

图 6-66　术后硬组织选择框(左),3D 视口中显示所选的三维模型(右)

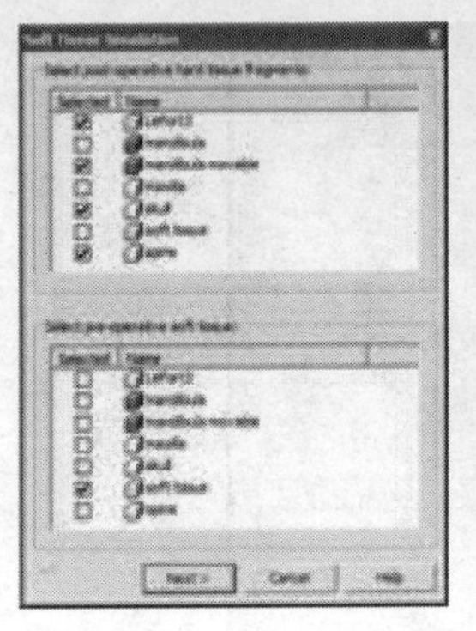

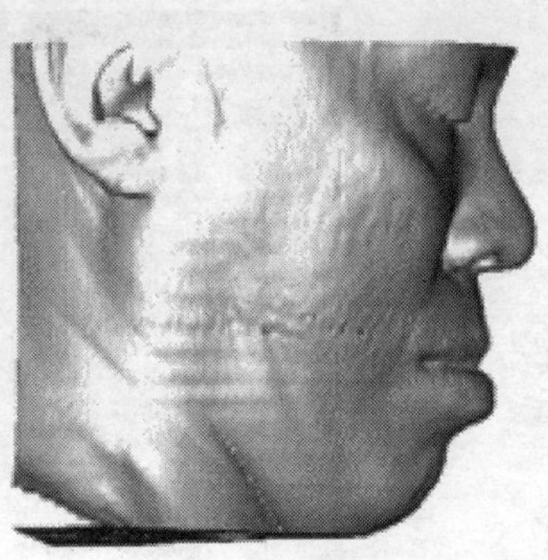

图 6-67　术前软组织选择框(左),3D 视口中显示所选的三维模型(右)

(五)三维模型贴图(Photo Mapping)

将患者面部的术前照片贴在相应的三维模型上,可以执行以下操作。

・选择 Menu bar＞Simulation＞Soft tissue＞Photo Mapping 命令,弹出贴图对话框(图 6-68)。

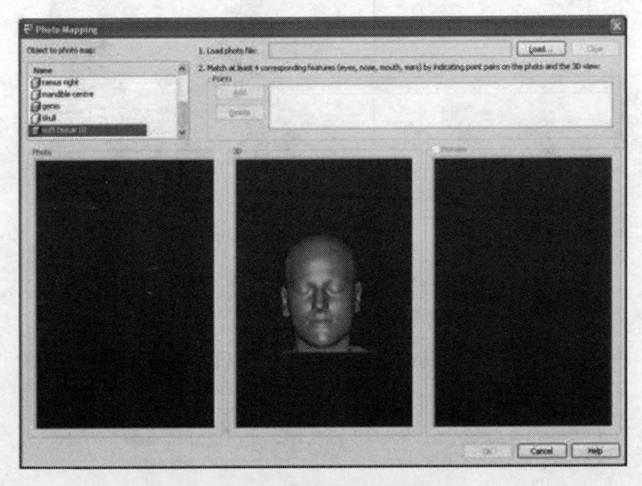

图 6-68　贴图对话框

• 在“Object of photo map”列表中选择准备贴图的术前软组织模型；在“1. Load photo file:”提示栏中单击〖Load〗按钮加载患者术前照片。

• 贴图操作，在“Points”标签下单击〖Add〗按钮，在 2D 图像和 3D 模型上选择一对对应点作为配准点，用户可以选择多对配准点，单击〖OK〗按钮完成贴图（图 6-69）。

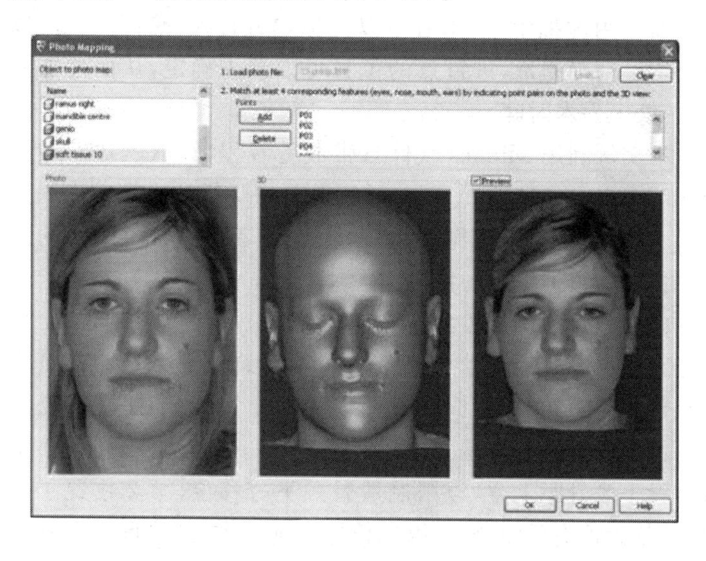

图 6-69　三维模型贴图，在 2D 图像（左）和 3D 模型（中）上选择对应点设置配准点，贴图效果预览（右）

六、虚拟手术规划实例——股骨颈骨折拉力螺钉固定

股骨颈骨折常发生于骨质疏松的老年人，以女性多见。大多数股骨颈骨折为低能量损伤，只有少数为高能量创伤。对无移位或者外翻嵌插型股骨颈骨折，首选的手术治疗方法是使用多枚平行骨松质拉力螺钉内固定。

在多枚平行骨松质拉力螺钉固定股骨颈骨折的手术中，由于手术视野比较狭小，进钉点可供参照的解剖标志不多，术中获得股骨颈标准的正侧位片比较困难，以及受术者手术技能和经验等因素的影响，导致在术中常常需要反复打入导针定位。反复打入导针一方面导致股骨颈骨松质中形成许多无用的针道，降低了股骨颈的力学强度，另一方面也增加了医生和患者受 X 线的辐射量。

而利用虚拟手术，术者可以模拟螺钉打入，螺钉的长度以及角度均可精确测量，进钉点的位置可以预先确定，从而增加手术精度，缩短手术时间。

本实例利用 Mimics 软件自带股骨教程项目(默认安装路径为 c:\MedData\Femur. mcs)进行股骨颈骨折拉力螺钉内固定虚拟手术规划，希望以此抛砖引玉，作为读者根据特定手术的需要设计自己的虚拟手术的借鉴。

(一)股骨颈骨折拉力螺钉置钉要求

无移位的股骨颈骨折，可通过 3 孔导向器置入空心螺钉或实心螺钉固定。可选用 6.5mm、7.0mm 或 7.3mm 骨松质拉力螺钉。首选的置钉方法是 3 枚螺钉呈正三角形或倒三角形，第 1 枚螺钉置于股骨距上方，以限制股骨颈下方移位，第 2 枚置于后上方，避免股骨头后侧分离，第 3 枚置于前下方，加强固定。螺钉应尽量靠近股骨颈皮质以增强螺钉把持力。螺钉末端应尽量达到股骨关节软骨下骨 5mm 范围。3 枚螺钉应平行放置以使骨折片可以滑动加压。

(二)基于股骨颈轴线重新切割项目

股骨颈骨折多枚平行骨松质螺钉内固定时，应与股骨颈中轴平行置钉。而股骨颈中轴与人体解剖 3 个正交断面均成角，是造成置钉困难的原因之一。现在利用 Mimics 重新切割项目(reslice project)工具基于股骨颈轴线重新切割项目，操作步骤如下。

A：首先新建一个文件夹，重命名为 Femur，将 Mimics 软件自带 Femur. mcs 项目(默认安装路径为 c：\MedData\Femur. mcs)

拷贝到 Femur 文件夹中并打开。

B:股骨图像分割及三维重建。由于教程项目中已经有分割和重建好的股骨三维模型,读者可以自己重新图像分割及三维重建股骨三维模型,也可利用已有的股骨三维模型“Yellow2”,并将重命名为“Femur”。

C:拟合股骨三维模型中心线。选择 Menu bar＞MedCAD＞Freeform Tree＞Fit Centerline…命令,弹出拟合中心线对话框(图 6-70),按图中所示设置拟合参数,单击〖OK〗按钮,完成拟合。

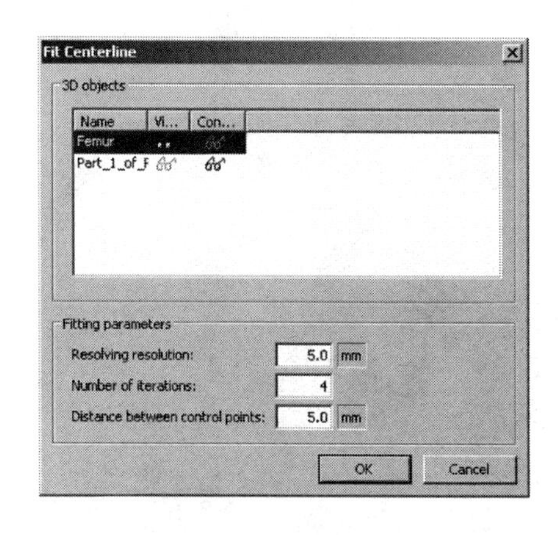

图 6-70　拟合股骨中心线对话框

D:在 3D 视口中单击“Toggle transparency”按钮,将股骨模型透明显示,浏览股骨颈中心线(图 6-71)。

E:测量股骨颈中心线曲率。单击 Toolbars＞Measurements＞“Centerline Curvature”按钮,在股骨颈中心线中段选择最小曲率的两点进行测量,测量结果在 3D 视口中显示标注标签(图 6-72),同时在项目管理器“Measurements”标签下存为两个测量对象。

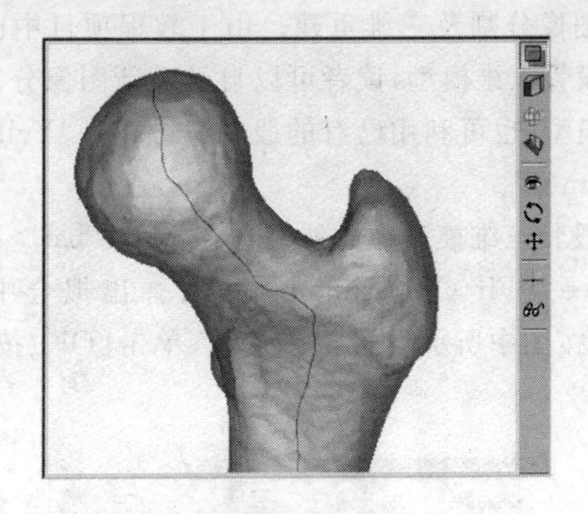

图 6-71 3D 视口中浏览股骨颈中心线

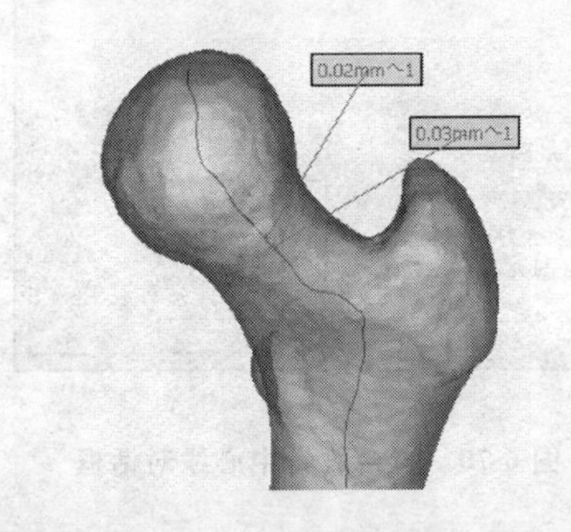

图 6-72 3D 视口中测量股骨颈中心线两点曲率

F:输出测量结果。单击 Project Management >Measurements>"Action" > Export. txt 输出命令,弹出输出对话框(图 6-73),选择曲率测量项目,将输出文件名命名为"Curvature. txt",输出测量结果。

G:可以在项目文件夹下打开 Curvature. txt 文档,查看曲率

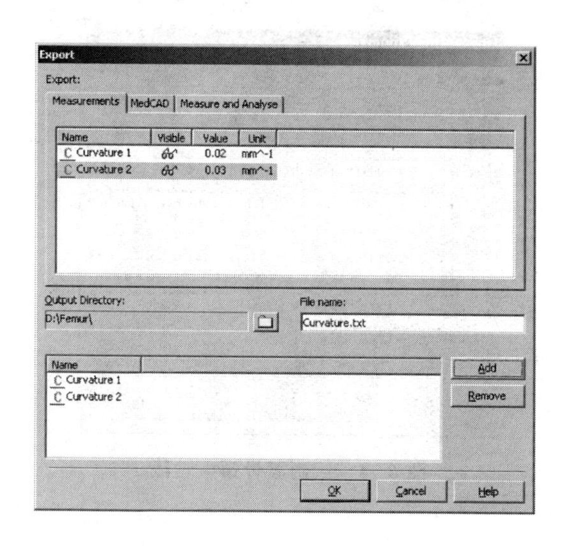

图 6-73　股骨颈曲率测量结果输出对话框

输出结果,获得两点坐标值。

Centerline curvature:

Name	Px	Py	Pz	C
Curvature 1	76.377 3	74.008 3	−61.120 3	0.024 2
Curvature 2	77.540 4	74.753 4	−62.891 7	0.034 3

H:利用中心线两点坐标值绘制股骨颈中轴线。选择 Menu bar>MedCAD> Line> Keyboard 命令,弹出参数输入面板(图 6-74),输入起点和终点坐标,创建线段。

I:在项目管理器"CAD Objects"标签下查看中轴线属性,将中轴线长度改为 160mm,在 3D 视口中显示中轴线(图 6-75)。

J:输出中轴线属性。单击 Project Management >CAD Objects>"Action" ▼ > Export. txt 输出命令,选择中轴线输出,将输出文件名命名为"Line. txt"。在项目文件夹下打开 Line. txt 文档,查看中轴线端点坐标值。

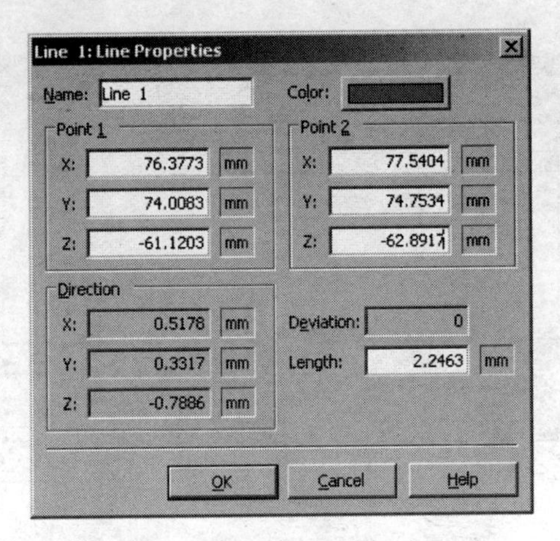

图 6-74 绘制股骨颈中轴线

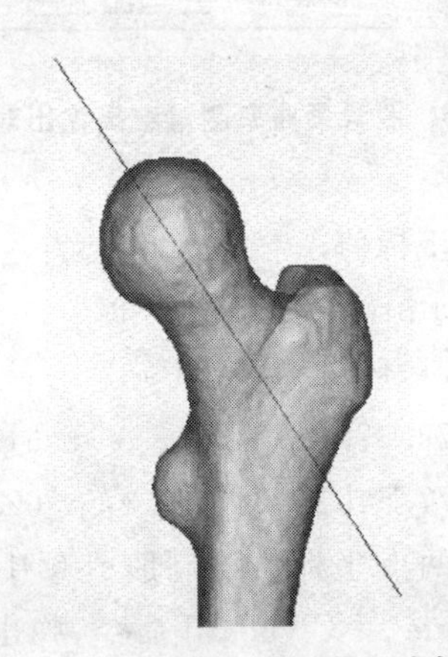

图 6-75 3D 视口显示股骨颈中轴线

Line：

Name	X1	Y1	Z1	X2	Y2	Z2	DX	DY	DZ	D
Line 1	35.53	47.84	1.08	118.38	100.92	−125.09	82.85	53.07	−126.18	0.00

K：重新切割项目(Reslice project)。选择 Menu bar>File>Reslice project 命令，弹出重新切割项目对话框，光标变为铅笔状，在 3 个正交断层图像或 3D 模型上定义两点绘制一条直线。

然后在重新切割项目对话框“X/Y/Z Start:”输入在 J 步骤中获得的中轴线起点坐标值，在“X/Y/Z End:”输入中轴线终点坐标值，单击“Rotation”旋转按钮，使得股骨侧视图中白色的三维选择框底边与水平线平行(图 6-76)。

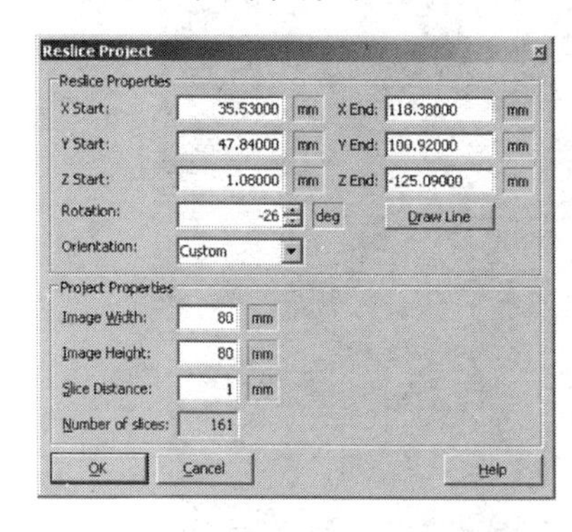

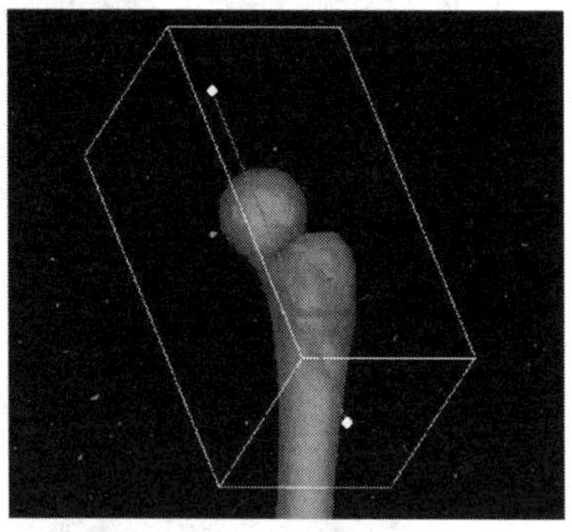

图 6-76　定义重新切割项目选择框，右图为重新切割参数，左图为 3D 视口侧视图中显示三维选择框

・单击〖OK〗按钮完成重新切割项目，将重新切割项目另存到 Femur 文件夹中，并命名为“Femur_R. mcs”。

(三)模拟置钉

在重新切割项目 Femur_R 中模拟置钉，可以执行以下操作。

A:选择重新切割项目文件 Femur_R 并打开(图 6-77)。

B:创建螺钉。股骨颈骨折可选用 6.5mm、7.0mm 或 7.3mm 骨松质拉力螺钉。现创建 7mm 直径圆柱体模拟骨松质拉力螺钉。在股骨头中心选择一点，在下方信息栏“Information Bar”中显示坐标值为 36、38、65，以此点为起点创建长度为 120mm，半径为 3.5mm 的圆柱体，由于项目 z 轴与股骨颈中轴平行，所以终点坐标值应为 36、38、185。

选择 Menu bar>MedCAD> Cylinder>Keyboard 命令，弹出参数输入面板，命名为“Screw1”，输入两点坐标，圆柱半径，创建圆柱(图 6-78)。

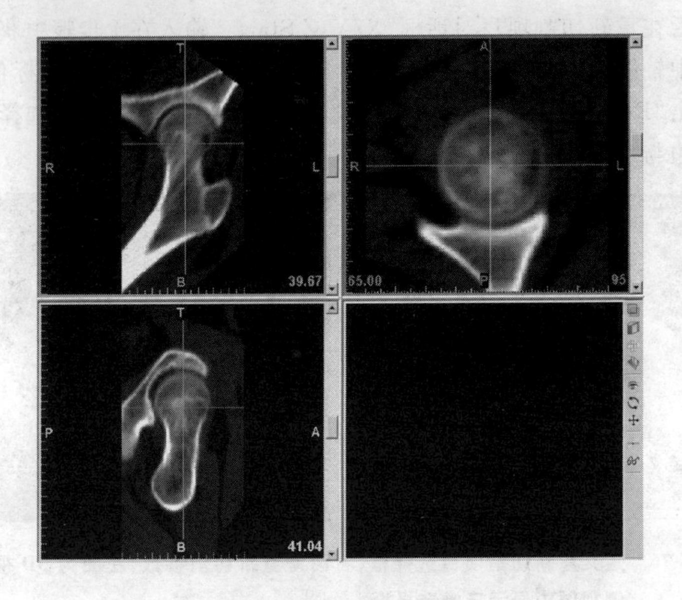

图 6-77　打开重新切割项目

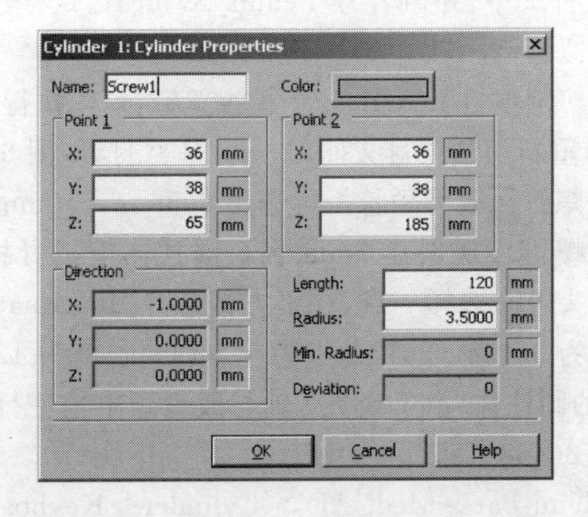

图 6-78　创建螺钉

C：在 Project Management ＞CAD Objects 标签下，选择“Screw1”，将其复制为“Screw2”和“Screw3”，创建 3 枚拉力螺钉。

D：三维重建股骨模型，作为 3D 视口中置钉参照。

E：在正交断面的三个视口中，用鼠标将光标移动到“Screw1”上，光标变为，按下鼠标左键可以拖曳改变螺钉位置。注意光标变为时，改变螺钉单个端点位置会改变与股骨颈轴线的平行的关系，应予避免。

股骨距上方放置第 1 枚螺钉，隐藏其他 2 枚，显示第 1 枚轮廓线，反复浏览断层图像校对螺钉位置，确认末端距股骨头关节软骨下骨＜5mm，下方尽量靠近股骨距皮质（图 6-79）。

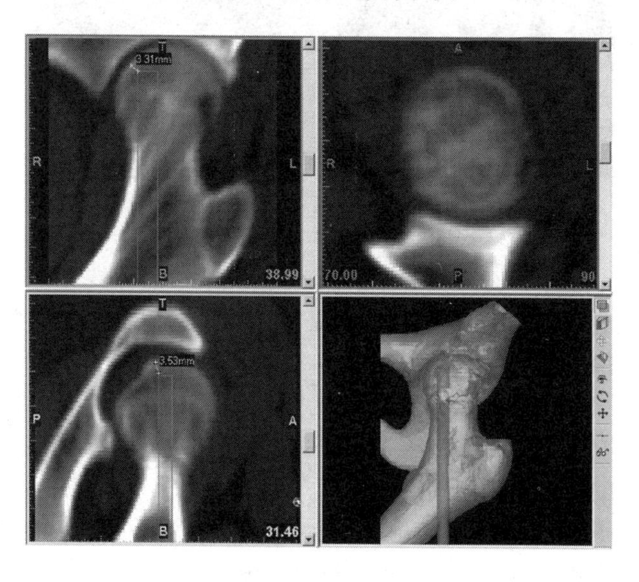

图 6-79　置入第 1 枚虚拟螺钉位置

股骨颈后上方放置第 2 枚螺钉，隐藏其他 2 枚，置钉方法同上(图 6-80)。

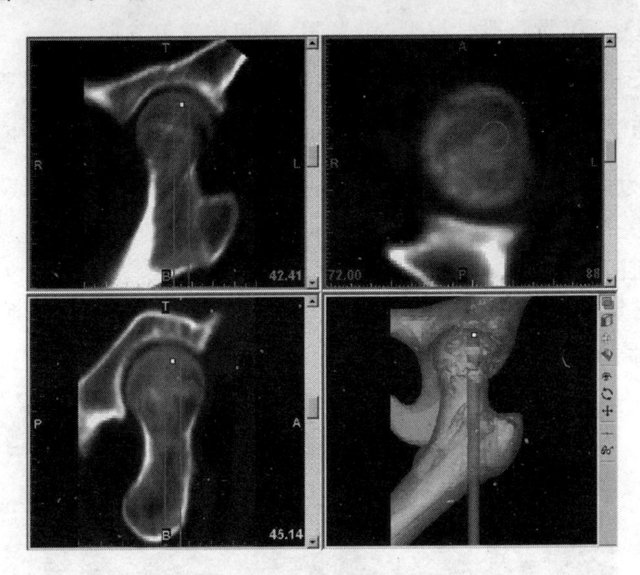

图 6-80　置入第 2 枚虚拟螺钉位置

股骨颈前下方放置第 3 枚螺钉，隐藏其他 2 枚，置钉方法同上(图 6-81)。

F：将 3 枚虚拟螺钉导出为 STL 格式文件，分别命名为“Screw1”“Screw2”“Screw3”(图 6-82)，关闭重新切割项目。

(四)虚拟手术规划

在 Femur. mcs 项目中进行虚拟手术规划，测量螺钉的长度、角度以及进钉点的位置可以进行以下操作。

A：打开 Femur. mcs 项目。

B：在 Femur 项目中导入 3 枚虚拟螺钉。单击 Project Management > STLs > “Load STL” 按钮，选择“Screw1. stl”、“Screw2. stl”“Screw3. stl”3 枚螺钉的 STL 格式文件导入。

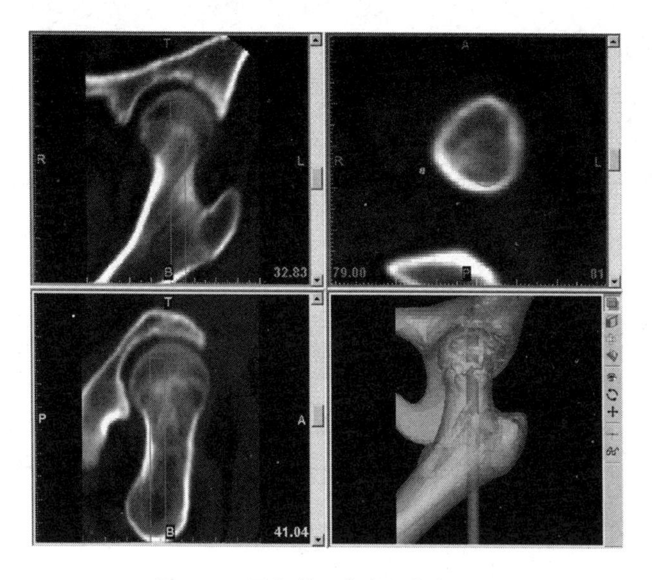

图 6-81　置入第 3 枚虚拟螺钉位置

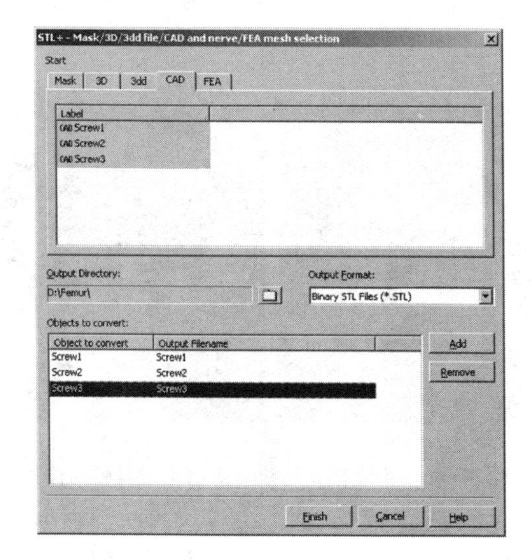

图 6-82　虚拟螺钉导出为 STL 格式文件

C:对导入的螺钉进行坐标变换。单击 Project Management>STLs>“Actions” >Transform 命令,弹出变换矩阵输入框,单击〖Load〗按钮加载变换矩阵(femur-reslice. txt),单击〖Invert〗按钮,将当前输入的变换矩阵逆转,单击〖OK〗按钮完成变换(图 6-83)。

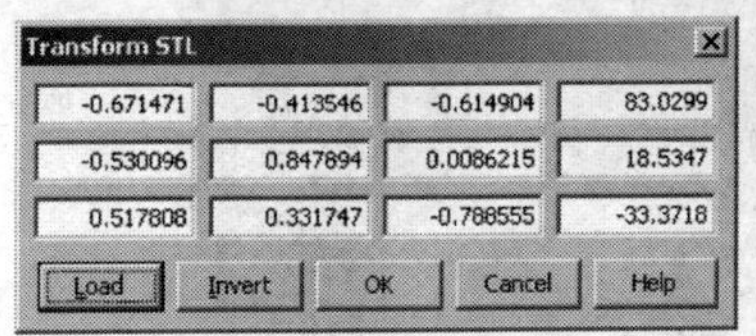

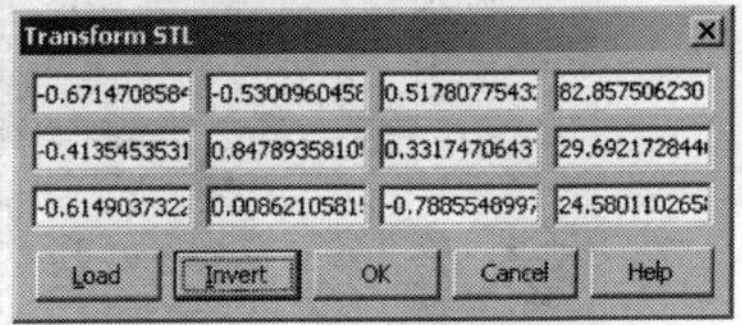

图 6-83　变换矩阵输入框,加载变换矩阵(左),将变换矩阵逆转(右)

D:可以多角度,多种组合方式观察 3 枚拉力螺钉的位置(图 6-84)。

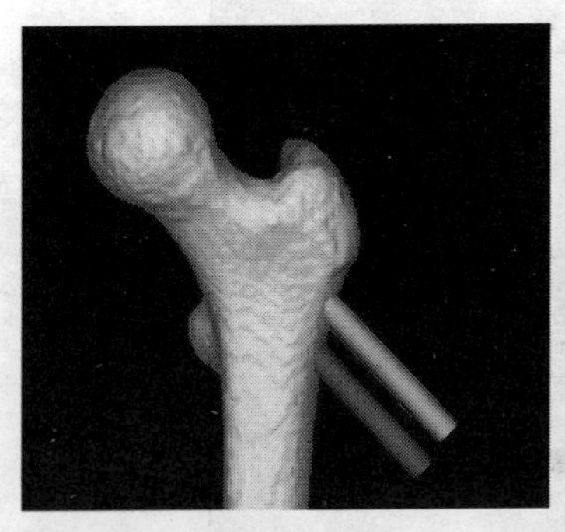
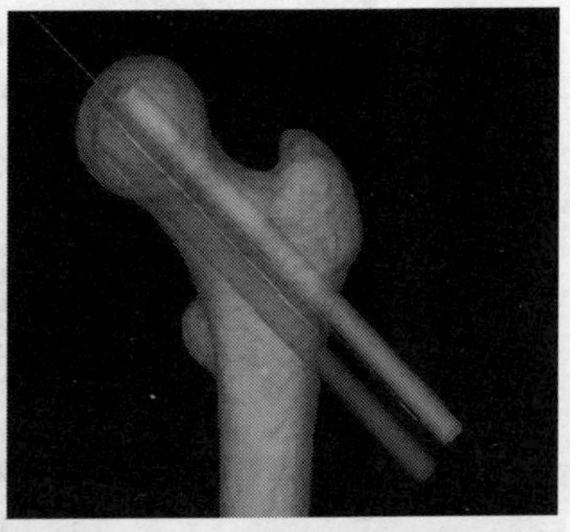

图 6-84　3D 视口中观察 3 枚拉力螺钉与股骨颈的位置关系

E:测量螺钉在股骨颈内长度。选择 Menu bar>Simulation>Boolean 命令,弹出布尔对话框(图 6-85),选择“Femur”和

"Screw1"进行布尔交运算。

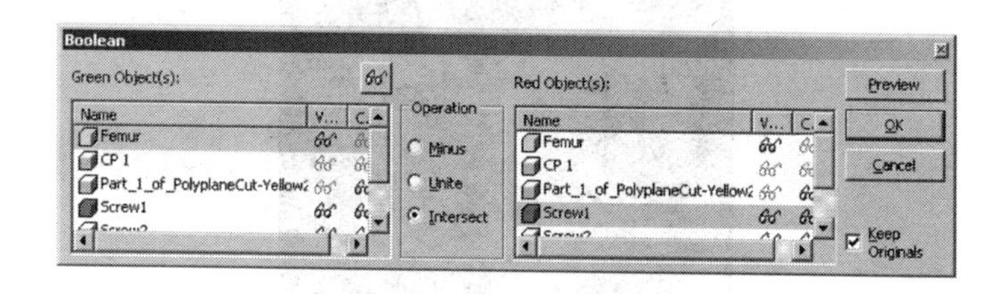

图 6-85 布尔对话框

观察布尔运算结果,"Screw1"位于股骨颈内部分被单独分离出来(图 6-86),命名为"Screw1_L"。

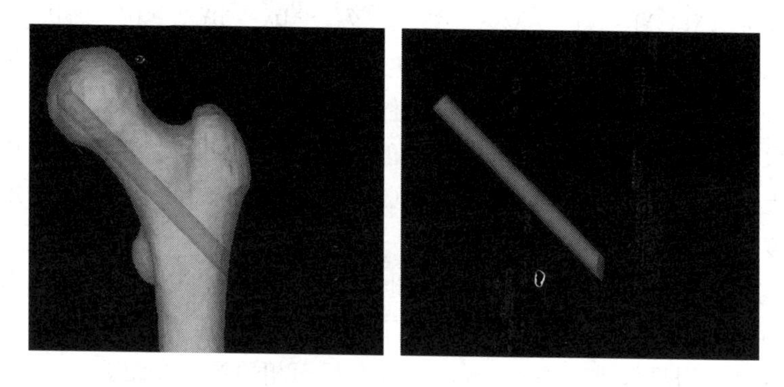

图 6-86 3D 视口中观察第 1 枚螺钉在股骨颈内部分

使用长度测量工具测量"Screw1_L"的长度即螺钉在股骨颈内进钉深度(图 6-87)。

其他 2 枚拉力螺钉的长度均可用同样的方法测量。

F:测量拉力螺钉的角度。拉力螺钉与股骨颈中轴线平行,已知中轴线端点坐标如下。

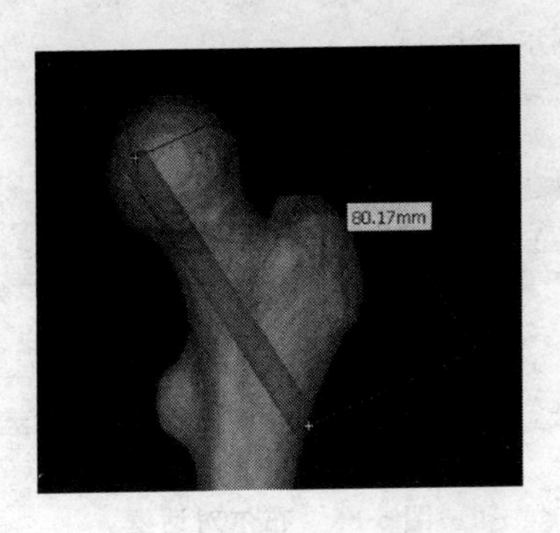

图 6-87 螺钉股骨颈内进钉深度测量

Line：

Name	X1	Y1	Z1	X2	Y2	Z2	DX	DY	DZ	D
Line 1	35.53	47.84	1.08	118.38	100.92	−125.09	82.85	53.07	−126.18	0.00

因此，拉力螺钉在正位片上与水平线的夹角为∠α＝atan(DZ/DX)，代入上述坐标值得角度为 56.7°；拉力螺钉在侧位片上与水平线的夹角为∠β＝αtan(DZ/DY)，代入上述坐标值得角度为 67.2°。

G：观察进钉点位置。读者也可以测量进钉点相对解剖标志的位置，当然也可以基于快速成型技术设计进钉点导板，在术中可以利用导板准确置钉，具体内容在后面相关章节介绍。

第 7 章 chapter 7 医学有限元分析前处理之利器——FEA模块

有限元分析是现代工程分析中应用最广泛的数值计算方法，能够解决工程上复杂结构的多种物理问题。然而由于人体解剖结构复杂、组织材料属性多样以及边界条件难以确定等因素，医学三维有限元分析曾经是“阳春白雪”，即使是有经验的专业人员构建医学三维有限元模型也往往需要几个月的时间。

Mimics 等医学影像三维重建软件的出现，使研究人员从耗时费力的医学有限元建模中解放出来，而 FEA 模块又使得从三角面片的几何模型到有限元网格的衔接更加快捷流畅，有限元分析在医学领域的应用也必将得到更广泛的拓展。

本章首先简要介绍有限元分析的基本概念，FEA 模块在医学有限元分析前处理中的作用，然后具体介绍 FEA 模块的功能，最后以一个实例来学习体会 FEA 模块在医学有限元分析前处理中的应用。

一、有限元分析基础知识

有限元法是近似求解一般连续域问题的数值方法。有限元法的基本思想是对连续体做离散化，正如用正多边形的周长逼近圆周求圆周率的方法一样，将求解域划分为一系列的单元(element)，单元之间仅靠节点(node)相连。单元内部的待求量可由单元节点量通过选定的函数关系插值得到，然后将各单元方程集组成总体代数方程组，计入边界条件后可对方程求解。

(一)有限元软件分析流程

目前先进的商用有限元软件,如 ANSYS、ABAQUS 和 Fluent 等,使用户不需要掌握很深的理论知识便可以解决许多实际工程问题。典型的有限元软件分析过程包含 3 个主要步骤。

首先创建有限元模型,包括建立或读入分析结构的几何模型,定义单元的材料属性,划分有限元网格。

然后是求解处理,包括定义边界条件和载荷。

最后是后处理,查看分析结果。

(二)区分几何图形与有限元网格

现在常用的有限元分析软件都是首先建立几何模型,然后基于几何模型划分有限元网格。由节点和单元构成的有限元网格模型与几何模型外形是一致的。但是几何模型并不参与有限元分析,只是提供创建有限元网格的参考。虽然载荷和约束可以加在几何模型上,但最终由程序自动传递到有限元模型上进行求解。

Mimics 重建的几何模型由三角面片组成,有限元面网格也可以由三角面片组成,但是二者对网格形状、密度等要求并不相同,几何模型的三角面片只有经过一定的处理才能作为有限元网格使用。

作为几何模型表面的三角网格,首先是保证几何精度,其次是尽量减少三角网格的数量以减小模型所占储存空间的大小,而对三角网格的形状没有要求(图 7-1)。

作为有限元表面网格的划分,则根据所研究的物理问题不同,对网格划分的要求也不同。

一是几何结构细节的处理,对几何模型来说,表面多一些小的坑洼毛刺,只是多一些小的三角网格,对整体的几何精度影响不大;而对有限元分析来说,一些结构细节对分析并不重要,只会使模型更加复杂,而一些结构细节,如倒角或孔,可能是应力集中所在,却非常重要。

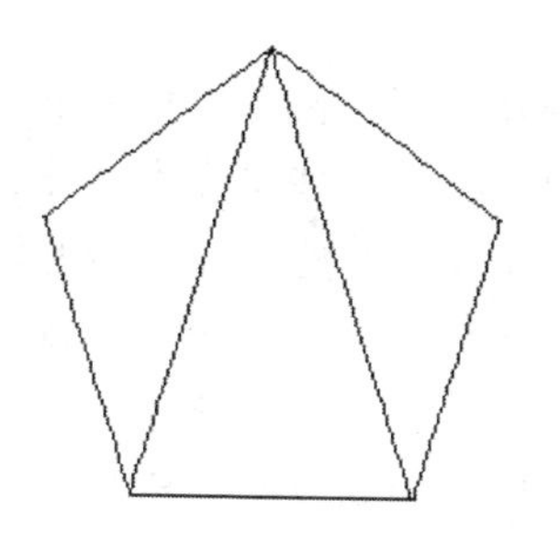
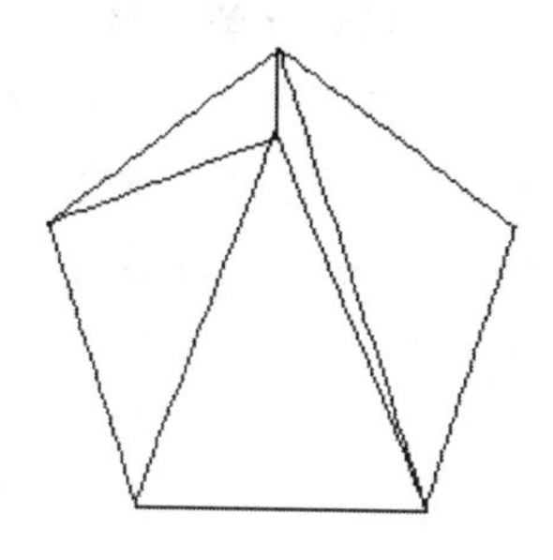

图 7-1　几何模型三角网格表面，虽然两种划分方法所用三角形数量不同，形状不同，但几何精度是一样的

二是网格划分密度，有限元网格过于粗糙则结果可能错误，过于精细则计算时间可能太长。同时，对关注的局部区域或应力可能集中的部分，网格要加细，而非重要部分的网格要减少。

三是网格的过渡，网格从粗到细之间要有一定的过渡（图 7-2）。

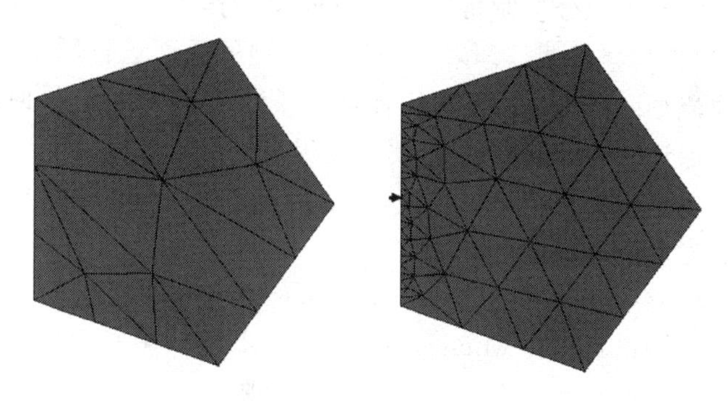

图 7-2　有限元网格划分，与左侧相比，右侧网格较精细，同时在指定线上将局部网格进一步细化，且网格过渡较缓

(三)FEA 模块功能概述

进行医学有限元分析,在获得几何网格模型以后还需要转化为有限元网格模型。“条条大路通罗马”,一些研究者可能已经熟悉其他逆向工程或 CAD 软件的使用,几何模型转化为有限元模型也可以通过其他许多种方法实现。“工欲善其事,必先利其器。”Mimics 软件的 FEA 模块,依托研发团队在处理三角网格方面强大的技术力量,专注于实现几何模型到有限元模型的无缝衔接,是研究者依据分析物理问题的特定要求,实现医学几何模型向有限元模型转化的有力工具。

FEA 模块的功能主要有以下几个方面。

非流形网格划分(non-manifold)

流形(manifold)是一个拓扑学概念,如果三维模型上每 1 条边都有 2 个相邻面,称为流形。如果 2 个(或 2 个以上)毗邻的三维模型之间共用面,则共用面边界上的每条边有 3 个(或 3 个以上)相邻面,则称为非流形。

医学有限元分析时常需要把不同模型作为一个整体进行分析,比如骨与金属假体。对骨与假体模型的界面进行网格划分,称为非流形网格划分。在进行有限元分析时,两种材料界面的共用节点保证了力的正常传递,将有效提高分析的质量。Mimics 软件可以基于蒙板直接计算非流形,或者可以在 Remesh 模块中进行非流形装配。

创建有限元体网格(volumetric mesh)

用户可以直接在 Mimics 软件 Remesh 模块中基于优化的几何网格创建有限元网格,并且可以分析有限元网格质量。

网格优化(remesh)

Remesh 模块提供丰富的三角网格查看、编辑、优化工具,可以非常简便迅捷地提升三角网格质量,使三角网格适合于特定的有限元分析要求。

赋材质(material assignment)

人体解剖结构常由多种材料组成，比如骨骼，可分为骨皮质与骨松质。一般的分析可以将骨皮质简化为同等厚度的壳单元，为骨皮质和骨松质赋予两种材料属性。而骨皮质的厚度和骨松质的密度各处不同，这就造成影响分析结果的一个因素。而为每一处不同厚度的骨皮质或不同密度的骨松质指定不同的材料属性，将是一个不可想象的艰巨任务。

FEA 模块的赋材质工具，可以根据体单元所属不同的蒙板、CT 值为单元分配材料属性，实现了对人体解剖结构非均匀材料属性的精确描述。

导入和导出(import and export)

提供了与 Patran Neutral、Abaqus、Ansys、Fluent 以及 Nastran 等商业有限元分析软件的接口。

二、网 格 优 化

Remesh 模块可以作为一个三角网格检查、编辑及优化的单独软件，具有独立的软件界面以及与 Mimics 软件类似的三维模型浏览功能。这里仅介绍其优化和创建有限元网格方面的相关内容，更多的精彩留给读者去探索体验。

在进行网格优化之前，需要提醒的一点是，不论 Remesh 模块还是其他任何一种网格优化软件，其只能将三维模型的三角网格优化到适合有限元分析的质量，而不能提高三维模型本身的质量。换句话说，如果三维重建时图像分割是草率的，那么网格优化将会是沙滩上建大厦，费力而不讨好。

(一)Remesh 模块用户界面

Remesh 模块采用面向对象的编程方法，界面灵活简洁，操作便利，现简要介绍其软件界面(图 7-3)。

1. 标题栏

标题栏显示软件名称。

2. 菜单栏(menu bar)

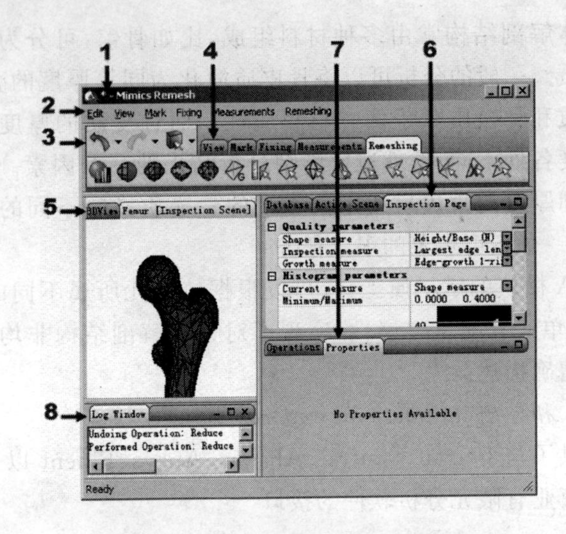

图 7-3 Remesh 用户界面

1. 标题栏 2. 菜单栏 3. 主工具栏 4. 分组工具栏 5. 视口区 6. 页面区 7. 属性和命令区 8. 日志窗口

通过菜单栏可以访问 Remesh 模块的所有命令。

3. 主工具栏

重复“Edit”菜单的命令按钮，提供操作的历史记录以及选择对象(三维模型、面、轮廓线等)命令。

4. 分组工具栏(toolbars)

重复相应菜单栏的命令，“View”提供视口区操作命令；“Mark”提供三角面片标记工具；“Fixing”提供三角网格修复工具；“Measurements”提供测量工具；“Remeshing”提供网格优化相关命令。

5. 视口区

3D 视口(3Dview)可以查看导入 Remesh 模块中的所有对象，检视视口(inspection scene)可以查看软件自动产生或者由用户创建的特定对象。

6. 页面区

检视页面(inspection page),与检视视口相对应,显示所检视对象的三角面片质量分布直方图;数据导航页面(database),显示Remesh模块当前项目的导航信息;当前视口导航页面(active scene),显示当前激活视口中对象的导航信息。

7. 属性及操作区

属性(properties),显示当前选择对象的属性;操作(operations),显示当前选择的操作命令对话框。

8. 日志窗口

日志窗口(log window),显示操作历史的文字记录。

(二)检视页面(inspection page)

通过检视页面可以检视三角网格质量和控制所有的网格优化操作。进入Remesh模块,软件会自动创建模型的检视视口和三角面片检视页面(图7-4)。

可以在检视页面设置检视参数和查看三角网格质量分布直方图。

"Quality parameters"选择质量参数。"Shape measure"选择三角网格形状测量参数,"Inspection measure"选择三角网格检视测量参数,"Growth measure"选择三角网格过渡测量参数。每个参数的具体用法请根据需要参照软件的帮助文档,注意只有形状参数和过渡参数可以用来自动优化三角网格,而检视参数只能检查和标记三角网格,对标记的三角网格优化可进一步选择局部(marked only)或手工优化。

"Histogram parameters"设定直方图参数。"Current measure"选择当前直方图的三角网格质量测量类型(形状、检视或过渡),"Minimum/Maximum"显示当前直方图测量参数的最小和最大阈值。

"Histogram"直方图。直方图横轴为三角网格质量值,纵轴

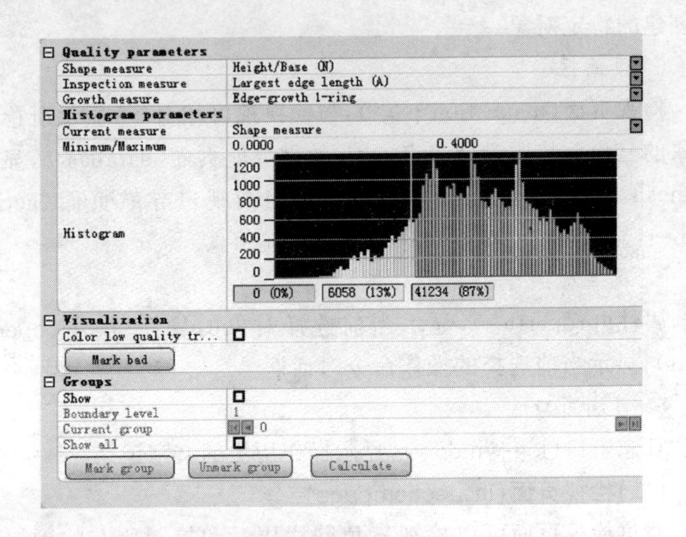

图 7-4　检视页面

为三角网格数量值。在直方图上有两条竖线可以设定测量参数的最小阈值(红色竖线)和最大阈值(绿色竖线),用户可以拖曳阈值竖线改变其位置。高于最大阈值的直方图显示为灰色,认为是高质量的;低于最小阈值的直方图显示为红色,认为是低质量的;在阈值之间的直方图,按照质量从低到高,用从红色过渡到绿色标记。在直方图的下方,显示低于最小阈值的、高于最大阈值的以及阈值之间的三角网格各占总数的百分比。

"Visualization"标记颜色。"Color low quality triangles"可以在检视视口(inspection scene)中显示直方图中三角网格标记的颜色;单击〖Mark bad〗按钮,则所有低于最大阈值的三角网格被标记为红色。

"Group"将标记的低质量三角网格分组。"Show"在检视视口(Inspection Scene)中显示直方图中低于最大阈值的三角网格;"Boundary level"设置低质量三角网格的分组参数,如设为 1,则与低质量三角网格相邻的三角网格也被包括到组内，如设为 2，则相邻的三角网格也被包括到组内，以此类推；单击〖Calculate〗按钮，按照设定质量阈值和分组参数计算分组；"Current group"可以逐个浏览分组的三角网格。

(三)网格优化一般步骤(remeshing protocol)

网格优化过程是一个反复尝试的过程，所以网格优化的流程也不是一成不变的。每一次进行优化的模型不同，有限元分析目的不同，网格优化的步骤也不同。以下介绍网格优化的一般流程。

A：检查三维模型表面是否有细微的峭壁或罅缝，确定这些结构细节是三维重建误差还是所分析结构本身固有的，如果是结构本身固有的，确定是否是本次有限元分析所关注的问题。一般来说，这些细节会增加有限元模型的复杂程度，影响有限元分析的结果，可以用"Wrap"命令消除。

B：三维重建模型表面，一般由于 CT 扫描的噪声会造成表面坑坎不平，可以用"Smooth"命令光顺表面。

C：执行"Reduce Triangles"命令缩减三角网格数量。

D：检查三角网格小边边长(smallest edge length)和大边边长(largest edge length)的分布情况，记下平均小边长度和平均大边长度。如果发现有太多小的三角网格，可以用"Filter Small Edges"命令过滤细小的三角网格。

E：对三角网格进行自动优化"Auto Remesh"，注意只能在"Shape measure"中选择测量参数，一般有限元分析选择"Height/Based (N)"，流体分析选择"Skewness (N)"，设定优化阈值为 0.3～0.4。

F：在保持自动优化质量的同时缩减三角网格数量，执行"Quality Preserving Reduce Triangles"命令。

G：如果仍有低于优化阈值的三角网格，可以调整自动优化命令的参数，增加允许误差(geometric error)，再次进行自动优化。

H:以上操作均是选择全部三角网格,如果仍有低于优化阈值的三角网格,可以选择局部标记的三角网格(marked)操作。

I:要进一步减少三角网格数量,可以调整缩减三角网格命令的参数,增加允许误差(geometric error),反复执行多次"Quality Preserving Reduce Triangles"命令,直到合适为止。

J:执行"Self-intersection test"命令,检查自交三角面片并将其删除,然后填补空洞(fill hole)。

K:如果仍存在小的三角网格,但又不想增加整体几何误差,可以人工选择并塌陷(collapse)。

L:如果感觉或在有限元分软件中提示模型存在锐缘(sharp),即两个三角面片之间夹角太小,可以检查模型的锐缘(sharp geometry)并人工修正。

M:如果需要优化三角面片之间过渡,执行"Growth Control"命令。

N:在有限元分析时壁厚要求至少 4 个单元,在流体分析时壁厚要求至少 1～2 个单元,检查壁厚与边长比值(wall thickness/edge length),搜寻这些区域并人工修正。

O:执行"Create Volume Mesh"命令创建有限元网格。

P:执行"Analyze Mesh Quality"命令检查有限元网格质量。

Q:如果有低于要求的有限元网格,则分析原因并重新进行网格优化。

R:如果有限元网格符合要求,则可以退出网格优化并导出相应软件的有限元网格文件。

(四)自动优化(auto remesh)

自动优化功能将对低质量的三角网格进行自动优化。自动优化之前,首先在检视页面选择当前检视(current measure)为形状测量(shape measure);选择适合的测量方法,一般有限元分析选择"Height/Based (N)",流体分析选择"Skewness (N)";拖曳直方图中阈值竖线设置最小阈值,一般为 0.3～0.4。

选择三维模型进行自动优化，可以执行以下操作。

· 选择 Menu bar> Remeshing >Auto Remesh 命令，或者单击 Toolbars>Remeshing >"Auto Remesh"按钮，在操作(operations)区显示命令参数设置面板(图7-5)。

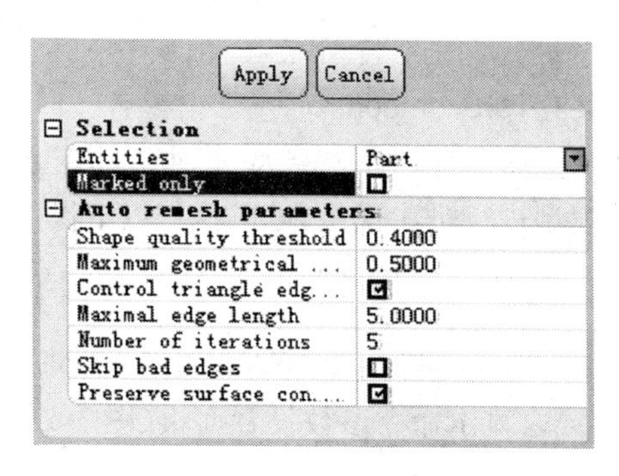

图7-5　自动优化参数设置

· 选择优化对象(selection)：

"Entities"可以选择优化三维模型(part)，面(surface)或当前选择组(group)。

"Marked only"勾选可以只对局部标记的三角网格进行优化。

· 设置自动优化参数(auto remesh parameters)：

"Shape quality threshold"设置优化阈值。

"Maximum geometrical error"设置自动优化时允许的表面几何误差。

"Control triangle edge length"控制优化后三角网格最大边的长度，如果勾选，可以在"Maximal edge length"中输入限制阈值，优化后的三角网格最大边的长度均小于此阈值。

"Number of iterations"设置迭代次数，最高优化效果越好但运算时间越长，推荐为 3。

“Skip bad edges”忽略坏边，如果勾选，则不对坏边进行自动优化。

“Preserve surface contours”保护面的轮廓，如果勾选，则在自动优化过程中会保持已经定义的面的边。

• 单击〖OK〗按钮，完成自动优化。

(五)过渡优化(growth control)

过渡优化功能将优化三角网格从大到小，从粗到细之间的过渡。选择三维模型进行过渡优化，可以执行以下操作。

• 选择 Menu bar＞ Remeshing ＞Growth Control 命令，或者单击 Toolbars＞Remeshing ＞“Growth Control” 按钮，在操作(operations)区显示命令参数设置面板(图 7-6)。

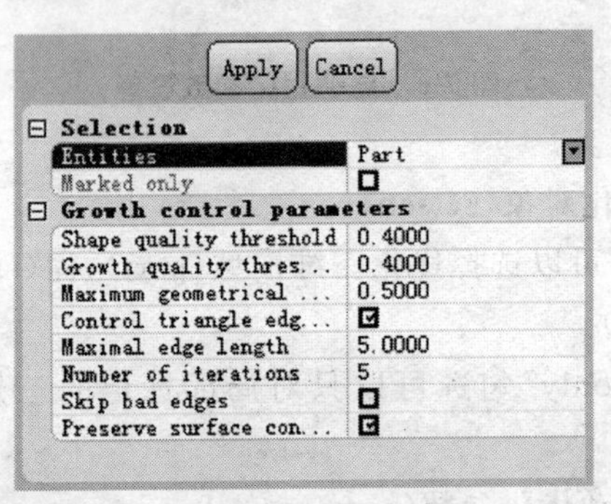

图 7-6 过渡优化参数设置

• 选择优化对象(selection)：

“Entities”可以选择优化三维模型(part)，面(surface)或当前选择组(group)。

“Marked only”勾选可以只对局部标记的三角网格进行优化。

• 设置自动优化参数(auto remesh parameters)：

"Shape quality threshold"设置网格自动优化阈值。

"Growth quality threshold"设置过渡优化阈值。

"Maximum geometrical error"设置过渡优化时允许的表面几何误差。

"Control triangle edge length"控制过渡优化后三角网格最大边的长度，如果勾选，可以在"Maximal edge length"中输入限制阈值，过渡优化后的三角网格最大边的长度均小于此阈值。

"Number of iterations"设置迭代次数，最高优化效果越好但运算时间越长。

"Skip bad edges"忽略坏边，如果勾选，则不对坏边进行过渡优化。

"Preserve surface contours"保护面的轮廓，如果勾选，则在过渡优化过程中会保持已经定义的面的边。

· 单击〖OK〗按钮，完成过渡优化(图 7-7)。

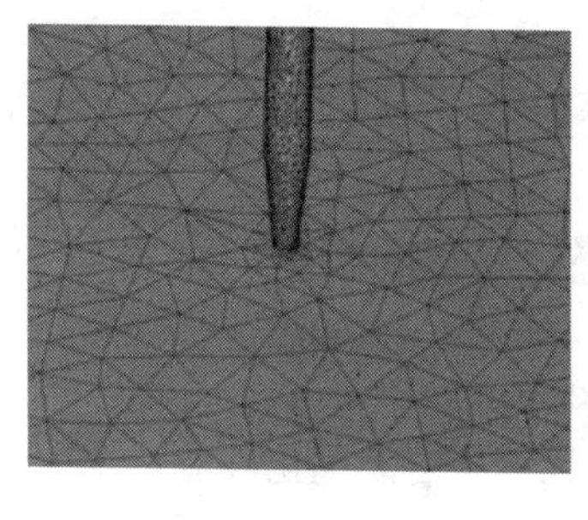
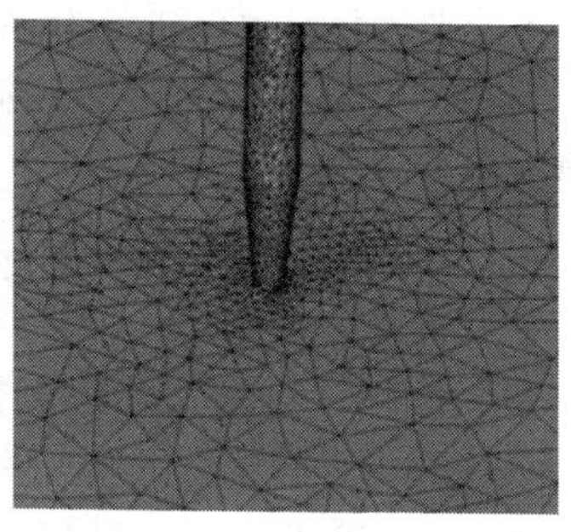

图 7-7　三角网格过渡优化，左为优化前，右为优化后

(六)保持质量三角网格缩减(quality preserving triangle reduction)

保持质量三角网格缩减可以在保持三角网格优化质量的前提下缩减模型的三角面片数量。选择保持三角网格质量的同时进行三角网格缩减，可以执行以下操作。

・选择 Menu bar＞Remeshing＞Quality Preserving reduce triangles 命令，或者单击 Toolbars＞Remeshing ＞“Quality Preserving reduce triangles” 按钮，在操作(operations)区显示命令参数设置面板(图 7-8)。

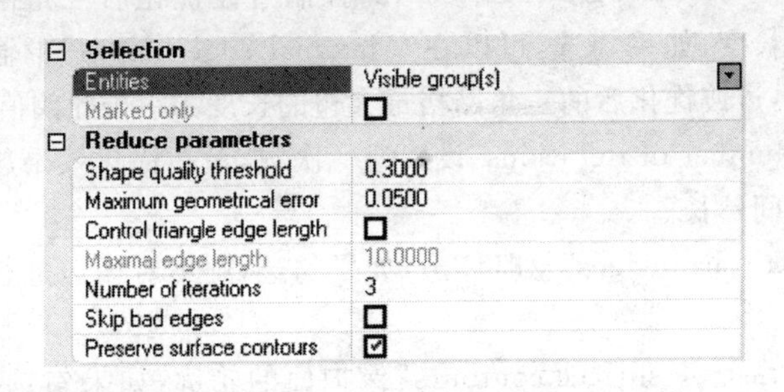

图 7-8　保持质量三角网格缩减参数设置

・选择优化对象(selection)：

“Entities”可以选择优化三维模型(part)，面(surface)或当前选择组(group)。

“Marked only”勾选可以只对局部标记的三角网格进行优化。

・设置缩减参数(auto remesh parameters)：

“Shape quality threshold”设置网格自动优化阈值。

“Maximum geometrical error”设置过渡优化时允许的表面几何误差。

“Control triangle edge length”控制过渡优化后三角网格最大边的长度，如果勾选，可以在“Maximal edge length”中输入限制阈值，过渡优化后的三角网格最大边的长度均小于此阈值。

“Number of iterations”设置迭代次数，最高优化效果越好但运算时间越长，推荐为 3 次。

“Skip bad edges”忽略坏边，如果勾选，则不对坏边进行过渡优化。

"Preserve surface contours"保护面的轮廓，如果勾选，则在过渡优化过程中会保持已经定义的面的边。

· 单击〖OK〗按钮，完成三角网格缩减。

（七）手工优化（manual remeshing）

Remesh 模块提供了丰富的三角网格手工编辑工具，可以允许用户手工编辑每一片三角网格，这为用户提供了更广阔的自由操作空间。在处理少量的低质量三角网格时，可以直接对选定的三角网格进行手工编辑。

选择一个手工编辑工具，用光标指向或选择所要编辑的一个或多个三角网格时，在操作（operations）区显示编辑工具的参数面板，显示编辑前后三角网格质量测量统计值（图 7-9）。

⊟ Average shape quality	
Before	0.0000
After	0.0000
Delta	0.0000
⊟ Minimum shape quality	
Before	0.0000
After	0.0000
Delta	0.0000
⊟ Geometrical error feedback	
Maximum geometrical error	0.0500
Geometrical error	0.0000

图 7-9　手工编辑工具参数面板

"Average shape quality"平均形状质量值，显示选定的三角网格编辑前后平均质量对比。

"Minimum shape quality"最小形状质量值，显示选定的三角网格中编辑前后最低质量对比。

"Geometrical error feedback"几何误差警示和反馈，"Maximum geometrical error"设置最大允许几何误差，当编辑时误差大于设定值，程序为弹出一个警示信息，以选择是否执行操作；"Geometrical error"执行编辑操作后反馈几何误差。

手工编辑可供选择的工具如下。

测量单个三角网格质量，单击 Toolbars > Remeshing > "Measure Single Triangle Quality" 按钮，指向所测三角网格，在操作区(operations)显示三角网格质量值。

反转边，单击 Toolbars > Remeshing > "Flip Edge" 按钮，选择编辑的边单击反转边(图 7-10)，在操作区(operations)显示编辑前后三角网格质量统计值。

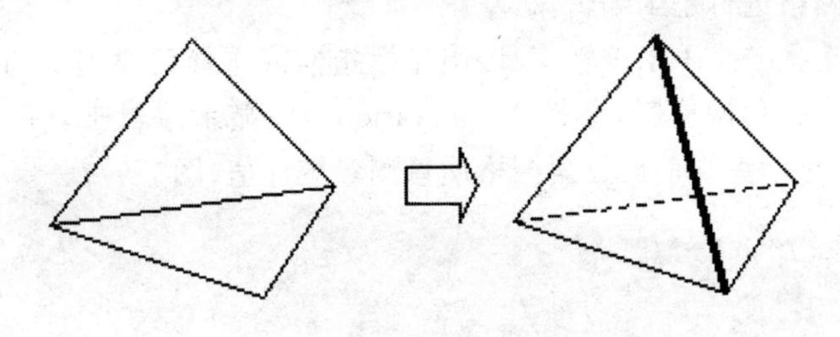

图 7-10　反转边

塌陷边，单击 Toolbars > Remeshing > "Collapse Edge" 按钮，选择编辑的边单击塌陷边(图 7-11)，在操作区(operations)显示编辑前后三角网格质量统计值。

塌陷三角形，单击 Toolbars > Remeshing > "Collapse Triangle" 按钮，选择编辑的三角形单击塌陷三角形(图 7-12)，在操作区(operations)显示编辑前后三角网格质量统计值。

细化三角形，单击 Toolbars > Remeshing > "Subdivide triangle" 按钮，选择编辑的三角形单击细化三角形(图 7-13)，在操作区(operations)显示编辑前后三角网格质量统计值。

添加点，单击 Toolbars > Remeshing > "Add Point" 按

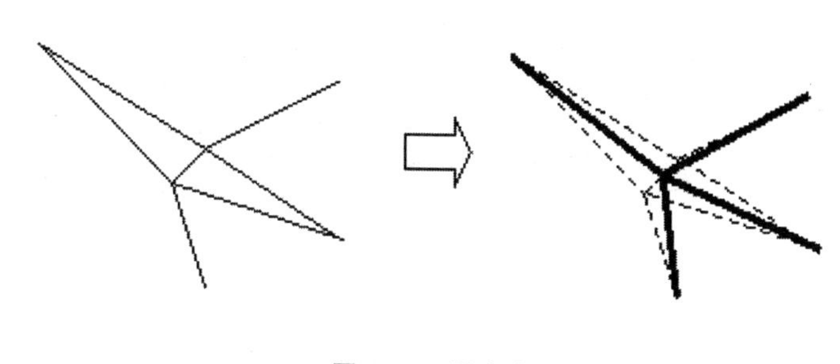

图 7-11　塌陷边

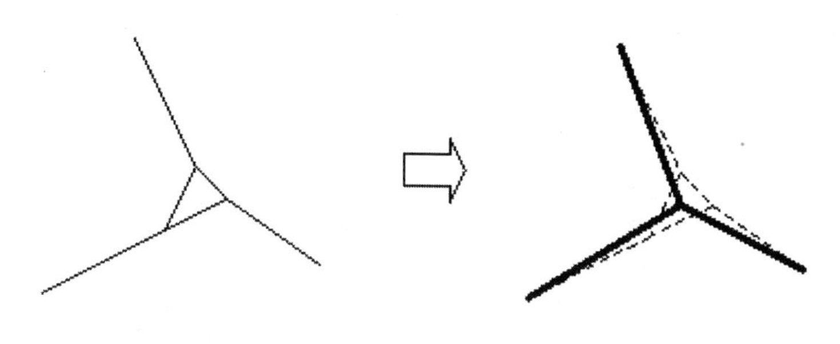

图 7-12　塌陷三角形

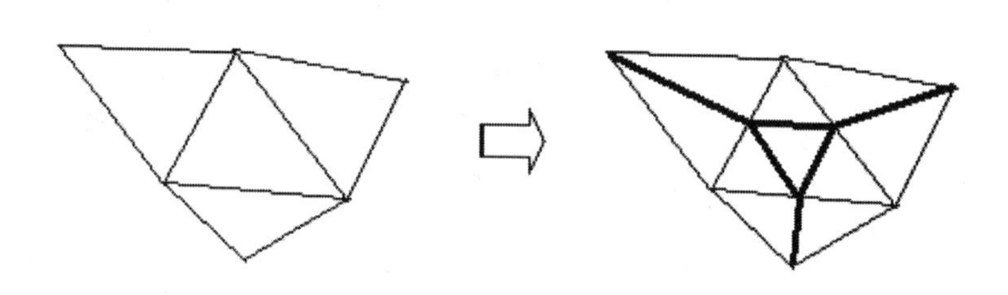

图 7-13　细化三角形

钮，选择编辑的三角形中单击添加点（图 7-14），在操作区（operations）显示编辑前后三角网格质量统计值。

在边上添加点，单击 Toolbars > Remeshing >“Add Point

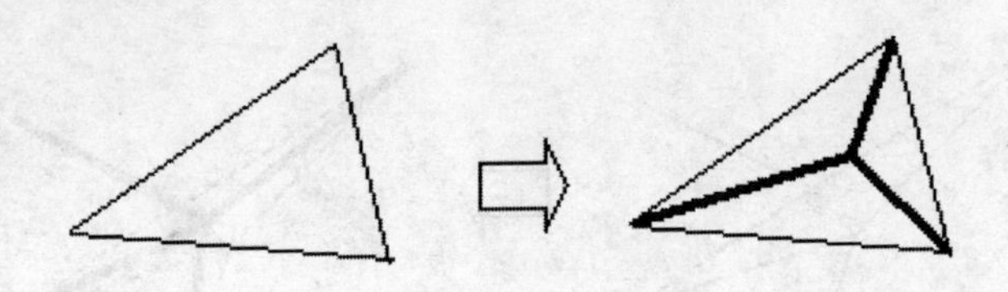

图 7-14　添加点

On Edge”按钮，选择编辑的三角形边单击添加点(图 7-15)，在操作区(operations)显示编辑前后三角网格质量统计值。

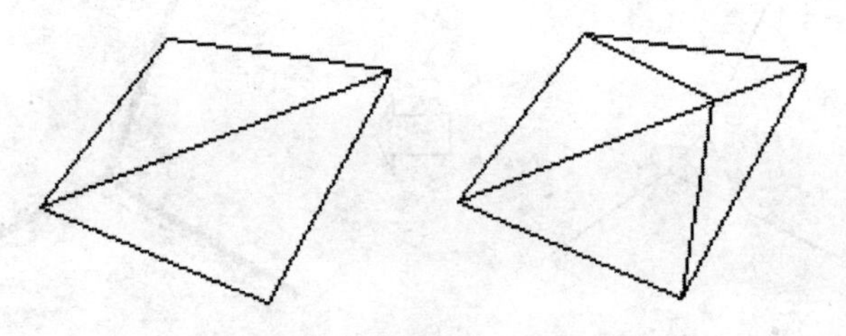

图 7-15　三角形边上添加点

移动点，单击 Toolbars＞Remeshing ＞“Move Point”按钮，选择编辑的三角形上一点单击拖曳移动点(图 7-16)，在操作区(operations)显示编辑前后三角网格质量统计值。

删除三角形，单击 Toolbars＞Remeshing ＞“Delete Triangle”按钮，选择编辑的三角形单击删除。

绘制三角形，单击 Toolbars＞Remeshing ＞“Create Triangle”按钮绘制三角形，在空洞或两个面的缘选择 3 个点绘制三角形。如果在两个面之间绘制三角形，那么绘制的三角形属于共边的面。

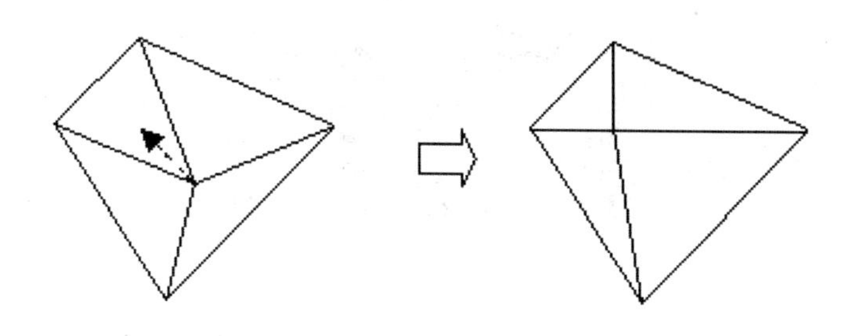

图 7-16　移动点

删除标记的三角形，单击 Toolbars＞Remeshing ＞“Delete Marked Triangle”按钮，将所有标记的三角形删除。

三、创建非流形网格

有限元分析时常需要在两个模型或模型的两种组成材料界面创建共用节点，因此要求创建有限元模型之前，创建共用界面的非流形几何模型。

用户可以基于相邻蒙板创建非流形网格，还可以在 Remesh 模块中进行非流形装配。

（一）基于相邻蒙板创建非流形网格

基于相邻蒙板直接计算非流形网格，可以执行以下操作。

· 选择 Project Management＞masks 标签，在蒙板列表中，单击蒙板对应的“Assembly”选项，将其加入装配序列（图 7-17）。注意加入顺序：第一个蒙板三维重建后模型的网格保持不变，第二个蒙板三维重建后，与第一个三维模型共用界面的网格由第一个三维模型共用界面的网格代替，以后加入的蒙板以此递推。

· 选择 Menu Bar ＞FEA ＞Create Non-Manifold 命令，弹出计算非流形网格对话框（图 7-18）。

· 选择“Quality”参数或者单击〖Options…〗按钮自定义重建参数（可参见三维重建参数设置），单击〖Calculate〗按钮，创建非

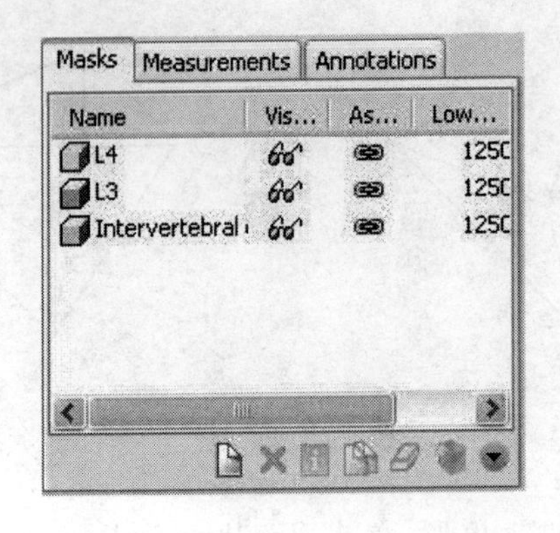

图 7-17　选择蒙板，单击两个腰椎及之间椎间盘对应的“Assembly”选项

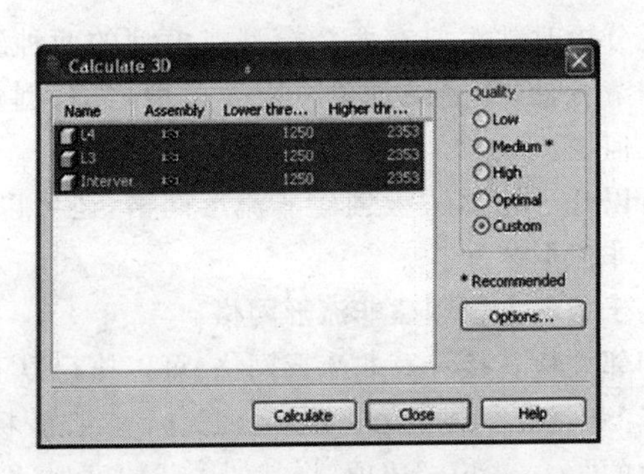

图 7-18　计算非流形网格对话框

流形三维模型网格（图 7-19）。

（二）Remesh 模块中创建非流形装配（create non-manifold assembly）

在 Remesh 模块中创建非流形装配，首先要从 Mimics 主程序中导入两个三维模型，然后执行以下操作。

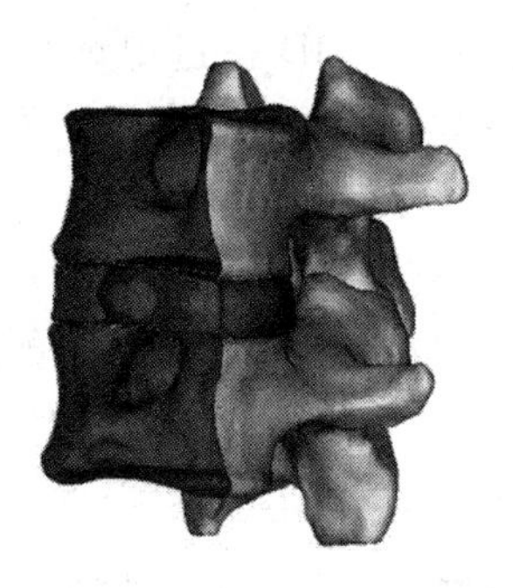

图 7-19　非流形网格,冠状面剖切(clipping)显示两个腰椎椎体和椎间盘的共用界面

· 选择 Menu bar＞Remeshing＞Create non-manifold assembly 命令,或者单击 Toolbars＞Remeshing ＞"Create non-manifold assembly"按钮,在操作区(operations)显示命令参数设置面板(图 7-20)。

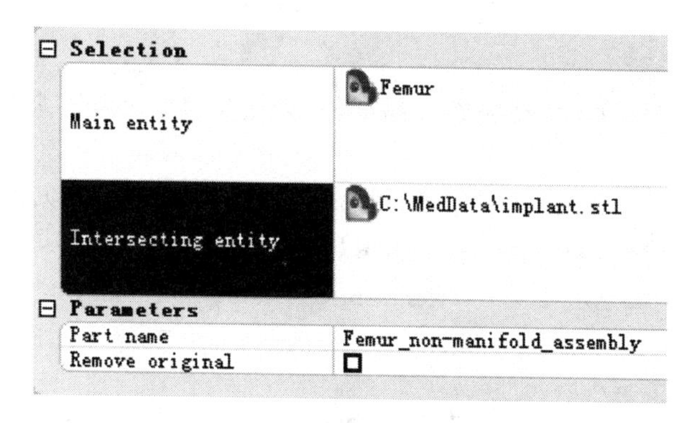

图 7-20　创建非流形装配

· 选择装配对象(selection):
"Main entity"在 3D 视口中选择三维模型。

"Intersecting entity"在 3D 视口中选择需要装配的三维模型,在与前面选择三维模型的相交面创建非流形装配。

• 设置参数(parameters):

"Part name"设置装配后非流形的名称。

"Remove original"设置创建非流形装配后是否保存原三维模型。

• 单击〖OK〗按钮,完成非流形装配(图 7-21)。

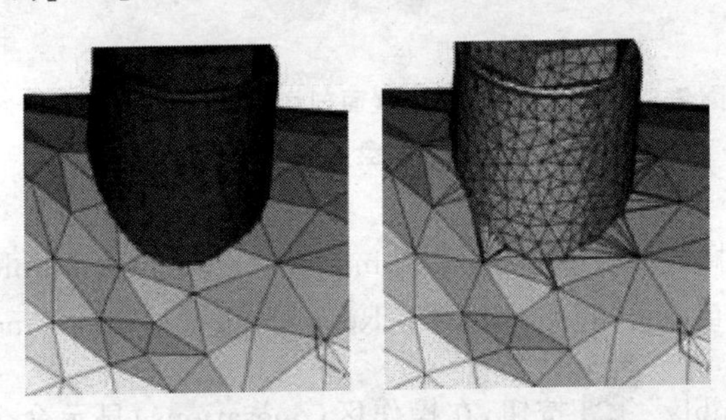

图 7-21　非流形装配,左图为装配前,右图为装配后,可以相交边界上共用节点

(三)Remesh 模块中分离非流形(split non-manifold assembly)

在 Remesh 模块中创建的非流形装配,在网格优化以后,如果想把非流形分离成两个模型,可以执行以下操作。

• 选择 Menu bar>Remeshing>Split non-manifold assembly 命令,或者单击 Toolbars>Remeshing >"Split non-manifold assembly" 按钮,在操作区(operations)显示命令参数设置面板(图 7-22)。

• 选择分离的装配对象(selection):

"Entity"在 3D 视口中选择非流形。

• 设置参数(parameters):

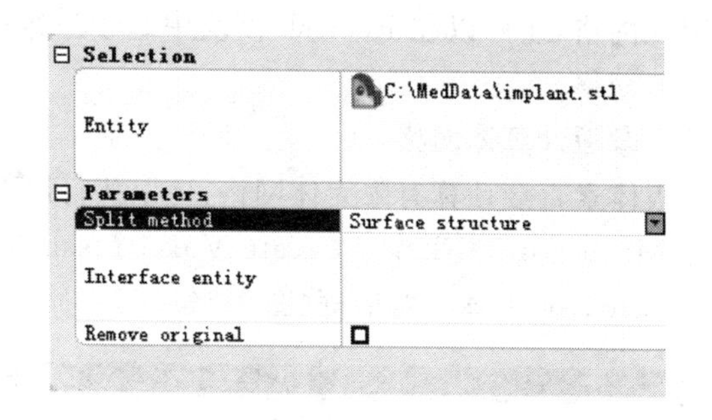

图 7-22　分离非流形装配

"Split method"分离方法，可选择"Assembly information"或"Surface structure"。

"Interface entity"如果选择"Surface structure"分离方法时，选择相交面的体。非流形共有 3 个面，3 个面两两组合可以组成 3 个闭合体。

· 单击〖OK〗按钮，完成非流形分离(图 7-23)。

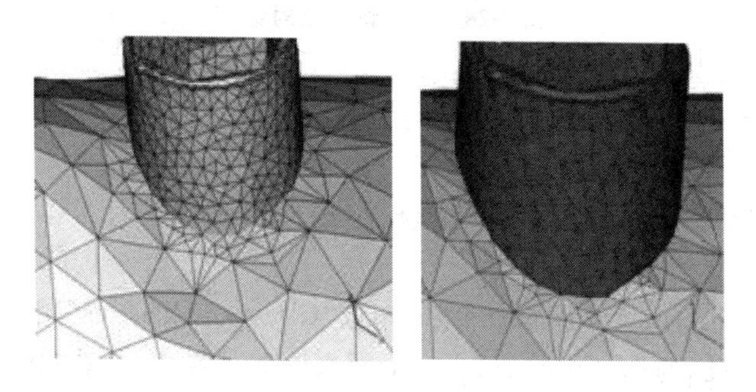

图 7-23　非流形分离，左图为分离前，右图为分离后

四、创建有限元网格

用户可以在 Mimics 软件中基于三维蒙板直接计算四面体或

六面体有限元网格，还可以在 Remesh 模块中基于三维模型创建四面体有限元网格。

(一)基于蒙板计算体网格

基于蒙板体素直接计算有限元体网格，可以执行以下操作。

• 选择 Menu Bar >FEA >Create Voxel Mesh 命令，弹出计算体网格(calculate mesh)对话框(图 7-24)。

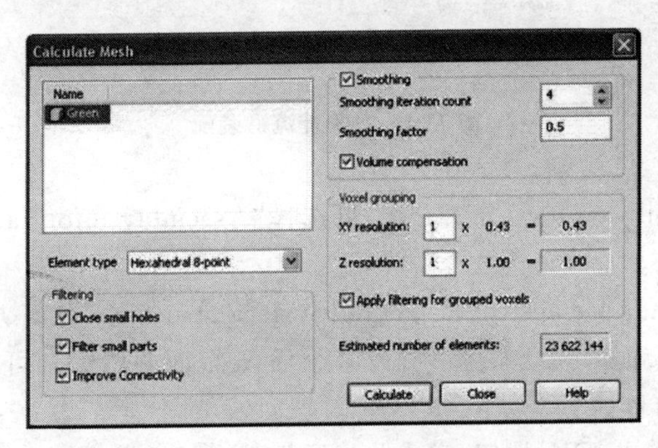

图 7-24　计算体网格对话框

• 在“Name”列表中，选择蒙板。

• 设置计算参数：

“Element type”下拉选择框中选择四面体或六面体单元类型。

“Filtering”设置滤波参数，勾选“Close small holes”闭合蒙板上的小孔，勾选“Filter small parts”去除蒙板噪声，勾选“Improve Connectivity”增强相邻单元之间的连通性。

“Smoothing”设置光顺参数，“Smoothing iteration count”设定迭代次数，“Smoothing factor”设定光顺因子，“Volume compensation”设置光顺时是否进行体积补偿。

“Voxel grouping”通过原始体素合并减少计算体素数量，

“XY resolution”及“Z resolution”输入合并后体素的大小，勾选“Apply filtering on grouped voxels”则将基于合并后的体素进行滤波。

· 单击〖Calculate〗按钮，计算体网格。

(二)基于三角面片模型创建体网格

在 Remesh 模块中，基于优化的三角面网格创建有限元体网格，可以执行以下操作。

· 选择 Menu Bar ＞Remeshing＞Create Volume Mesh 命令，弹出计算体网格面板(图 7-25)。

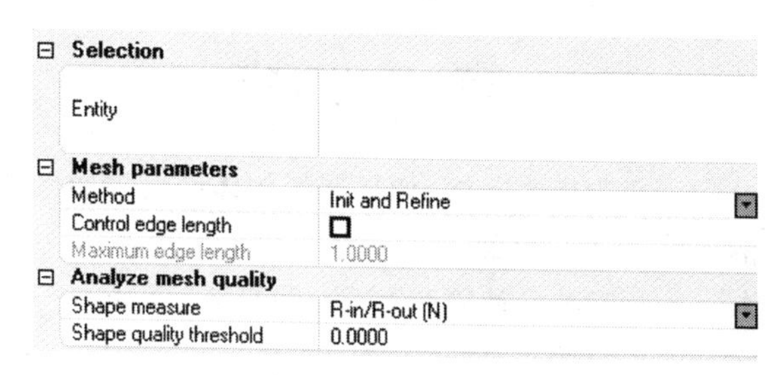

图 7-25　创建体网格面板

· “Selection”选择三角面网格，如果选择的面网格包含多个壳(封闭面)，那么将基于每个壳创建体网格。

· “Mesh parameters”设置计算参数：

“Method”下拉选择框中选择“Init”则仅创建体网格，选择“Init & Refine”创建网格并优化体网格。

“Control edge length”进行网格大小控制，勾选后可以在“Maximum edge length”中输入数值限定单元的最大长度。

· “Analyze mesh quality”设置体网格质量分析参数：

“Shape measure”下拉选择框中选择质量检查种类，“Shape quality threshold”输入质量检查阈值，程序将在日志窗口给出大于和小于设定阈值的网格数量。

(三)基于体网格表面抽取表面

在 Remesh 模块中,基于体网格表面抽取表面,可以执行以下操作。

• 选择 Menu Bar ＞Remeshing＞ Extract Surface from Volume 命令,弹出抽取表面面板(图 7-26)。

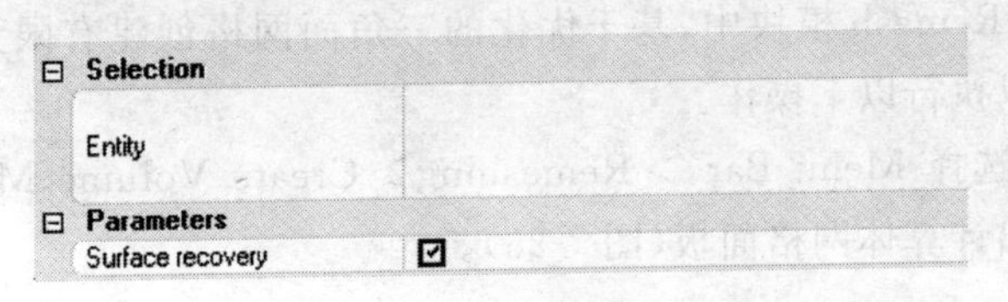

图 7-26　基于体网格抽取表面面板

• "Selection"选择体网格,如果选择的体网格表面已经有面,那么创建的面将替代原始面。

• "Parameters"设置计算参数,如果勾选"Surface recovery"则将已存在的面另存为新面。

(四)转换四面体单元类型

转换单元类型允许在四面体线性单元(tet4)和二次单元(tet10)之间互相转换:

• 选择 Menu Bar ＞Remeshing＞ Convert Volume Mesh 命令,弹出单元转换面板(图 7-27)。

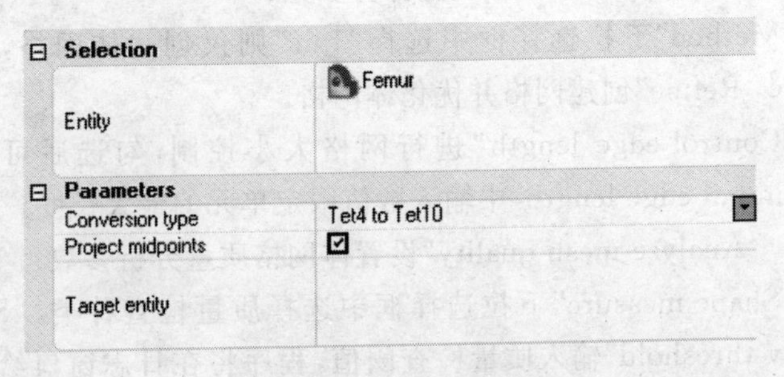

图 7-27　单元转换面板

• “Selection”选择需要转换的体网格。

• “Parameters”设置转换参数：

“Conversion type”选择转换方向，“Tet4 to Tet10”将 1 个线性单元转换为 1 个二次单元，“Tet10 to Tet4”可以将 1 个四面体二次单元转换为多个线性单元。

“Project midpoints”勾选则转换时将表面二次单元的中间节点投射到网格表面，可以增加分析精度。

（五）分析有限元网格质量

允许分析有限元体网格或面网格的质量，分析结果可以通过日志窗口查看。

• 选择 Menu Bar >Remeshing> Analyze Mesh Quality 命令，弹出有限元网格质量分析面板（图 7-28）。

⊟ Selection	
Entity	
⊟ General parameters	
Check correspondence	☐
⊟ Surface mesh parameters	
Analyze surface mesh	☑
Shape measure	R-in / R-out (N)
Shape quality threshold	0.0000
Mark bad triangles	☐
Histogram interval	0.1000
⊟ Volume mesh parameters	
Analyze volume mesh	☑
Shape measure	R-in/R-out (N)
Shape quality threshold	0.0000
Mark bad triangles	☐
Element growth	2
Histogram interval	0.1000

图 7-28　有限元网格质量分析

• “Selection”选择需分析的有限元网格。

• “General Parameters”设置通用参数，勾选“Check correspondence”选项，则会检查有限元网格中体单元和面单元节点的一致性。

• “Surface mesh Parameters”设置面单元网格质量参数：“Analyze surface mesh”勾选则检查面网格质量；“Shape measure”下拉选择框中选择质量检查种类，“Shape quality threshold”输入质量检查阈值；“Mark bad triangles”勾选则标记低于检查质量阈值的三角网格；“Histogram interval”设定网格质量直方图横轴间隔，程序会给出每个间隔之间面网格的数量。

• “Volume mesh Parameters”设置体单元网格质量参数：“Analyze volume mesh”，勾选则检查体网格质量；“Shape measure”下拉选择框中选择质量检查种类，“Shape quality threshold”输入质量检查阈值；“Mark bad triangles”，勾选则标记低于检查质量阈值的体网格；“Element growth”设定表面标记低质量体网格的深度，如果低质量体网格距离表面网格小于设定值，则在表面标记这些低质量的体网格；“Histogram interval”设定网格质量直方图横轴间隔，程序会给出每个间隔之间体网格的数量。

五、赋 材 质

研究人员很早就注意到，骨弹性模量和骨密度存在一定的关联性，并且骨密度测量也是目前临床上检测骨抗断强度的最好办法。虽然至今为止还没有一个公认的精确的骨密度和骨弹性模量计算公式，但针对不同试验条件下不同部位的骨，研究人员提出了许多经验公式。而依据骨组织 CT 值则可以精确计算出骨密度值，这就为通过 CT 值描述骨的生物力学特性提供的一条途径。

医学模型在 Remesh 模块中网格优化、创建体网格后，或者在有限元软件中划分体网格后导入 Mimics 软件，利用赋材质模块，可以精确计算每个单元所对应的 CT 值，进而基于 CT 值为每个单元计算弹性模量。

为导入的有限元体网格赋材质，可以执行以下操作。

• 选择 Menu Bar >FEA >Material…命令，弹出体网格选

择对话框(图 7-29),选择体网格,单击〖OK〗按钮,弹出赋材质窗口(图 7-30)。

图 7-29　体网格选择对话框

· 或者在 Project Management>FEA Meshes 标签下,选择体网格,单击"Materials"按钮,弹出赋材质窗口(图 7-30)。

· "Sub-Volumes"选择非流形网格,如果导入的有限元体网格为非流形创建的网格,则用户可以勾选"Select all sub-volumes"对整体赋材质,或者单选一个非流形子体赋材质。

· "Elements Histogram"显示体单元 CT 值直方图,横轴显示 CT 值,纵轴显示体单元数量。

· "Method"选择赋材质方法,有 3 种方法可供选择:均匀赋值(uniform)、查表赋值(look-up file)和蒙板赋值(mask),下面分别介绍每种方法的使用。

(一)均匀赋值(uniform)

均匀赋值方法将横轴的 CT 值等间隔取样,以间隔中点的 CT 值代表间隔中所有体单元的 CT 值,然后进行赋值。

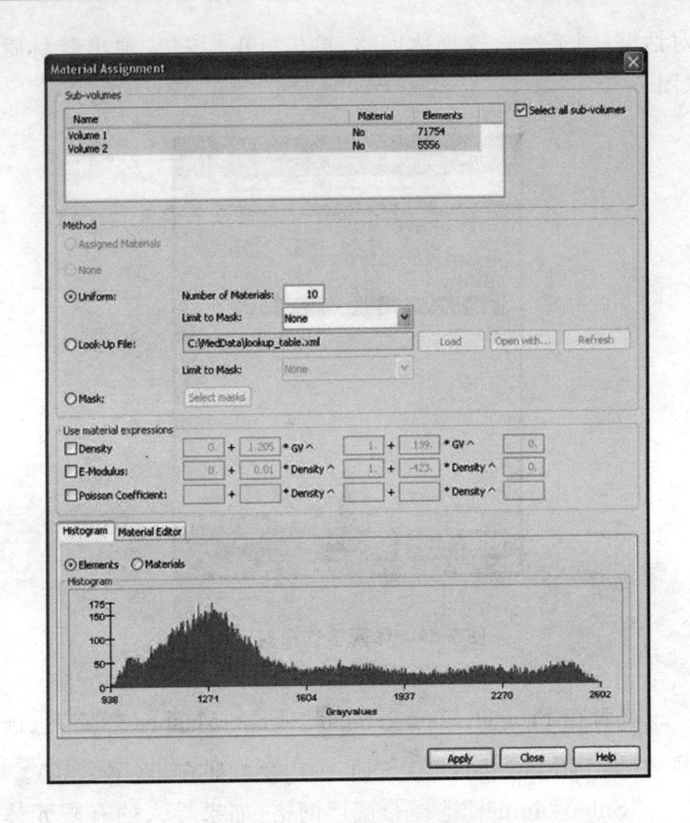

图 7-30　赋材质窗口

选择均匀赋值方法，可以执行以下操作。

•“Method”下点选“Uniform”激活均匀赋值方法，设置均匀赋值参数。

“Number of Materials”中输入取样间隔数。

“Limit to Mask”限定蒙板边界处体素的赋值，由于 CT 扫描的容积效应，蒙板边缘处体素的 CT 值常常代表多种材料属性，如果体单元包含这些体素，那么去除这些体素会增加赋值的精度。

•“Use material expressions”输入基于 CT 值计算单元密度

和弹性模量的经验公式，用户可参照文献或 Mimics 软件所附经验公式。

• “Materials Histogram”显示均匀赋值直方图，用户可以查看单元赋值分布情况(图 7-31)，用户可以观察对应每一个 CT 值间隔范围内的体单元数量。

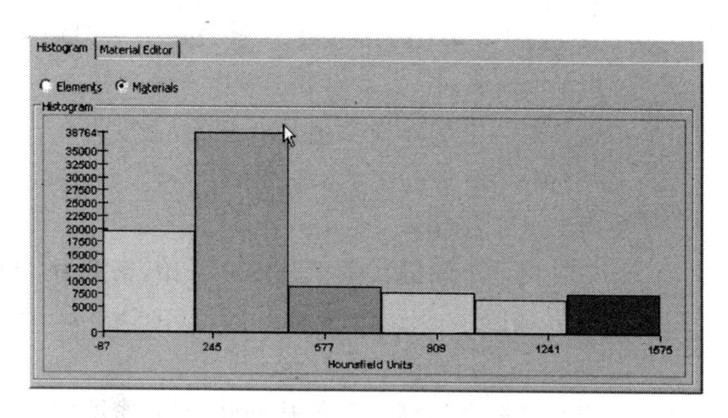

图 7-31　均匀赋值直方图，可见直方图间隔相等

(二)查表赋值(look-up file)

查表赋值方法可允许用户调用或编辑一个 xml 格式文件，由文件指定横轴取样间隔，并且可以对每一间隔指定一个密度值，然后进行赋值。与均匀赋值方法相比，其优点是可以任意控制取样间隔。

Xml 赋值文件格式如下。

```
<? xml version=“1. 0” encoding=“UTF-8”? >
  <LookupTable>
    <Header>
      <Version>
      <Major>1</Major>
        <Minor>0</Minor>
      </Version>
```

<Units>Hounsfield</Units>

</Header>

//以上为文件头,包括蒙板体素的单位,用户可选择 CT 值(Hounsfield)或灰度值(Gray value)

<Table>

<Interval><Start> 0. 0e0 </Start><Density> 0. 0e0 </Density></Interval>

//定义第一个间隔,CT 值从 0 开始,密度为 0

<Interval><Start> 3. 0e2 </Start><Density> 3. 0e2 </Density></Interval>

//定义第二个间隔,CT 值从 300 开始,密度为 300

<Interval><Start> 6. 0e2 </Start><Density> 6. 0e2 </Density></Interval>

//定义第三个间隔,CT 值从 600 开始,密度为 600

……

</Table>

//以上为取样间隔及密度列表

</LookupTable>

选择查表赋值方法,可以执行以下操作。

• “Method”下点选“Look-Up file”激活查表赋值方法,单击〖Load〗按钮加载编辑好的 xml 赋值文件。

“Limit to Mask”限定蒙板边界处体素的赋值。

• “Use material expressions”输入经验公式。

• “Materials Histogram”显示查表赋值直方图,用户可以查看单元赋值分布情况(图 7-32),用户可以观察对应每一个 CT 值间隔范围内的体单元数量。

(三)蒙板赋值(mask)

蒙板赋值允许用户基于蒙板对体网格进行赋值,如果有部分体网格不包括在所选的蒙板范围内,那么软件将为这些网格自动

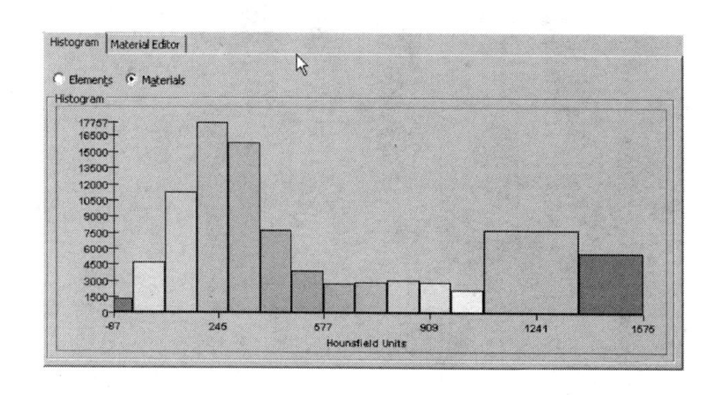

图 7-32　查表赋值直方图,可见直方图间隔不等

生成一个新的蒙板;如果所选蒙板有重叠部分,在重叠蒙板范围内的体网格将按照第一个蒙板赋值。

选择蒙板赋值方法,可以执行以下操作。

• "Method"下点选"Mask"激活蒙板赋值方法,单击〖Select masks〗按钮选择赋值蒙板。

• "Use material expressions"输入经验公式。

• "Materials Histogram"显示蒙板赋值直方图,用户可以查看单元赋值分布情况(图 7-33),用户可以观察对应每一个蒙板范围内的体单元数量。

(四)材料属性编辑(material editor)

通过三种赋值方法,可以把体网格依据研究需要方便灵活的分成亚组进行赋值:用户既可以对选定 CT 值范围内的单元进行赋值(均匀或查表方法),也可以对选定部位的单元进行赋值(蒙板方法)。对每一亚组的材料属性,除了可以直接应用经验公式计算的数值外,用户也可以直接输入。

进行材料属性编辑,可以执行以下操作。

• 单击"Material Editor"列表菜单,切换到材料属性编辑面板(图 7-34)。

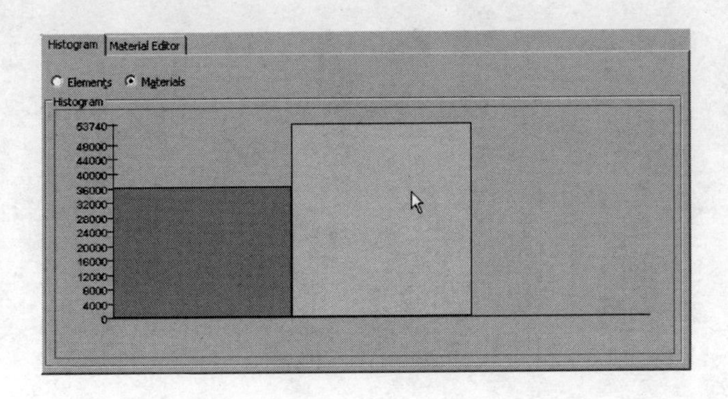

图 7-33　蒙板赋值直方图，直方图颜色为所选蒙板颜色

Histogram　Material Editor

Color	Density	E-Modulus	Poisson Coefficient
	135.2048603	65.23433263	0.4
	335.4926551	331.8735185	0.4
	535.7804498	767.1609422	0.4
	736.0682445	1354.513589	0.4
	936.3560393	2083.912206	0.4
	1136.643834	2948.272874	0.4
	1336.931629	3942.171048	0.4
	1537.219424	5061.243073	0.4
	1737.507218	6301.858469	0.4
	1937.795013	7660.921684	0.4

图 7-34　材料属性编辑面板，图示为均匀赋值法基于经验公式计算的材料属性

·编辑材料属性数值，可以用编辑一般表格的方法编辑。

·编辑材料属性颜色，在颜色栏上双击鼠标左键，弹出颜色选择栏，选择颜色。

(五)查看赋值结果

赋值完毕后单击〖OK〗按钮，退出赋材质窗口。用户可以在3D视口中和一般3D模型一样浏览体网格赋值后情况(图 7-35)。

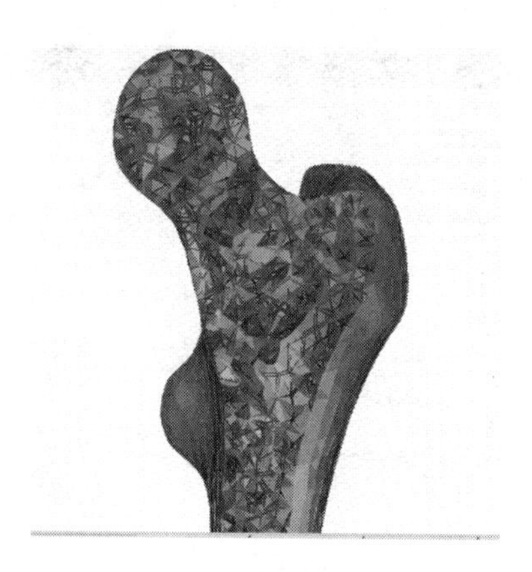

图 7-35　3D 视口查看体网格赋值结果，图示赋值后剖切显示股骨颈内部体网格赋值情况

(六)有限元软件接口

Mimics 软件创建的面网格、体网格和赋材质后的体网格，可以通过与有限元软件专用的接口导出到有限元软件中，相反也可将有限元软件中划分体网格后的模型导入 Mimics 软件进一步赋材质。

Mimics 支持与 Patran、Ansys、Abaqus、Fluent、Nastran 和 Comsol 有限元分析软件的接口，具体内容用户可参考软件帮助文档。

从 Mimics 软件导出模型，可以执行以下操作。

• 选择 Menu bar＞FEA/CFD＞Export… 命令，或者打开 Menu bar＞Export＞Patran…/Ansys…/Abaqus…/Fluent…/Nastran…/Comsol…命令，或者单击 Project Management＞ FEA Mesh＞"Export Mesh"按钮，弹出有限元网格输出对话框(图 7-36)。

• "3D"或"Mesh"列表中选择要输出的网格模型，"Output Format"选择输出到有限元软件的文件格式，单击〖Add〗按钮加

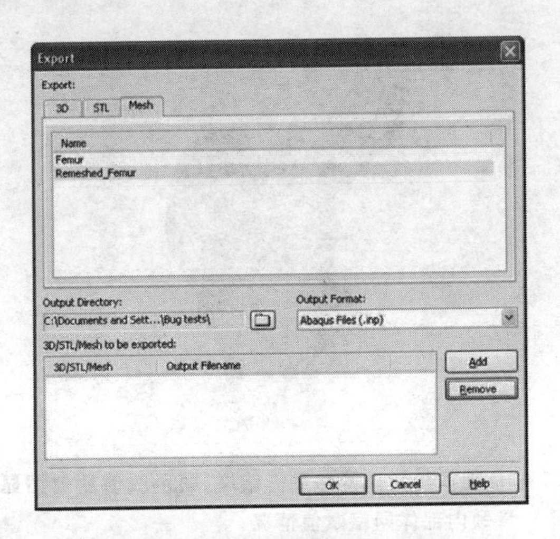

图 7-36　有限元网格输出对话框

入输出列表,单击〖OK〗按钮完成输出。

导入有限元软件划分的体网格模型,可以执行以下操作。

· 选择 Menu bar＞FEA/CFD＞Import…命令,或者单击 Project Management＞ FEA Mesh＞"Import Mesh"按钮,弹出有限元网格输入对话框(图 7-37)。

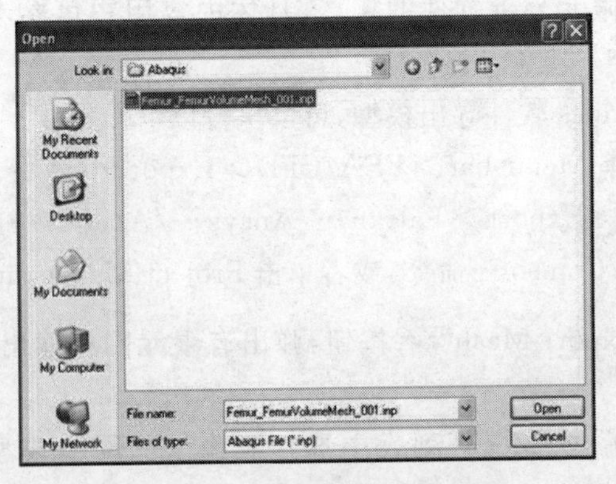

图 7-37　有限元网格输入对话框

· 选择输入文件，单击〖Open〗按钮完成输入。

六、有限元前处理实例——股骨-假体有限元模型的建立

髋关节置换术可以消除患者髋部疼痛，改善关节活动，保持关节稳定和调整双下肢长度，是髋部疾病有效的外科治疗手段。然而金属假体的弹性模量一般与骨不相匹配，导致假体周围骨应力遮挡，常常引起骨质溶解，假体松动下沉，甚而断裂，最终造成髋关节置换术的失败。因此，研究假体的生物力学特性，优化假体设计，提高假体质量和寿命，减少髋关节置换术的失败率就成为许多研究者关注的问题。

国内外已经积累了大量的与人工关节置换术生物力学研究有关的文献，一般可以通过生物力学试验和有限元分析的方法对骨-假体生物力学行为进行研究。对骨-假体进行有限元分析在建模方面存在一些困难，包括复杂结构的骨骼建模和赋材料属性，假体与骨的装配与体网格划分等。

本实例利用 Mimics 软件自带股骨教程项目（默认安装路径为 c:\MedData\Femur. mcs）和假体模型（默认安装路径为 c:\MedData\Implant. stl）学习建立股骨-假体有限元模型。建立医学有限元模型的过程，是一个不断尝试与反复的过程，本实例仅简单演示其一般流程，供读者参考。

（一）创建股骨和假体三维模型

创建股骨和假体三维模型，操作步骤如下。

A：首先新建一个文件夹，重命名为 FEA，将 Mimics 软件自带 Femur. mcs 项目（默认安装路径为 c:\MedData\Femur. mcs）拷贝到 FEA 文件夹中并打开。

B：在 Femur 项目中已经有分割和重建好的股骨三维模型，读者可以自己重新图像分割及三维重建股骨三维模型，删除“Yellow2”模型，并将“Part_1_of_PolyplaneCut-Yellow2 1”模型重命名为“Femur”。

C:导入假体模型(默认安装路径为 c:\MedData\Implant.stl),导入后在 3D 视口中观察股骨模型和假体模型的空间位置。

D:调整假体位置,将假体置入股骨中,由于有限元分析只关注股骨与假体界面,所以可以将股骨下半部分切割掉(图 7-38)。

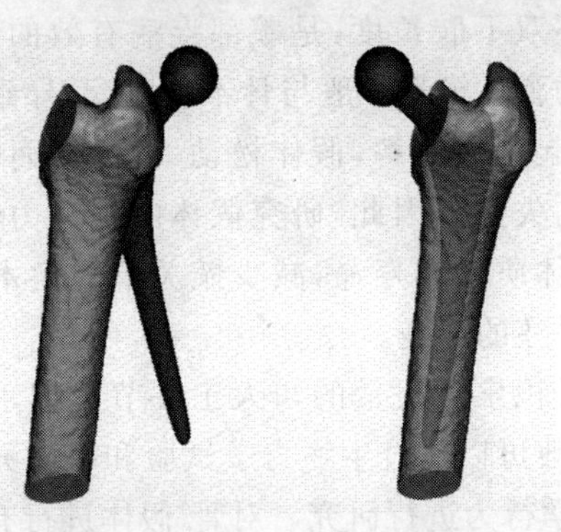

图 7-38 创建股骨和假体三维模型,并将假体置入股骨中,左图为置入前,右图为置入后

(二)创建非流形装配

在 Remesh 模块中创建股骨与假体的非流形装配,可以执行以下操作。

A:选择 Menu bar > FEA/CFD > Remesh… 命令,弹出 Remesh 选择对话框(图 7-39)。

B:选择“Femur”和“Implant”三维模型,单击〖OK〗按钮,进入 Remesh 模块。

C:创建非流形装配。选择 Menu bar>Remeshing>Create non-manifold assembly 命令,在操作区(operations)显示命令参数设置面板(图 7-40)。

D:“Main entity”在 3D 视口中选择股骨模型,“Intersecting entity”在 3D 视口中选择假体模型,单击〖OK〗按钮,创建股骨-假体非流形装配,自动命名为“Femur_non-manifold_assembly”,为

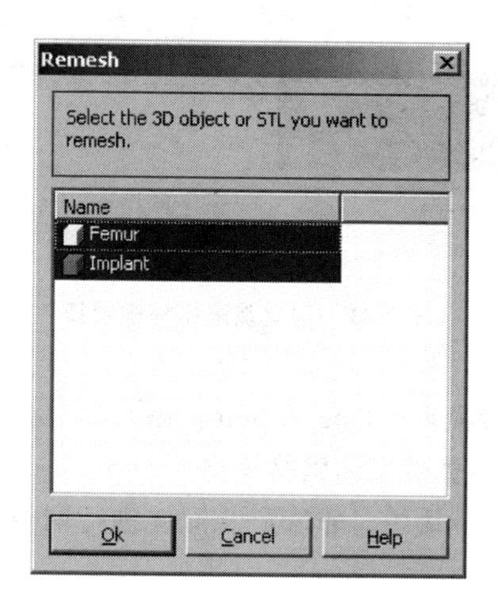

图 7-39　Remesh 选择对话框

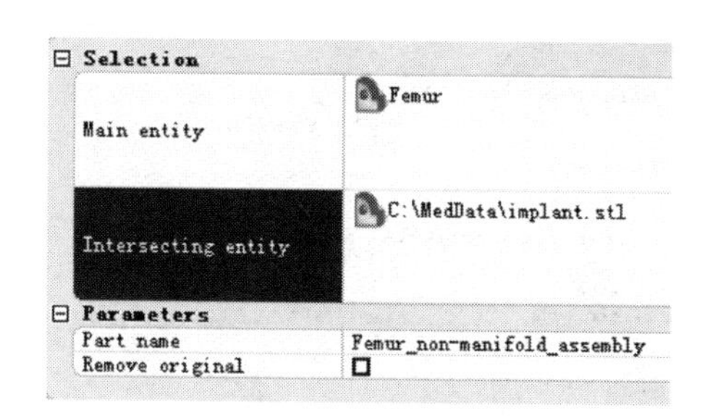

图 7-40　创建股骨-假体非流形装配

了操作方便，将其改名为“Non-manifold”。

E：为装配体创建检视视口(inspection scene)。选择 Menu bar>Remeshing>Create Inspection Scene 命令，在操作区(operations)显示命令参数设置面板(图 7-41)。

F：“Entity”在 3D 视口中选择装配体模型，单击〖OK〗按钮，创建装配体检视视口，自动命名为“Non-manifold”，同时软件自动

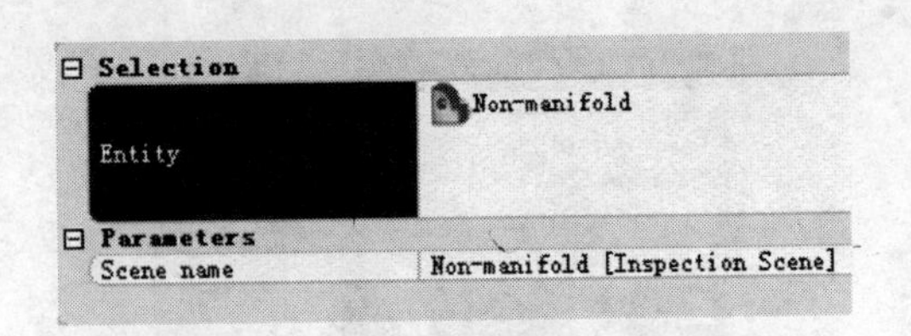

图 7-41　创建装配体检视视口

生成装配体的检视页面(inspection page)。

(三)股骨-假体装配体网格优化

在 Remesh 模块中对非流形装配体进行网格优化,可以执行以下操作。

A:过滤锐利的三角面片。选择 Menu bar＞Fixing＞Filter Sharp Triangles 命令,在操作区(Operations)显示命令参数设置面板(图 7-42)。

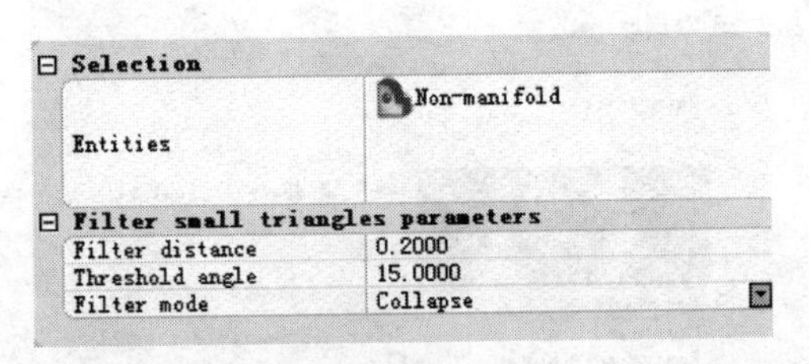

图 7-42　过滤锐利三角面片

B:"Entities"在 3D 视口中选择装配体模型,"Filter small triangles parameters"设置过滤参数,按图中输入相应数值,单击〖OK〗按钮,过滤锐利的三角面片。

C:光顺股骨表面的三角面片。选择 Menu bar＞Fixing＞Smooth 命令,在操作区(Operations)显示命令参数设置面板(图 7-43)。

D:"Entities"在 3D 视口中选择股骨表面(Surface),"Smootl

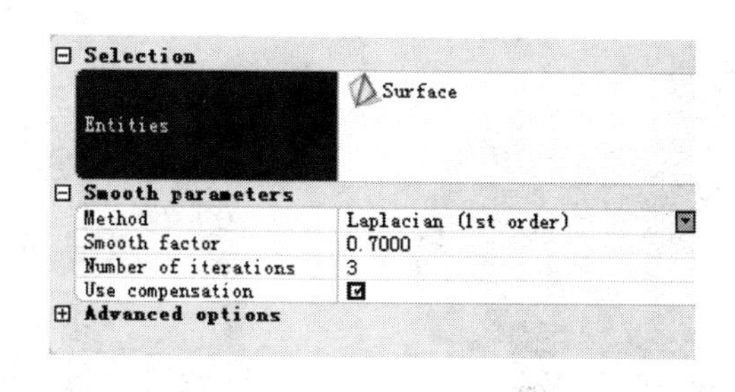

图 7-43　光顺股骨表面的三角面片

parameters”设置光顺参数，按图中输入相应数值，单击〖OK〗按钮，光顺股骨表面的三角面片。

E：自动优化三角网格。首先在装配体检视页面选择“Shape”测量方法中的“Height/Base（N）”测量参数，然后选择 Menu bar>Remeshing>Auto Remesh 命令，在操作区（operations）显示命令参数设置面板（图 7-44）。

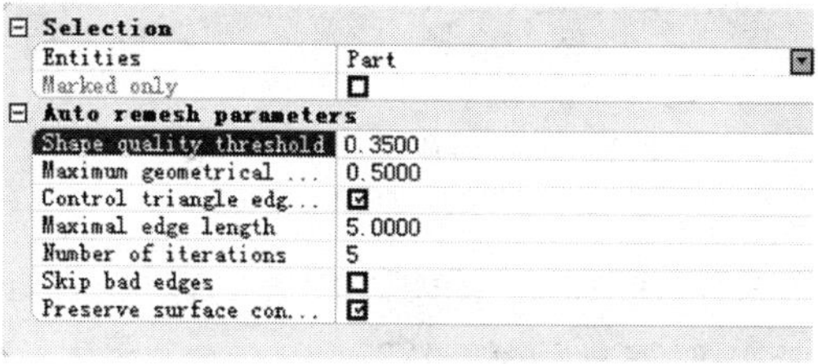

Selection	
Entities	Part
Marked only	☐
Auto remesh parameters	
Shape quality threshold	0.3500
Maximum geometrical ...	0.5000
Control triangle edg...	☑
Maximal edge length	5.0000
Number of iterations	5
Skip bad edges	☐
Preserve surface con...	☑

图 7-44　装配体网格自动优化

F：“Auto remesh parameters”设置自动优化参数，按图中输入相应数值，单击〖OK〗按钮，自动优化装配体（图 7-45）。

G：在保持优化质量的同时缩减三角网格数量。选择 Menu bar>Remeshing>Quality Preserving Reduce Triangles 命令，在操作区（operations）显示命令参数设置面板（图 7-46）。

H：“Reduce parameters”设置缩减参数，按照图中输入相应

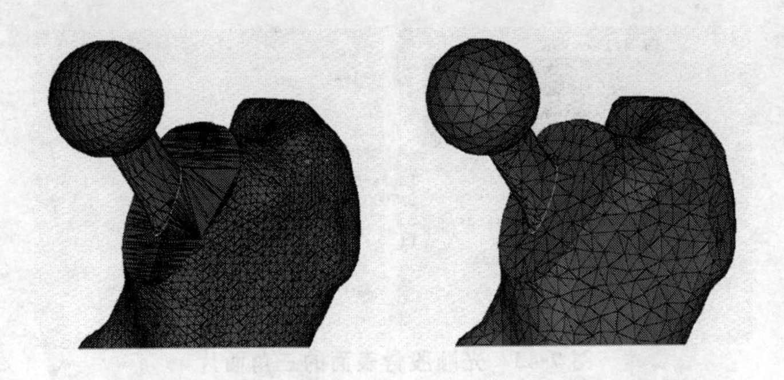

图 7-45　装配体网格自动优化，左图为优化前，右图为优化后

⊟ Selection	
Entities	Part
Marked only	☐
⊟ Reduce parameters	
Shape quality threshold	0.3500
Maximum geometrical ...	0.5000
Control triangle edg...	☑
Maximal edge length	5.0000
Number of iterations	5
Skip bad edges	☐
Preserve surface con...	☑

图 7-46　保持质量三角网格缩减

数值，单击〖OK〗按钮，缩减三角网格数量，查看检视页面，缩减前网格数量为 5 846，缩减后为 4 422。

I：优化网格过渡。选择 Menu bar＞Remeshing＞Growth Control 命令，在操作区（Operations）显示命令参数设置面板（图 7-47）。

J："Growth control parameters"设置过渡优化参数，按照图中输入相应数值，单击〖OK〗按钮，优化网格过渡。

K：完成优化后的装配体在 3D 视口中浏览观察（图 7-48）。

L：在检视页面中选择其他三角网格测量参数，利用分组（group）标记功能查找低质量的三角网格，通过手工优化工具

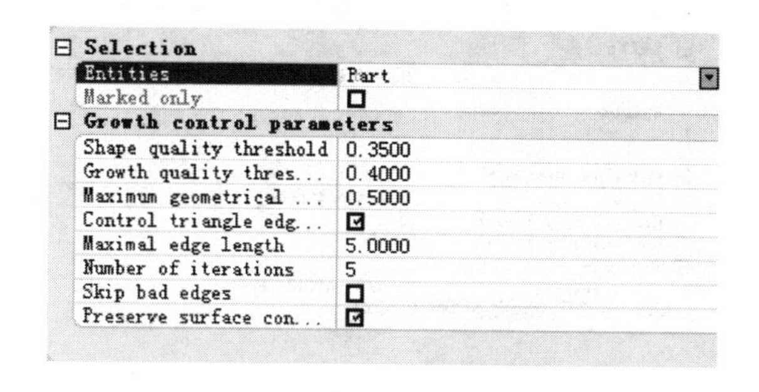

图7-47 网格过渡优化

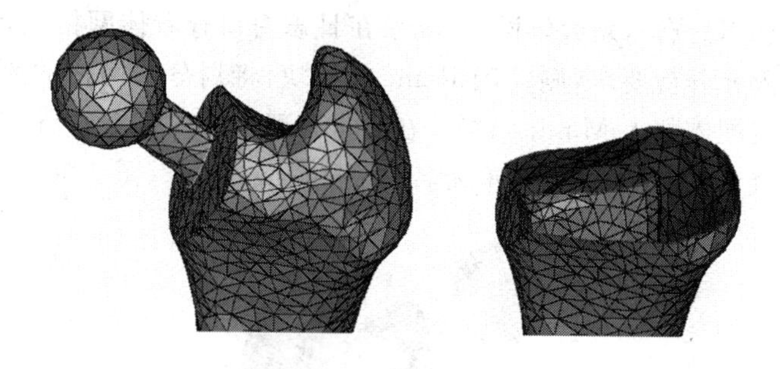

图7-48 装配体网格优化后浏览观察，左图局部观察，右图为沿z轴剖切显示内部网格

(manual remeshing)或三角网格修复(Fixing)工具提升标记三角网格的质量，直到符合有限元分析要求为止。

(四)股骨-假体装配体划分体网格

在Remesh模块中对优化后的装配体划分体网格，可以执行以下操作。

A：划分体网格。选择Menu bar>Remeshing>Create Volume Mesh命令，在操作区(operations)显示命令参数设置面板(图7-49)。

B："Entities"在3D视口中选择装配体模型，按图设置参数，

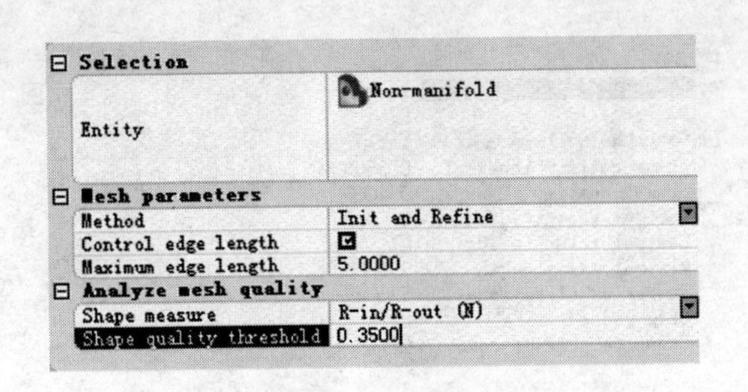

图 7-49 装配体划分体网格

单击〖OK〗按钮,划分体网格,如果在日志窗口查看体网格质量符合有限元分析要求,则关闭 Remesh 模块,将划分体网格的股骨-假体装配体载入 Mimics 软件,在项目管理器"FEA Mesh"标签下可以查看体网格,并将其重命名为"Non-manifold"(图 7-50)。

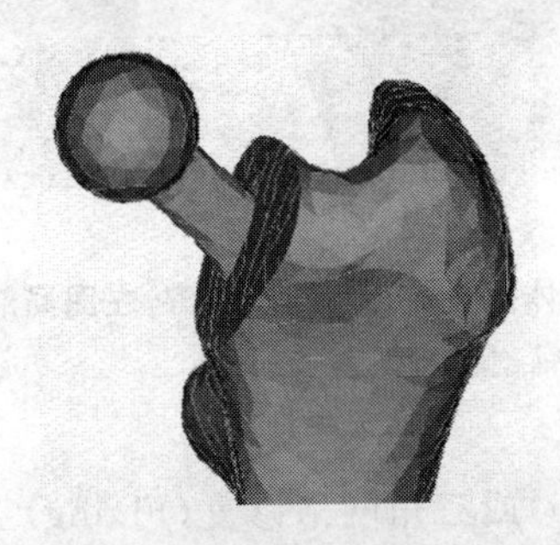

图 7-50 股骨-假体装配体划分体网格载入 Mimics 软件

(五)股骨-假体有限元模型赋材质

在 Mimics 软件中利用赋材质模块,为股骨-假体有限元模型赋材质。

股骨的材料属性依据 Mimics 帮助文档中经验公式进行计算,股骨表观密度(apparent density)和 Hounsfield 值之间的公式为 $\rho=1.067*HU+131$,股骨杨氏模量(Young's modulus)

和表观密度之间的公式为 $E=0.004*\rho^{\wedge}2.01$(MPa)，泊松比为 0.3。

置入物的材料属性为杨氏模量 $E=110$(GPa)，泊松比为 0.3。

首先为股骨-假体装配体股骨部分赋材质，执行以下操作。

A：在 Project Management＞FEA Meshes 标签下，选择“Non-manifold”体网格，单击“Materials”按钮，弹出赋材质窗口(图 7-51)。

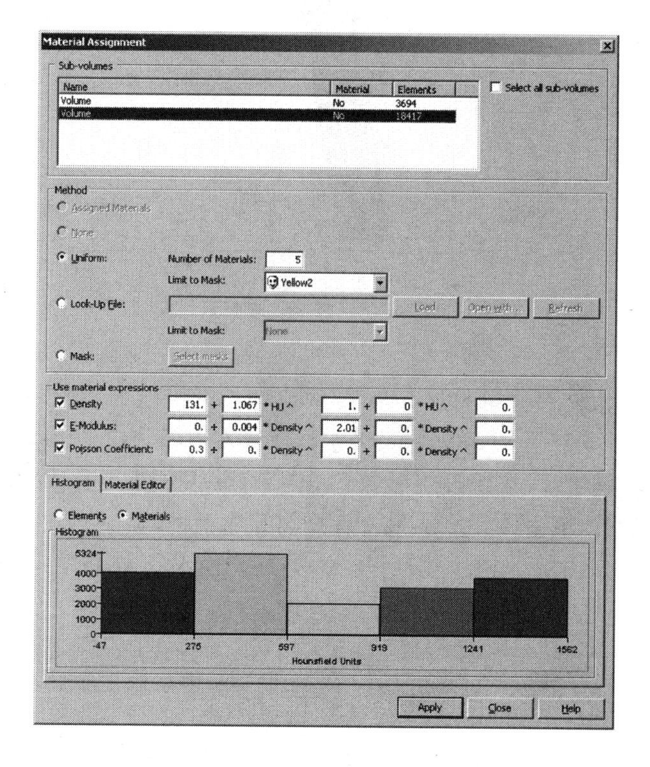

图 7-51　股骨部分赋材质对话框

B:“Sub-volumes”中选择股骨部分,“Method”选择均匀法赋材质,按图设置参数,单击〖Apply〗按钮,完成股骨部分赋材质,单击〖Close〗按钮关闭赋材质对话框,在 3D 视口中查看股骨部分赋值情况(图 7-52)。

图 7-52 股骨部分赋材质

C:假体部分赋材质。单击“Materials”按钮,弹出赋材质窗口(图 7-53),“Sub-volumes”中选择置入体部分,“Method”选择均匀法赋材质,按图设置参数,单击〖Apply〗按钮,完成置入体部分赋材质,单击〖Close〗按钮关闭赋材质对话框。

D:3D 视口中查看股骨-假体有限元模型赋材质情况(图 7-54)。

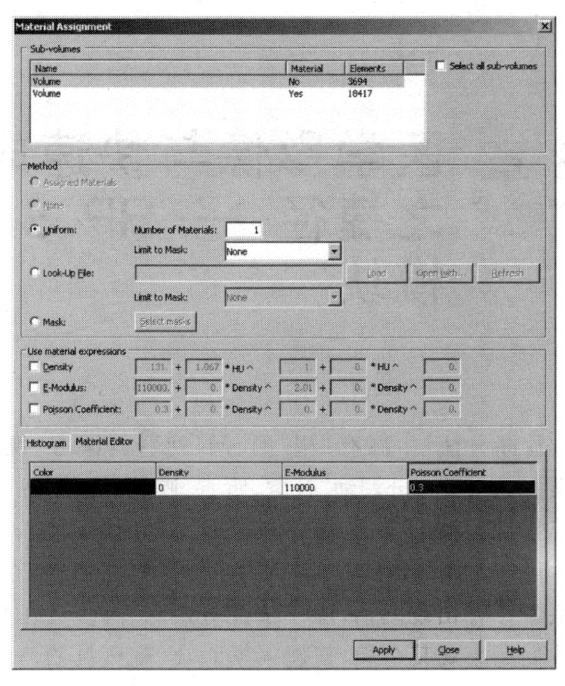

图 7-53　置入体部分赋材质

图 7-54　股骨-假体有限元模型赋材质

第8章 chapter 8 医学影像与快速成型之捷径——RP Slice模块

医学诊断方法，中医有“望、闻、问、切”，西医有“视、触、叩、听”，本质上是人类充分调动“视觉、听觉、嗅觉、触觉”等自然的感觉能力，尽可能全面准确地探寻和把握人体的解剖和病理状态，以做出尽可能正确的诊断。

在医学影像出现之前，除了少部分疾病外，多数在身体内部的疾病我们无法观其全貌，只能手摸心会、窥斑见豹。而医学影像学的每一次突破，均极大地推动了临床诊疗水平的飞跃，X线平片的出现，使人们能观察到身体内部结构的投影图像，CT/MRI等设备可扫描二维断层图像，而螺旋CT的薄层扫描进而把二维影像发展到三维立体影像。而快速成型技术(rapid prototyping，RP)的出现，可以将计算机三维模型直接制造出实物模型来，不仅可视，而且可触可用，近年来已经成功应用于医学领域的诸多方面。

与传统的制造工艺相比，快速成型技术之所以能在医学上得到广泛的应用，是与其3个特点分不开的。

一是快速，从计算机三维模型到制造出实物来只需2～3个小时，满足医学应用的时效要求。

二是直观，与实际手术视野中所见相同，可以直接把病变部位的实体模型拿在手上观察与模拟手术，反复进行手术设计与修正，比如复杂脑血管畸形、复杂的心脏畸形以及复杂骨盆骨折等疾病的诊断和手术设计。

三是实用，不仅能复制病变部位的解剖形态，而且可以直接制造出个性化的置入假体、手术导板以及组织工程支架来，比如颅颌面或骨盆等解剖结构复杂部位骨缺损的修复、髋臼或寰枢椎等重要部位手术的导板、个性化关节假体和组织工程骨的加工制造。

而 Mimics 软件的 RP Slice 模块之所以称为沟通医学影像与快速成型之捷径，是因为与传统的快速成型制造流程不同，RP Slice 模块不需要再经过中间步骤，直接为医学影像与快速成型机器提供了无缝衔接(图 8-1)。

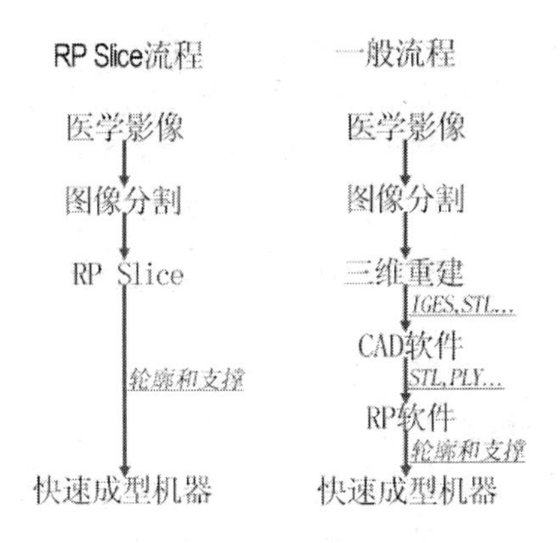

图 8-1　快速成型 RP Slice 流程与一般流程比较

通过 RP Slice 模块，你可以：

· 直接从分割蒙板生成优化的 SLI、SLC 和 CLI 格式文件。

· 直接从 SLI、SLC 和 CLI 轮廓文件生成支撑文件。

· 同时输出多个解剖模型，支持彩色模型输出，支持模型标签输出。

本章简要介绍快速成型的基础知识，然后介绍轮廓文件和支撑文件的生成。对于涉及具体快速成型机器的使用问题，请参照相关专业资料，这里不做更多介绍。

一、快速成型基础知识

本节简要介绍快速成型的原理，常用的快速成型方法，以及在快速成型中生成支撑文件的重要性。

（一）快速成型原理

快速成型技术（rapid prototyping，RP），是计算机辅助制造（computer assisted manufacturing，CAM）技术的一种，与传统的机械加工方法不同，传统的加工方法是采用材料去除原理，快速成型的原理是采用材料层叠方法，是将计算机辅助设计（computer assisted design，CAD）的三维模型或者 CT 等断层扫描资料，转化为片层信息，快速成型设备将依据这些片层信息，通过光固、烧结和粘结等工艺将材料逐层添加而制造出实体模型来。

快速成型技术在工业上的应用主要有 2 个方面，一是用常规加工方法很难制造的具有复杂几何构象的部件；二是单件或小批量部件的快速生产。

（二）常用的快速成型工艺

现在流行的快速成型工艺有许多种，最常见的有三维打印、激光固化和熔化沉积法。

三维打印（three-dimensional printing，3D-P），三维打印式快速成型机是将粉末由储存桶送出一定分量，再以滚筒将送出之粉末在加工平台上铺上一层很薄的原料，喷嘴依照 3D 电脑模型切片后获得的二维层片信息喷出粘着剂粘着粉末。做完一层，加工平台自动下降一点，储存桶上升一点，刮刀由升高了的储存桶把粉末推至工作平台并把粉末推平。再喷粘着剂，如此循环便可得到所要的模型。

采用三维打印技术的 3DP 三维打印式快速成型机常用的打印材料是石膏粉及淀粉，并支持其他多种材料类型，同时支持打印彩色快速成型工件，适用于上百种不同应用领域中各种复杂的几何学结构的制造。

选区激光固化（selected laser sinter，SLS），在计算机指令的控制下，激光束有选择地烧结工作台上平铺的一层粉末，被烧结的粉末固化，而未被烧结的材料仍为粉末。待第一层烧好后，工作台带着第一层下降一定高度，再铺上第二层粉末，并用辊子铺平，重复烧结过程，并使相邻层牢固地烧结在一起。重复上述过程，逐层烧结，每层都与上层粘结在一起，最终去掉未被烧结的粉末形成零件实体。

熔化沉积（fused deposition modeling，FDM），利用加热喷头在喷头中将材料加热至略高于其熔点而成液态，在计算机指令下，喷头可进行 X-Y 联动和 Z 向运动。喷头在 X-Y 二维运动中喷出熔融材料，快速冷却并与随后的熔融材料粘结在一起，每完成一个沉积层后，喷头在 Z 向抬高，重复上述过程，最终层层累积形成零件实体。

(三)支撑文件

基于快速成型原理加工的部件，整体上连续的部分在加工的过程中不一定连续，形成“孤岛”结构，对这些不连续的部分需要生成“支撑”来保证加工部件的质量(图 8-2)。

对多数快速成型工艺而言，生成支撑文件是一个难点，自动或手动生成支撑结构和去除这些结构都是一个复杂的问题。支撑太少或支撑的力量太小将影响加工部件的精度，而支撑太多和(或)太硬则造成加工部件的表面质量下降，同时需要大量的表面清洁工作。

支撑的另一个作用是减少材料在粘结时的变形，材料粘结时会在其内部产生收缩应力，强有力的支撑可以把这种变形趋势降到最小。

基于 CAD 设计进行快速成型制造时，设计支撑结构的工作量有时会超过设计加工部件的工作量。同时，基于医学断层影像

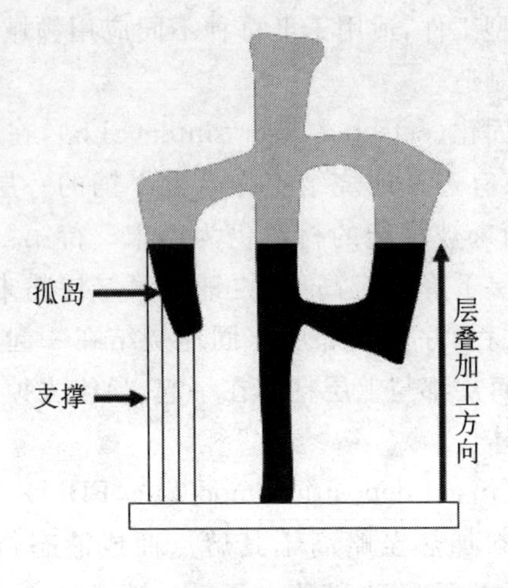

图 8-2　支撑

进行快速成型制造时，由于没有三维模型表面信息可用，一般的支撑生成技术不可用。

而 RP Slice 模块允许用户直接从医学断层影像生成轮廓文件，并从这些轮廓文件生成支撑。

二、输出快速成型轮廓文件

RP Slice 模块可直接将分割蒙板输出为多种快速成型设备的轮廓文件，这些文件包含了快速成型设备所需的所有参数和信息。对三维打印（stereolithography）设备来说，则同时产生轮廓和内部影线(hatching)。

当然，用户也可以在 Mimics 软件中重建三维模型输出 STL 格式文件，再导入快速成型软件中生成快速成型设备的轮廓文件。这里建议尽可能应用 RP Slice 模块作为与快速成型设备之间的接口，因为 RP Slice 模块使用高阶内插值算法，模型精度更高。

启动 RP Slice 模块，可以执行以下操作。

• 选择 Menu Bar >File >RP Slice 命令，或者 Menu Bar >Export>CLI(Common Layer Interface file)…/SLI(3D Systems Layer Interface file)…/SLC(3D Systems Layer Contour file)…命令，或者选择 Project Management>masks> “Actions” > RP Slice 命令，也可以单击 Main Toolbar> “RP Slice” 按钮，弹出选择蒙板、3dd 文件和轮廓(Mask/3dd/Contour file selection)对话框(图 8-3)。

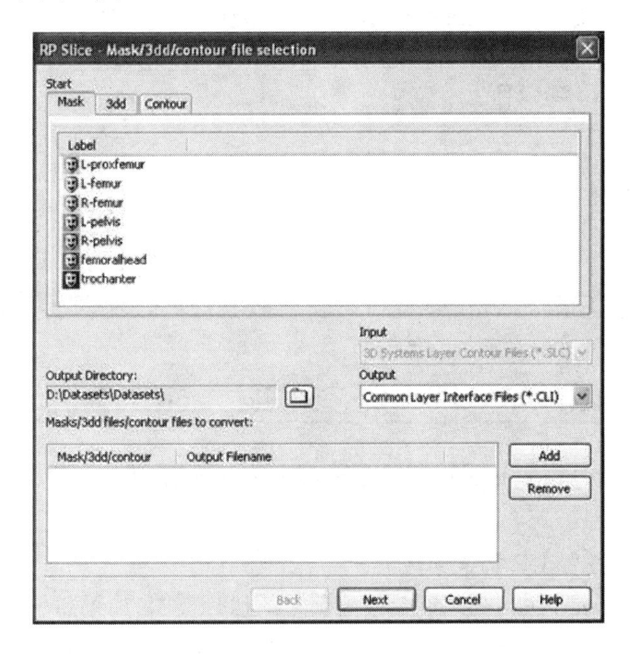

图 8-3　蒙板、3dd、轮廓文件选择对话框

• 在“Start”列表中，选择蒙板或 3dd 文件，用户可以一次选择多个蒙板；“Output Directory:”设置输出文件的保存路径；“Output”下拉列表中，选择输出轮廓文件的格式；“Masks、3dd files、contour files to convert:”准备转换文件列表，单击〖Add〗按钮,将选择蒙板或 3dd 文件加入转换列表中,单击〖Remove〗按钮,从列表中删除;选择完毕后,单击〖Next〗按钮,弹出快速成型文件格式参数(RP Slice RP Format Parameters)对话框(图 8-4)。

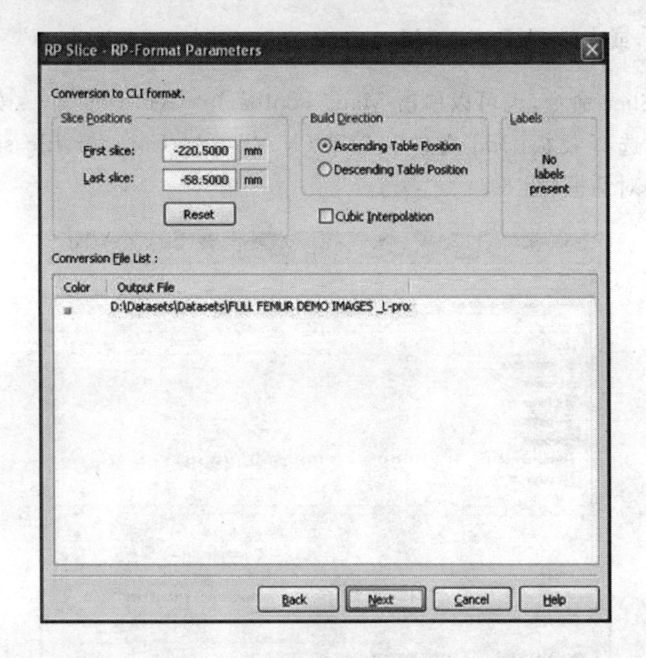

图 8-4 快速成型文件格式参数对话框

· 设置 RP 格式参数。

"Slice Positions"设置输出蒙板的切片范围,如果想输出整个蒙板,就不需设置;如果需要制作的模型超过快速成型机最大尺寸,那么可以把一个蒙板分开两部分来做。当构建类似颅骨这种中空结构时,分开两部分,一部分从颅底到中间,另一部分从颅顶到中间,会避免支撑出现在颅腔中间。

"Build Direction"设置快速成型叠加方向从下向上还是从上向下,根据模型的形状,有时改变模型制造方向可以减少支撑。

"Cubic Interpolation"设置轮廓插值算法为 3 次插值，缺省选项为一次线性插值。当蒙板层距≤1mm 时，一次线性插值已能满足需要；当层距≥2mm 时，建议使用 3 次插值算法(图 8-5)。

图 8-5　线性插值与 3 次插值比较，虚线为线性插值，实线为 3 次插值，可以看到 3 次插值轮廓连续更光滑

"Labels"设置标签，如果用户为蒙板创建了标签，那么可以选择不使用标签(none)，或者彩色标签(color，仅适用于 stereolithography 设备)，或者铭记(punched)在模型上。

"Conversion File list:"转换文件列表，"Color"栏勾选可以输出彩色模型(仅适用于 stereolithography 设备)。

设置完毕，单击〖Next〗按钮，弹出快速成型计算参数设置(RP slice calculation parameters)对话框(图 8-6)。

· 设置 RP 计算参数。

"Hatching Parameters"为 SLI 文件设置影线参数，对其他格式轮廓文件无效，"X hatching space"设置影线 x 轴方向间距，"Y hatching space"设置 y 轴方向间距，"X color hatching space"和"Y color hatching space"设置输入彩色模型时影色染色区域大小，一般设置为影线间距的 1/2。

"Build Parameters"设置 RP 层叠厚度参数，"Layer thickness"为每层厚度，需要根据具体的快速成型机器性能和所用材料设定，一般推荐 0.25mm 为兼顾模型表面质量和制造速度的折中

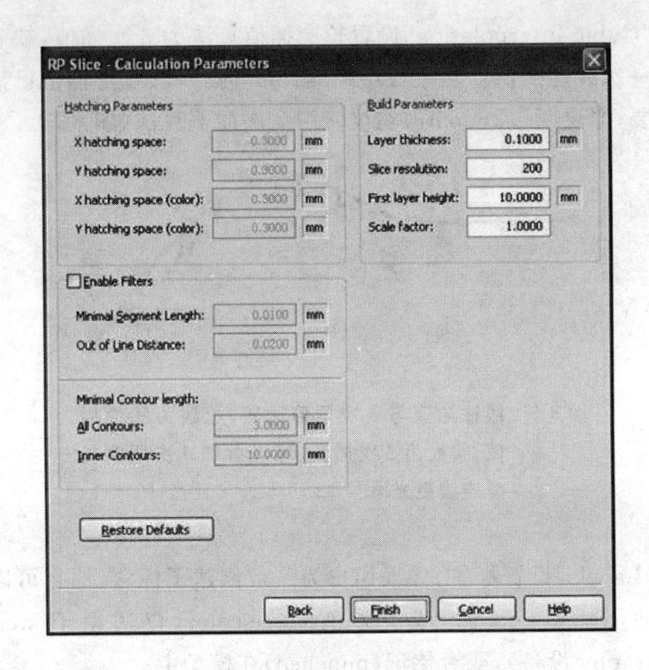

图 8-6　快速成型计算参数设置对话框

选择，对 stereolithography 设备使用的低渗环氧树脂而言，设置为 0.15mm 要优于 0.25mm。

“Slice Resolution”设置层面分辨率，分辨率为 100 表明模型在层面上可以精确到 0.01mm，同样，设置层面分辨率也可根据具体的快速成型机器性能来设定。

“First Layer Height”设置模型离底层的距离，将模型离开底面，使得支撑可以在模型下面开始制造。

“Scale factor”设置缩放，可以制造原模型等比例缩放的模型。

“Enable Filters”选择是否使用滤波器，使用滤波器可以节省材料和加快制造速度。

“Minimal Segment Length:”折线过滤，轮廓上线段长小于设置值时线段会被合并(图 8-7)。

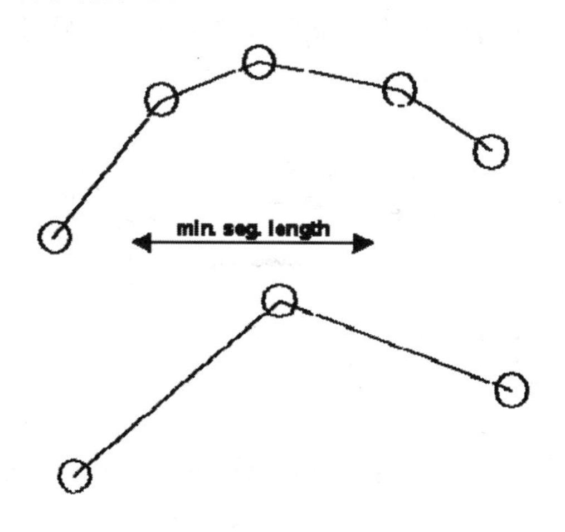

图 8-7　折线过滤，上方为过滤前轮廓，下方为过滤后，可见小于设置长度的线段被合并

“Out of Line Distance:”折线过滤，当轮廓上连续三点连成一个三角线时，如果弦高小于设置值，那么用弦代替另外两边(图 8-8)。

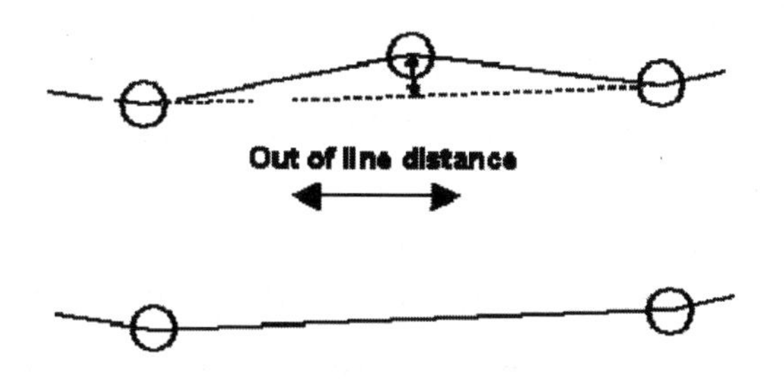

图 8-8　折线过滤，上方为过滤前，可见弦高小于设置长度的线段被弦替代

“Minimal Contour Length:”轮廓过滤,“All Contours:”当模型外部轮廓或内部孔的轮廓小于设定值时,将被过滤;“Inner Contours:”当模型内部孔的轮廓小于设定值时,将被过滤(图 8-9)。

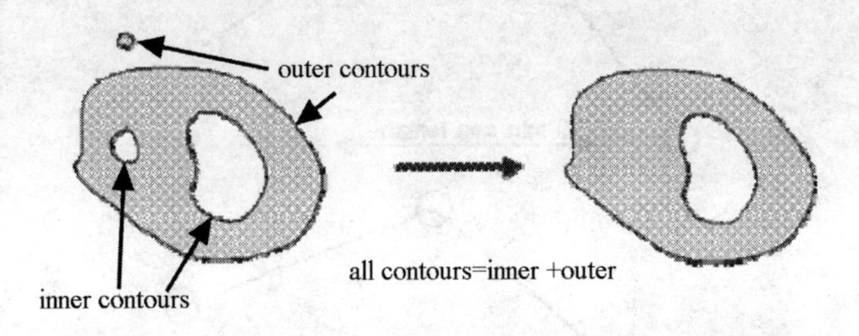

图 8-9 轮廓过滤,当轮廓周长小于设定值时被过滤

・完成设置,单击〖Finish〗按钮,进行转换输出快速成型轮廓文件。

三、输出快速成型支撑文件

RP Slice 模块可以基于快速成型设备的轮廓文件,生成相应的支撑文件。

生成支撑文件,可以执行以下操作。

・参照上一节操作,打开选择蒙板、3dd 文件和轮廓(Mask/3dd/Contour file selection)对话框。

・在“Contour”列表中,选择轮廓文件加入“Masks、3dd files、contour files to convert:”准备转换文件列表中,单击〖Next〗按钮,弹出生成支撑参数(RP Slice RP format parameters)对话框(图 8-10)。

・设置支撑文件参数。

“Hatching”设置影线参数,“X hatching space”设置影线 x 轴方向间距,“Y hatching space”设置 y 轴方向间距。

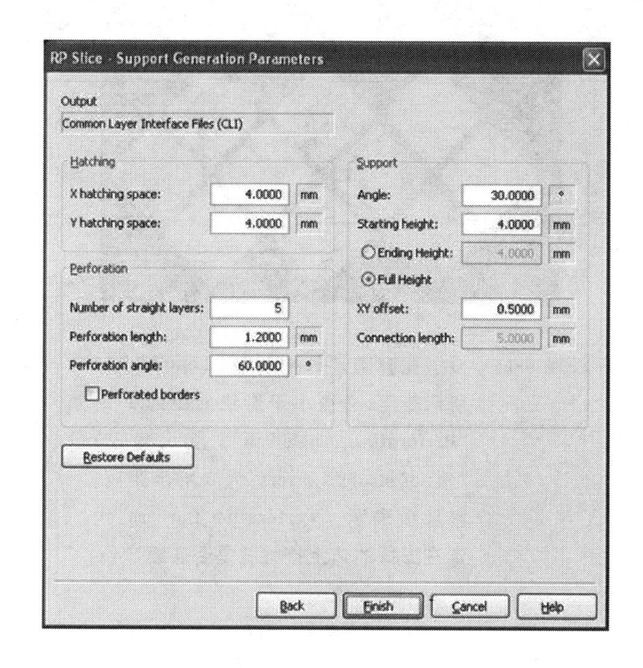

图 8-10　生成支撑文件参数对话框

“Perforation”设置接缝孔参数，如图 8-11。

“Angle”设置模型需要支撑的角度，如果模型表面与水平面产夹角大于设定值，则不生成支撑。

“Starting Height”设定开始生成支撑的高度，“Ending Height”和“Full Height”设定生成支撑结束的高度，如果用户熟悉生成模型的构型，知道模型在哪个高度就不需要生成支撑了，可以设定“Ending Height”值。比如制造头颅骨模型时超过眉弓就不再需要支撑了。

“XY Offset”为了避免支撑离模型太近，影像模型的面，设定支撑在 XY 平面上需要离开模型的距离。

· 完成设置，单击〖Finish〗按钮，进行转换输出快速成型支撑

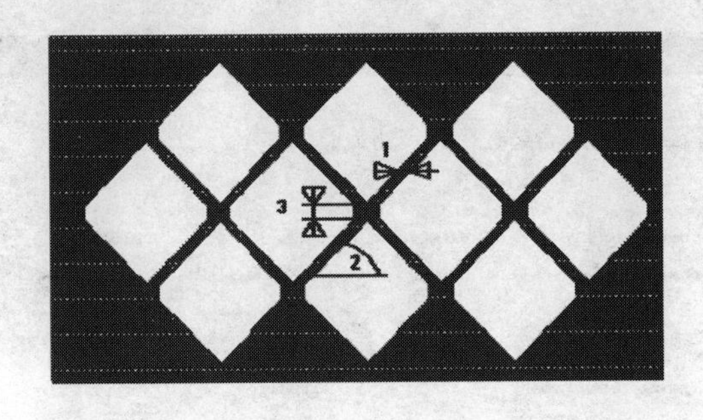

图 8-11　接缝孔参数，“Perforation Length”为 1 所示距离，必须小于影线间距的 1/2；“Perforation Angle”为 2 所示角度；“Nr. of straight layers”为 3 所示距离，以层数表示；“Perforation Borders”设定在支撑的边上接缝孔是否连续

文件。

注意：因输出支撑文件的格式不同上述参数设置也会不同。